环球网校
只做职教 | www.hqwx.com

全新版

二级建造师执业资格考试 名师讲义

水利水电工程管理与实务

建造师考试研究中心 编
赵珊珊 特邀主编

哈爾濱工業大學出版社
HITP HARBIN INSTITUTE OF TECHNOLOGY PRESS

内 容 简 介

本书根据二级建造师执业资格考试大纲编写，分为技术、管理和法规三大部分。技术部分包括水利水电工程建筑物及建筑材料、施工导流与河道截流、主体工程施工。管理部分包括水利工程建设程序，水利水电工程施工组织设计与合同管理、施工招标投标与成本管理、质量管理与安全生产管理、施工质量评定与验收。法规部分包括相关法律规定、强制性标准等。本书的主要特点：有名师导学，有考情分析，有考点讲解、图文并茂，有名师点拨，有记忆方法，有实战演练，有名师小结，有免费考点视频精讲、免费视频课程和题库兑换。

本书针对从事工程类相关专业职务工作，有一定的专业基础和实践经验，对二级建造师执业资格考试缺少知识梳理和系统学习的考生编写，可作为二级建造师执业资格考试考生的复习备考用书。

图书在版编目（CIP）数据

水利水电工程管理与实务/建造师考试研究中心编
.—哈尔滨：哈尔滨工业大学出版社，2022.11
二级建造师执业资格考试名师讲义
ISBN 978-7-5767-0356-6

Ⅰ.①水… Ⅱ.①建… Ⅲ.①水利水电工程—工程管理—资格考试—自学参考资料 Ⅳ.①TV

中国版本图书馆 CIP 数据核字（2022）第 147984 号

水利水电工程管理与实务
SHUILI SHUIDIAN GONGCHENG GUANLI YU SHIWU

策划编辑 王桂芝
责任编辑 张 荣 王 爽
出版发行 哈尔滨工业大学出版社
社 址 哈尔滨市南岗区复华四道街 10 号 邮编 150006
传 真 0451-86414749
网 址 http://hitpress.hit.edu.cn
印 刷 三河市中晟雅豪印务有限公司
开 本 787 mm×1 092 mm 1/16 印张 20 字数 500 千字
版 次 2022 年 11 月第 1 版 2022 年 11 月第 1 次印刷
书 号 ISBN 978-7-5767-0356-6
定 价 78.00 元

师者寄语

亲爱的考生：

大家好，我是赵珊珊，很荣幸自己是“水利工程人”的一员。从学生时代对水利工程的初识并不断地积累专业知识，到工作中对水利工程的设计、实地考察，以及在教培行业对水利建造师考试的培训，很庆幸自己一直坚守着水利专业，在这个专业领域中摸爬滚打。

水利水电工程管理与实务考试的难度系数较高，主要体现在：①专业性强，技术部分的专业术语、专业工程技术尤其突出；②水工建筑物不常见、难想象，不像建筑的房屋、市政的管道、公路的道路以及机电的起重机在生活中比较常见；③数字考核内容多，记忆性知识琐碎。

水利水电工程管理与实务考试难度高，但考试内容规律性也较强。在本书的学习过程中，首先通过对整个“大水利工程”的了解，进入水利工程的世界；其次在学习每个考点的过程中，为了让考生更好地理解、掌握原理，选用大量图片、名词解释等；最后，本书还精选大量题目，便于考生练习巩固、学以致用。根据考试大纲要求，考试内容由三部分组成。第一部分是技术部分，该部分是整个考试的难点。第二部分是管理部分，该部分是整个考试的重点。水利的管理是建立在施工管理的基础上，所以考生理解起来较为容易，但需要强调考查方向和高效提分的方法。为此，在考试大纲要求的基础上，本书做了归类与总结。第三部分是法规部分，该部分为非重点，抓住其核心内容学习即可。

大多数考生都有家庭、有工作，劳累一天后，常常没有更多的时间学习。为了找对学习方法、高效备考，建议您分三个阶段安排学习任务：首先是基础阶段，需要学懂知识。该阶段较长，很多人会出现“疲劳”状态，此时大家要摆正心态，坚持下去。其次是强化阶段，需要用“题目”来查漏补缺。您在该阶段会快速增长知识，感受“成就”。最后是冲刺阶段，需要快速巩固所学核心知识。在该阶段，您可能会出现“慌乱”状态，请不必担心，抓紧时间根据老师提炼的内容，补齐自己的短板。经历了以上三个阶段，相信您会信心满满进考场，开开心心等证书。

学习是一次投入、终身受益的事，找对方法、找对时间、找对资料是关键，考过是硬道理。加入我们，一起加油、一起过！

2022年8月

目　录

第一篇　水利水电工程施工技术

第二篇　水利水电工程项目施工管理

第三篇 水利水电工程项目施工相关法规与标准

第一篇

水利水电工程施工技术

一、水利水电工程的概念

所谓水利水电工程，是指对自然界的地表水和地下水进行人为地控制和调配，以达到除害兴利目的而修建的工程。水利工程的根本任务是除水害和兴水利。前者主要是防止旱涝成灾；后者则是从多方面利用水资源为人民造福，包括灌溉、发电、供水、航运、养殖、旅游、改善环境等。

二、水利枢纽工程的概念

对在一条河流上兴建的水利工程，如果希望其不仅能满足防洪的要求，还能获得灌溉、发电、供水等多方面的效益时，就需要在河流适宜的地段修建各种不同类型的水工建筑物，用来控制和调节水流。这种由两种以上水工建筑物组成的综合体，就称为水利枢纽。

常见的水利枢纽有以下三种：①蓄水枢纽：以拦河坝为主的水利枢纽；②引水枢纽：以进水闸、拦河闸、水电站等为主的水利枢纽；③泵站枢纽：将低处水抽送到高处、以泵站为主的水利枢纽。

三、水利水电工程施工的主要工序

水利水电工程施工的主要工序如下图所示。

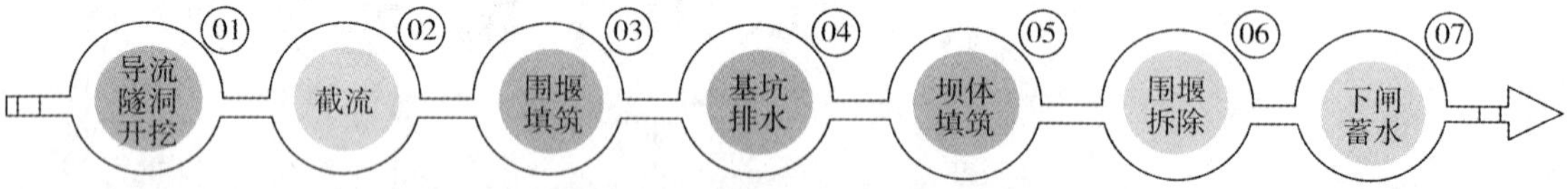

水利水电工程施工的主要工序图

四、“施工技术”的内容特点与备考建议

水利水电工程施工技术这部分的内容包括施工准备中的看设计（水工建筑物的构成、等级划分等）、懂放样（地质构造与测量）、备材料（常见材料的特性）；施工过程中为了提供干燥施工环境的施工水流控制（导流与截流）工程，开挖与地基处理工程以及常见的土石坝、混凝土坝施工的技术要点；金属结构与机电设备安装工程的相关知识；整个施工离不开的施工安全的有关知识。该部分内容专业性强，希望考生在备考的过程中除了关注易考点之外，一定要加强对有关技术要点的原理的理解，比如专业名词的识别、工艺流程的排序及技术措施的理解等。

第一章

水利水电工程建筑物及建筑材料

名师导学

本章是学习水利水电工程主体工程的基础。该章知识点比较琐碎，记忆内容相对较多，需要在理解的基础上对知识点进行记忆，并总结一些记忆技巧。

本章主要涉及的内容有：①水工建筑物的类型及相关要求，考生在学习过程中一定要先理解水工建筑物的定义，因此对于该内容的编写，除了包含考试大纲的要求外，还加入了一些定义的解释与梳理；②工程勘察与测量的内容，考频低，内容少，需要考生在了解的基础上掌握重点即可；③建筑材料的内容，鉴于建筑材料的内容多，为了让考生更系统地学习，在考试大纲基础上对该内容做了细微的调整。

考情分析

近四年考试真题分值统计表（单位：分）

节序	节名	2022 年			2021 年			2020 年			2019 年		
		单选	多选	案例	单选	多选	案例	单选	多选	案例	单选	多选	案例
第一节	水利水电工程建筑物的类型及相关要求	2	2	2	1	4	0	3	4	5	5	2	5
第二节	水利水电工程勘察与测量	1	2	0	0	0	0	1	2	0	1	2	0
第三节	水利水电工程建筑材料	2	0	0	2	2	0	2	2	0	1	2	4
合计		5	4	2	3	6	0	6	8	5	7	6	9

第一节　水利水电工程建筑物的类型及相关要求

考点 1　水工建筑物分类★

水利工程中的各种建筑物和构筑物统称为水利工程建筑物，简称水工建筑物。水工建筑物的种类繁多，形式各异，具体分类见表 1-1-1。

表 1-1-1　水工建筑物分类

功能	挡水建筑物	各种坝、水闸、堤防和海塘	
	泄水建筑物	各种溢流坝、坝身泄水孔、岸边溢洪道、水闸和泄水隧洞	
	输水建筑物	引水隧洞、引水涵管和渠道	
	取（进）水建筑物	引水隧洞的进水口段、灌溉渠首和供水用的进水闸、抽水站	
	河道整治建筑物	丁坝、顺坝、导流堤、护底和护岸	
	专门建筑物	水电站、船闸、升船机、鱼道、过木道和筏道	
使用期限	永久性	主要建筑物	坝、泄水建筑物、输水建筑物及电站厂房
		次要建筑物	挡土墙、导流墙、工作桥及护岸等
	临时性	围堰、导流隧洞和导流明渠	

考点 2　蓄水枢纽的水工建筑物（土石坝）★★

扫码听课

一、土石坝的工作特点及基本要求

土石坝主要是由颗粒松散的土石料填筑而成的挡水建筑物。由于土石料颗粒间的黏结力较低，在渗流、冲刷、沉降、冰冻、地震等因素的作用和影响下，表现出其相应的工作特点，从而决定了土石坝设计时应考虑稳定、渗流、冲刷、沉降等方面的问题。

二、土石坝的分类及选择

土石坝的分类如图 1-1-1 所示。

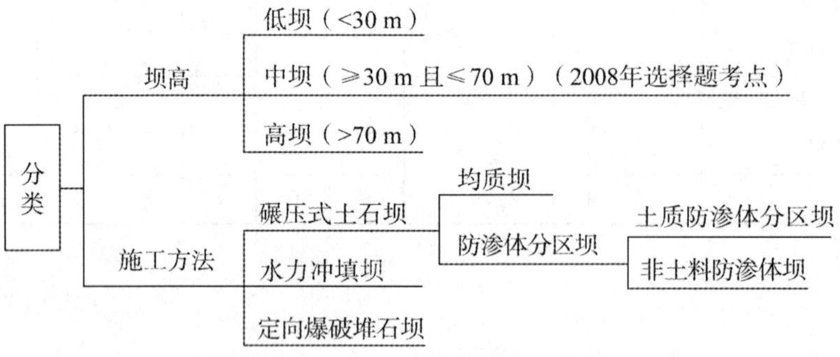

图 1-1-1　土石坝的分类

其中，土石坝根据施工方法可分为碾压式土石坝、水力冲填坝和定向爆破堆石坝，如图

1-1-2所示。

（a）碾压式土石坝　　（b）水力冲填坝　　（c）定向爆破堆石坝

图 1-1-2　土石坝按施工方法的分类

碾压式土石坝的分类见表 1-1-2。（2022 年选择题考点）

表 1-1-2　碾压式土石坝的分类

分类	内容
均质坝	坝体断面不分防渗体和坝壳，绝大部分由一种透水性较弱的黏性土（壤土、砂壤土）等填筑而成。整个坝体起防渗作用并保持自身的稳定［图 1-1-3（a）］
土质防渗体分区坝	坝体断面由土质防渗体及若干透水性不同的土石料分区构成。根据土质防渗体在坝体中的位置不同，又可分为黏土心墙坝［图 1-1-3（b）］和黏土斜墙坝［图 1-1-3（c）］
非土料防渗体坝	这种坝型的防渗体是由沥青混凝土、钢筋混凝土或土工膜等其他人工材料筑成，坝体用土石料填筑。其防渗体设在上游面的称为面板坝［图 1-1-3（d）］，防渗体设在坝体中央的称为心墙坝［图 1-1-3（e）］

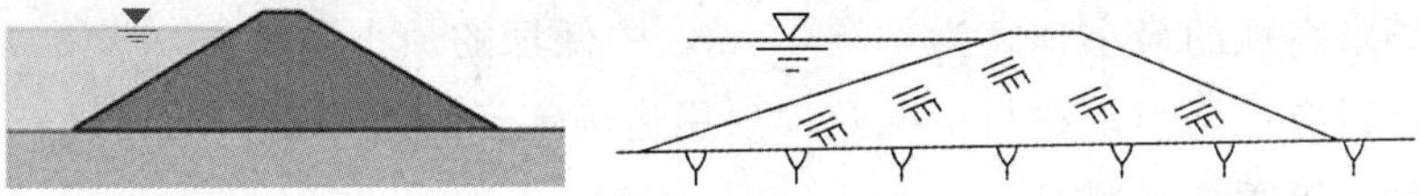

（a）均质坝

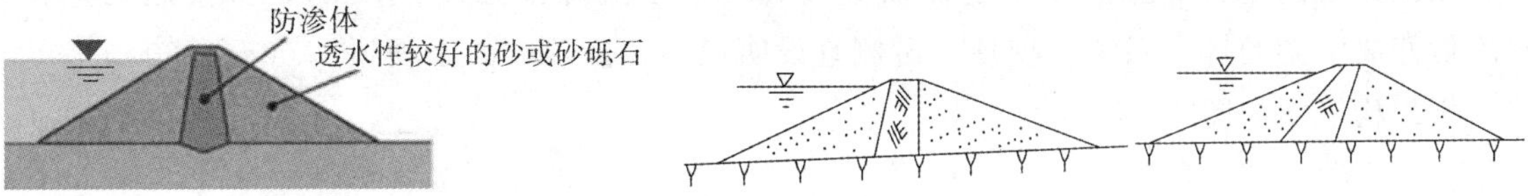

（b）黏土心墙坝

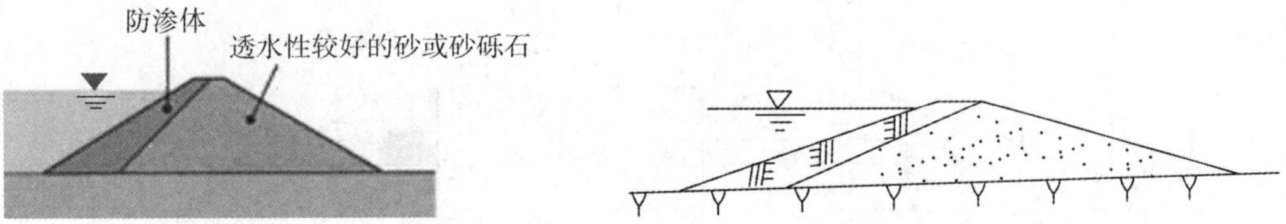

（c）黏土斜墙坝

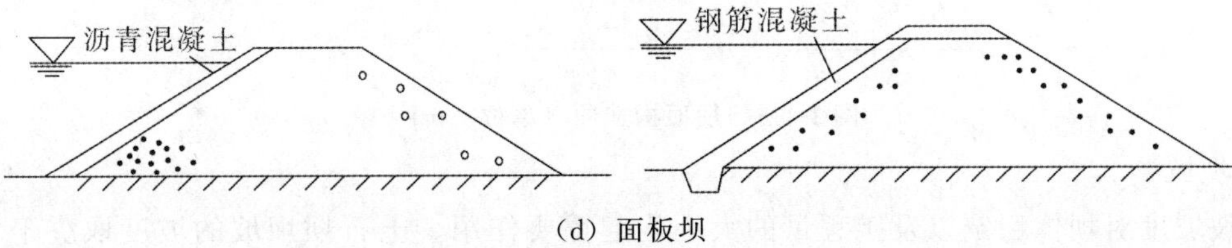

（d）面板坝

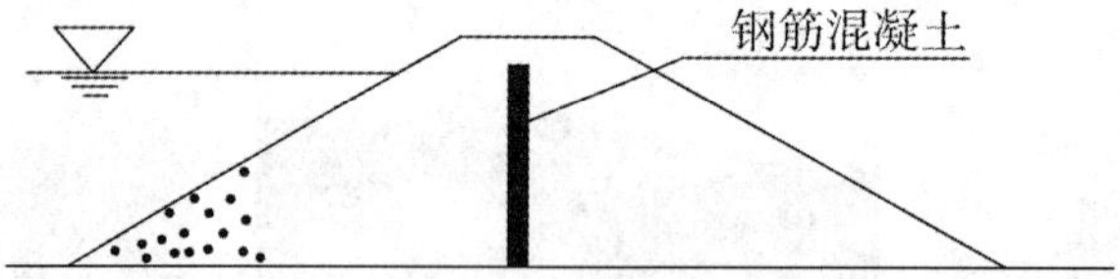

（e）心墙坝

图 1-1-3　不同种类的碾压式土石坝

三、土石坝的构造及作用

（一）坝体分区

均质坝分为坝体、排水体、反滤层、护坡等区，土质防渗体分区坝分为防渗体、反滤层、过渡层、坝壳、排水体、护坡等区，如图 1-1-4 所示。

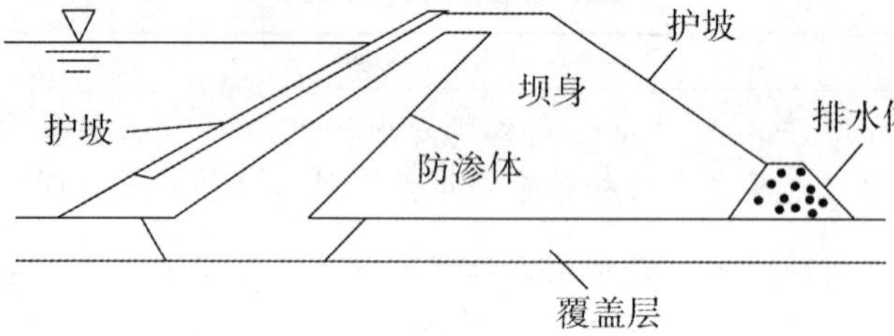

图 1-1-4　坝体分区图

（二）坝顶与坝坡

1. 坝顶（2014 年案例题考点）

坝顶宽度应根据运行、施工、构造、交通和人防等方面的要求综合研究后确定。我国土石坝设计规范要求高坝的最小顶宽为 10～15 m，中低坝的最小顶宽为 5～10 m。

坝顶盖面材料应根据当地材料情况及坝顶用途确定，宜采用密实的砂砾石、碎石、单层砌石或沥青混凝土等柔性材料。

坝顶面可向上、下游侧或下游侧放坡。坡度宜根据降雨强度，在 2%～3%之间选择，并应做好向下游的排水系统。坝顶上游侧宜设防浪墙，墙顶应高于坝顶 1.00～1.20 m。

坝顶构造图如图 1-1-5 所示。

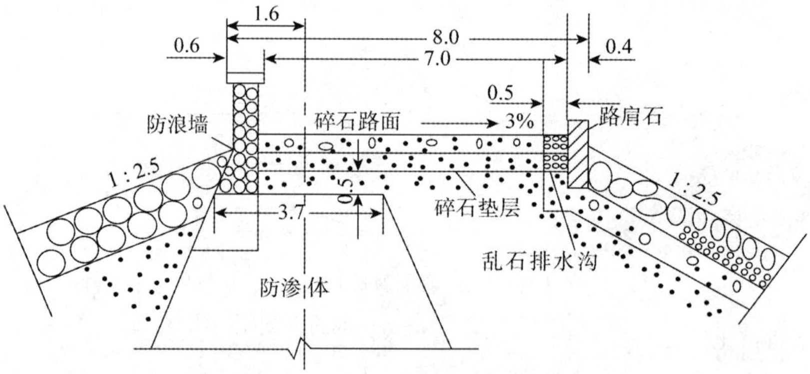

图 1-1-5　坝顶构造图（单位：m）

2. 坝坡

坝坡坡度对坝体稳定以及工程量的大小均起重要作用。土石坝坝坡的坡度取决于坝型、坝高、筑坝土料的性质、地质条件及地震情况等因素。

3. 护坡

土石坝上游坡面要经受波浪淘刷、顺坡水流冲刷、冰层和漂浮物等的危害作用；下游坡面要经受雨水、大风、尾水部位的风浪、冰层和水流的损害作用及冻胀干裂等因素的破坏作用。（2014 年选择题考点）

4. 坝面排水

为了防止两岸山坡上的雨水冲刷坝面，除干砌石、堆石护坡外，均须设坝面排水。坝面排水包括坝顶、坝坡、坝头及坝下游等部位的集水、截水和排水设施。

（三）坝体防渗设施（2013 年、2012 年选择题考点）

设置防渗设施的目的是：①减少通过坝体和坝基的渗流量；②降低浸润线以增加下游坝坡的稳定性；③降低渗透坡降以防止渗透变形。

土坝的坝体防渗体形式主要有均质坝、黏土心墙、黏土斜墙、非土料的防渗体等。

（四）坝体排水设施

土石坝渗流控制的基本原则是防、排结合，排水和反滤是其重要的组成部分。排水的作用是：降低孔隙水压力，降低浸润线，保护坝坡免遭冻胀破坏。坝体排水常用的形式有（2019 年、2018 年选择题考点）：

1. 棱体排水

它是在下游坝脚处用块石堆成的棱体［图 1-1-6（a）］。棱体排水是一种可靠的、被广泛采用的排水设施。它可以降低浸润线，防止坝坡冻胀，保护下游坝脚不受尾水淘刷且具有支持坝体、增加稳定性的作用。

2. 贴坡排水

贴坡排水又称表面排水，它是用 1～2 层堆石或砌石加反滤层直接铺设在下游坝坡表面，不伸入坝体的排水设施［图 1-1-6（b）］。排水顶部须高出浸润线逸出点，这种形式的排水构造简单，用料节省，施工方便，易于检修；但不能降低浸润线，因其易因冰冻而失效。

3. 坝内排水

坝内排水［图 1-1-6（c）］包括褥垫排水层、网状排水带、排水管、竖式排水体等。

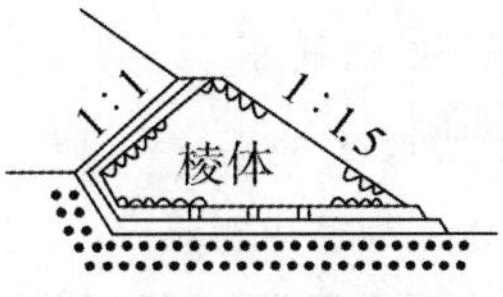

（a）棱体排水

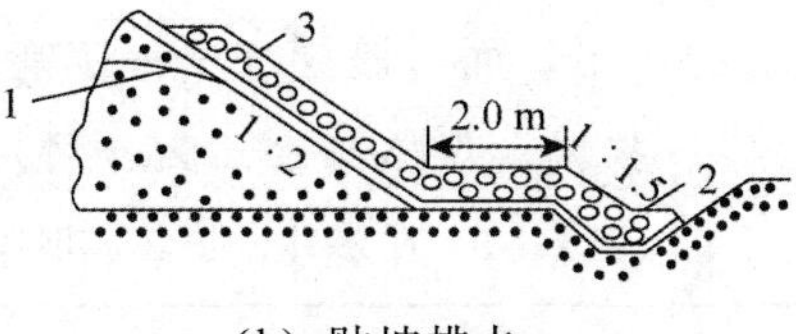

（b）贴坡排水

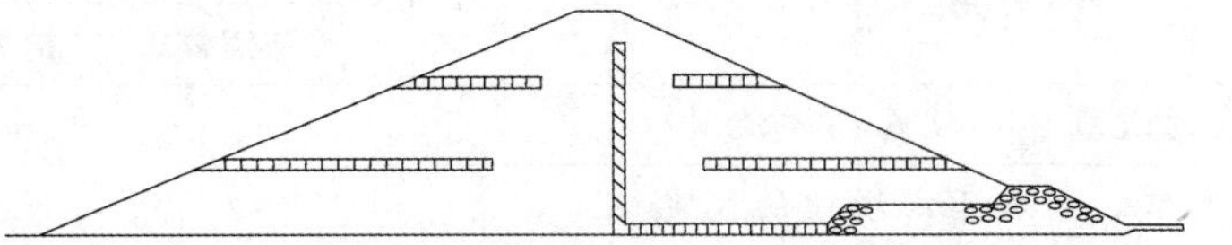

（c）坝内排水

1—浸润线；2—排水沟；3—反滤层

图 1-1-6　坝体排水设施

在实际工程中常根据具体情况将三种不同形式的排水组合在一起成为综合式排水，以兼取各种形式的优点，如图 1-1-7 所示。

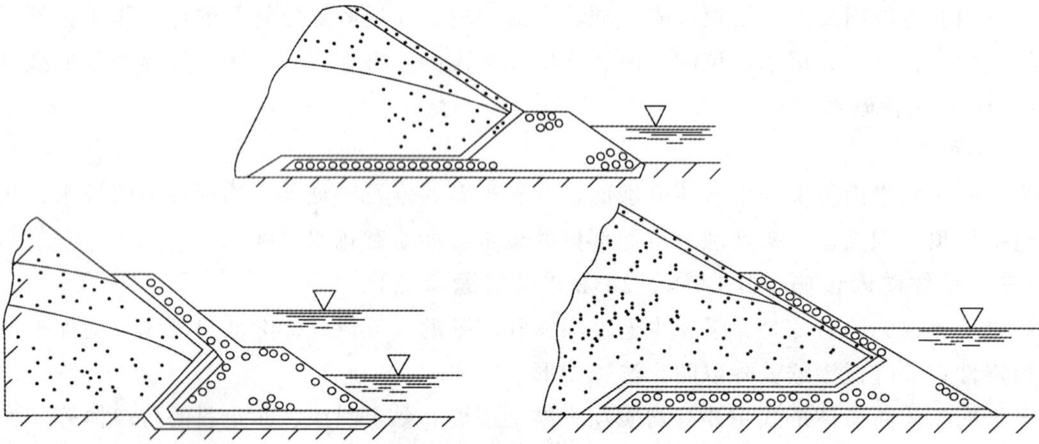

图 1-1-7　综合式排水形式举例

（五）反滤层与过渡层（2020 年选择题考点）

（1）反滤层的作用是滤土排水，防止建筑物在渗流逸出处遭受管涌、流土等渗流变形的破坏及不同土层界面处的接触冲刷。反滤层材料设置一般是沿着渗流方向的粒径由小到大进行排列，如图 1-1-8 所示。

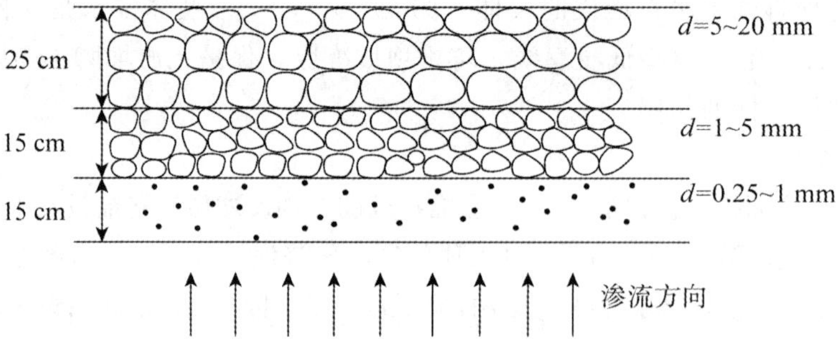

图 1-1-8　反滤层材料设置

（2）过渡层的作用是避免在刚度相差较大的两种土料之间产生急剧变化的变形和应力。反滤层可以起过渡层的作用，而过渡层却不一定能满足反滤要求。

➢ **注意：**防渗体、护坡、坝体排水三大作用对比见表 1-1-3。

表 1-1-3　防渗体、护坡、坝体排水三大作用对比

作用	构造		
	防渗体	护坡	坝体排水
减少通过坝体和坝基的渗流量	√	—	—
降低浸润线，增加下游坝坡的稳定性	√	—	—
降低渗透坡降，防止渗透变形	√	—	—
防止波浪淘刷	—	√	—
防止顺坝水流冲刷	—	√	—

续表

作用	构造		
	防渗体	护坡	坝体排水
防止冰冻和其他形式的破坏	—	√	—
降低坝体浸润线	—	—	√
降低孔隙水压力	—	—	√
防止坝坡土冻胀破坏	—	—	√

四、混凝土面板堆石坝

混凝土面板堆石坝是以堆石体为支承结构，以堆石体上游表面的混凝土面板为防渗结构的一种堆石坝坝型，其典型结构如图 1-1-9 所示。

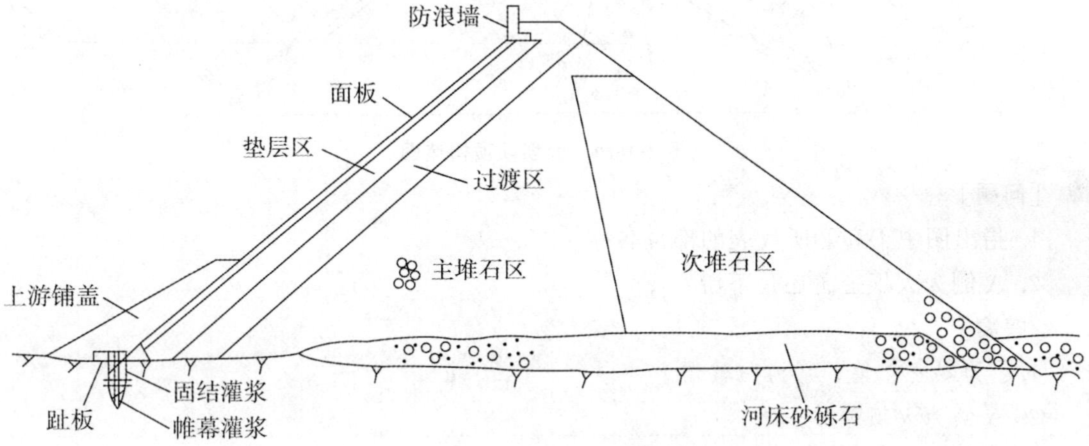

图 1-1-9　混凝土面板堆石坝结构示意图

实战演练

[2020 真题·单选] 沿渗流方向设置反滤层，其反滤料粒径应按（　　）排序。

A. 中→大→小

B. 中→小→大

C. 大→中→小

D. 小→中→大

[解析] 反滤层材料设置一般是沿着渗流方向由小到大进行排列。

[答案] D

[2013 真题·多选] 土坝防渗设施的主要作用有（　　）。

A. 降低浸润线

B. 减少通过坝体的渗流量

C. 增加上游坝坡的稳定性

D. 减少通过坝基的渗流量

E. 增大渗透坡降

[解析] 设置防渗体的作用是：①减少通过坝体和坝基的渗流量；②降低浸润线以增加下游坝坡的稳定性；③降低渗透坡降以防止渗透变形。

[答案] ABD

[2014 真题·案例节选]

背景资料：

某水库枢纽工程总库容为 1 500 万 m^3，工程包括大坝、溢洪道等，大坝为黏土心墙土石坝，最大坝高为 35 m，大坝坝顶构造图如图 1-1-10 所示。

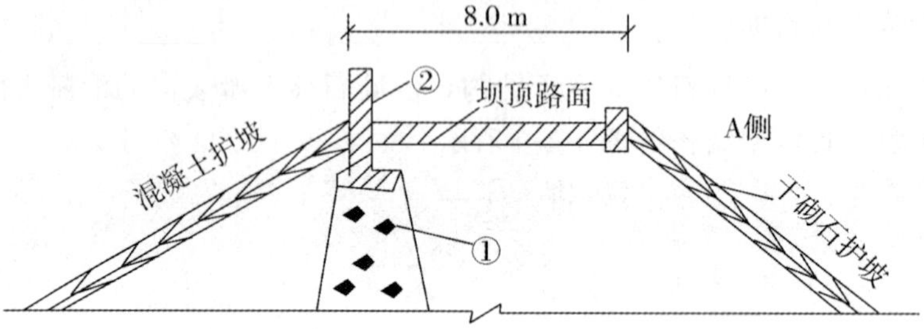

图 1-1-10 大坝坝顶构造图

[问题]

1. 指出图中①和②所代表的部位名称。

2. A 侧为大坝上游还是下游？

[答案]

1. ①为黏土心墙，②为防浪墙。

2. A 侧为大坝下游。

考点 3 防洪工程中的堤防★

一、堤防的概念

堤防是指沿河、渠、湖、海岸或行洪区、分洪区、围垦区的边缘修筑的挡水建筑物，如图 1-1-11 所示。堤防是世界上最早广为采用的一种重要防洪工程。筑堤是防御洪水泛滥，保护居民和工农业生产的主要措施。

图 1-1-11 堤防

二、堤防的构造

根据《堤防工程设计规范》（GB 50286—2013）的规定，堤防的构造见表 1-1-4。

表 1-1-4 堤防的构造

构造		备注	
堤顶	顶宽	级别	顶宽
		1 级	≥8 m
		2 级	≥6 m
		3 级及以下	≥3 m
	坡度	2%～3%	
	防浪墙	不宜超过 1.2 m	
堤坡与戗台	（1）1、2 级土堤的堤坡不宜陡于 1∶3； （2）堤高超过 6 m 的背水坡宜设戗台，宽度不宜小于 1.5 m		
护坡与坡面排水	（1）1、2 级土堤水流冲刷或风浪作用强烈的堤段，临水侧坡面宜采用砌石、混凝土或土工织物模袋混凝土护坡； （2）1、2 级堤防背水坡和其他堤防的临水坡，可采用水泥土、草皮等护坡		
防渗与排水设施	堤身与地基两者的防渗与排水设施紧密结合，防渗体的顶部应高出设计水位 0.5 m 以上		
防洪墙设置在城市、工矿区等修建土堤受限制的地段			

三、堤防与各类建筑物、构筑物的连接

（1）穿堤建筑物：以引、排水为目的，从堤身或堤基穿过的管、涵、闸等水工建筑物的总称。

（2）临堤建筑物：在河道堤防管理范围或堤脚线以外修建的不穿越堤身或堤基的水工建筑物。

（3）跨堤建筑物：跨越堤防的建筑物。

实战演练

[**经典例题·单选**] 关于堤防的构造，下列说法中，错误的是（ ）。

A. 某 1 级堤防，其堤顶宽为 10 m

B. 堤高超过 6 m 的背水坡宜设戗台，宽度不宜小于 1.5 m

C. 堤防防渗体的顶部高程应高出设计水位 1.0 m

D. 风浪大的海堤、湖堤临水侧宜设置消浪平台

[**解析**] 堤防防渗体的顶部高程应高出设计水位 0.5 m 以上。

[**答案**] C

考点 4 蓄水枢纽的水工建筑物（重力坝）★★

重力坝是用混凝土或浆砌石材料修筑而成的挡水坝。重力坝依靠坝体自身重力产生的抗

滑力来维持其稳定性，因而得名。举世瞩目的长江三峡水利枢纽的挡水坝就是混凝土重力坝。

一、重力坝的工作原理及类型

（一）重力坝的工作原理

重力坝的工作原理是在水压力及其他荷载作用下，主要依靠坝体自重产生的抗滑力来满足稳定性要求，同时也依靠坝体自重产生的压应力来减小水压力所引起的上游坝面的拉应力，以满足强度要求。

重力坝的基本剖面为上游坝面近于垂直的三角形剖面，在平面上，坝轴线通常呈直线。为了适应地基变形、温度变化和混凝土的浇筑能力，沿坝轴线用永久性横缝将坝体分隔成若干个独立工作的坝段（图 1-1-12），每个坝段的结构形式类似固结于地基上的悬臂梁。

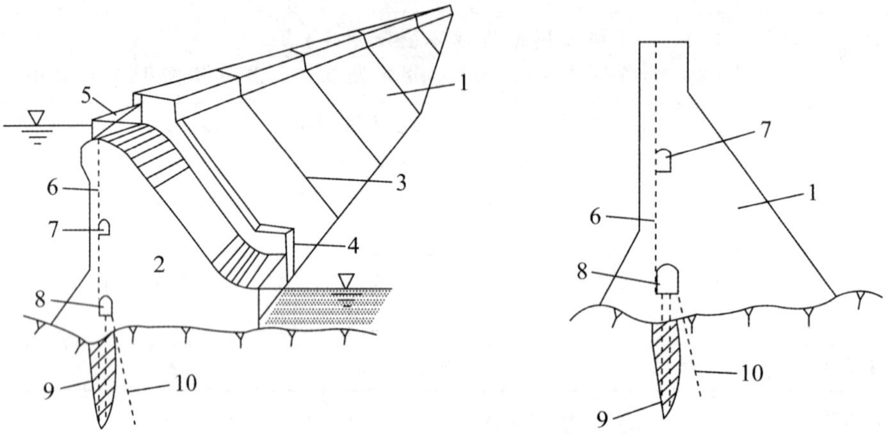

1—非溢流坝段；2—溢流坝段；3—横缝；4—导墙；
5—闸门；6—坝体排水管；7—检修、排水廊道；
8—基础灌浆廊道；9—防渗帷幕；10—坝基排水孔

图 1-1-12 重力坝示意图

（二）重力坝的分类

重力坝可按多种分类方法进行分类，具体见表 1-1-5。

表 1-1-5 重力坝的分类

分类方法	重力坝类型	备注
坝体高度	高坝（>70 m）	—
	中坝（≥30 m 且≤70 m）	
	低坝（<30 m）	
筑坝材料	混凝土重力坝	—
	浆砌石重力坝	
泄水条件	溢流重力坝	—
	非溢流重力坝	

续表

分类方法	重力坝类型	备注
施工方法	浇筑混凝土重力坝	—
	碾压混凝土重力坝	
坝体结构	实体重力坝	—
	空腹重力坝	在实体重力坝底部沿坝轴线方向设置大尺寸的空腔，即为空腹重力坝
	宽缝重力坝	将实体重力坝永久横缝的内部扩宽，在横缝处形成具有宽缝的重力坝

重力坝的三种形式如图 1-1-13 所示。

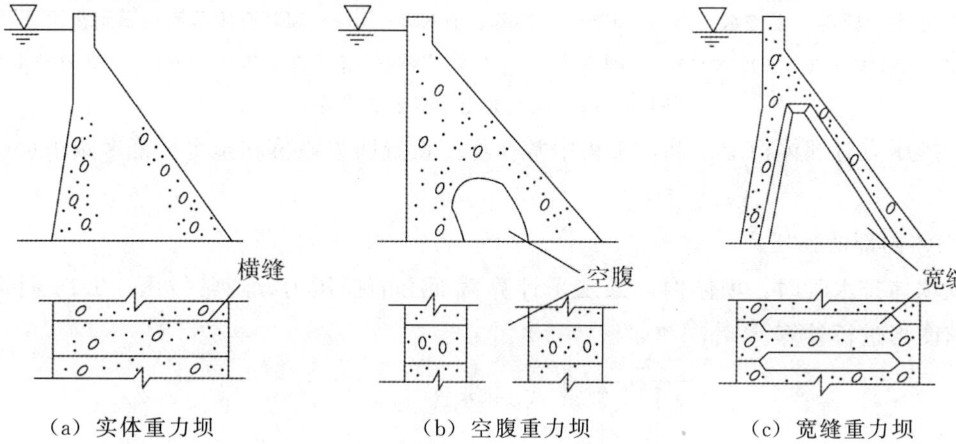

图 1-1-13　重力坝的形式

二、重力坝的荷载及荷载组合

作用在重力坝上的主要荷载有坝体自重，上下游坝面上的水压力、扬压力、浪压力和冰压力、泥沙压力及地震荷载等。下面主要介绍扬压力和浪压力的有关内容。

(一) 扬压力

1. 坝底面上的扬压力（2016 年选择题考点）

工程界习惯上把扬压力分为两个部分，一部分称为渗透压力，认为它是由上、下游水位差产生的；另一部分叫作浮托力，认为它是由下游水深产生的。扬压力是渗透压力与浮托力两者之和。

坝底面上的扬压力分布如图 1-1-14 所示。以图 1-1-14（a）所示的坝底面上的扬压力分布图为例，*ABCD*（矩形）部分的合力就是浮托力，而 *DCE*（三角形）部分的合力是渗透压力。

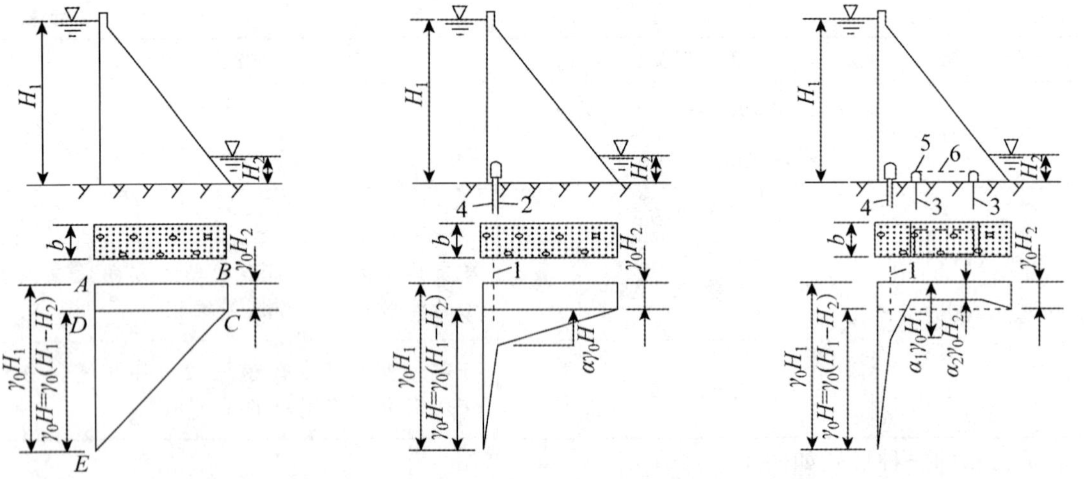

（a）坝基中无帷幕、无排水　（b）坝基中有帷幕、有排水　（c）坝基有帷幕和主、副排水孔并抽排

1—排水孔中心线；2—主排水孔；3—副排水孔；4—灌浆帷幕；5—纵向排水廊道；6—横向排水廊道

图 1-1-14　坝底面上的扬压力分布

由于扬压力对坝体稳定不利，工程中常在坝基设置防渗帷幕和排水孔幕来减小坝底的扬压力。

2. 坝体内部的扬压力

当设坝体排水管时，坝体内部某水平计算截面上的扬压力，通常按图 1-1-15 假定的扬压力分布图形进行计算。

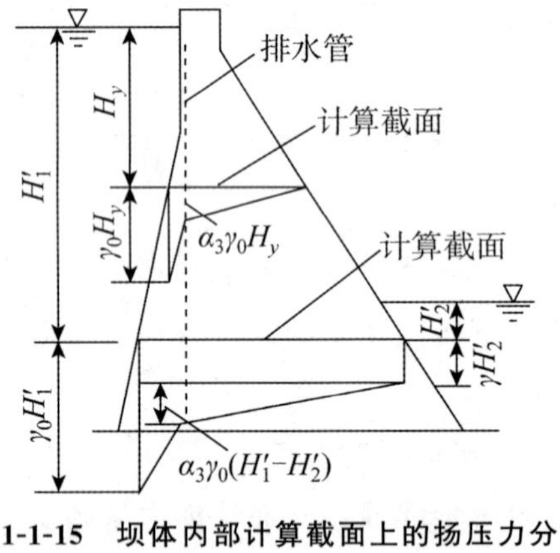

图 1-1-15　坝体内部计算截面上的扬压力分布

（二）浪压力

水库水面在风的作用下产生波浪，波浪对坝面的冲击力称为浪压力。在计算浪压力时，首先要确定波浪高度 h、波浪长度 L 和波浪中心线超出静水面的高度 h_0 等波浪要素，如图 1-1-16 所示。

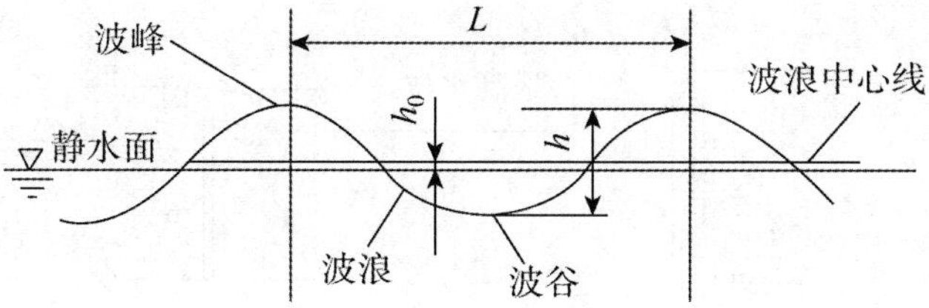

图 1-1-16 波浪要素示意图

直墙式挡水建筑物的浪压力分布如图 1-1-17 所示。

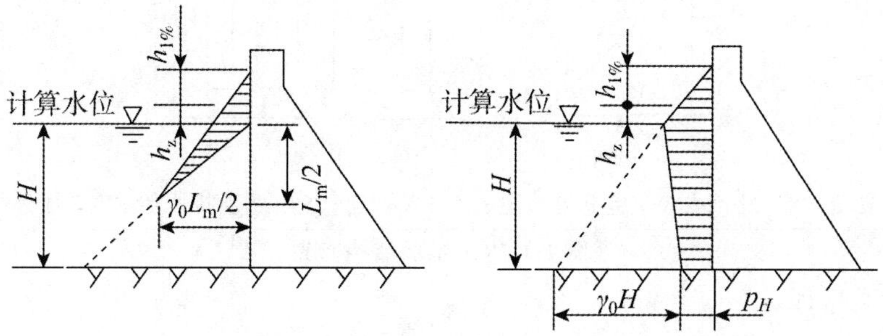

(a) 深水波 (b) 浅水波

图 1-1-17 直墙式挡水建筑物的浪压力分布

三、非溢流重力坝的剖面设计

重力坝的基本剖面是指坝体在自重、静水压力（上游水位与坝顶齐平）和扬压力三项主要荷载作用下，满足稳定性和强度要求，并使坝体工程量最小的三角形剖面，如图 1-1-18 所示。

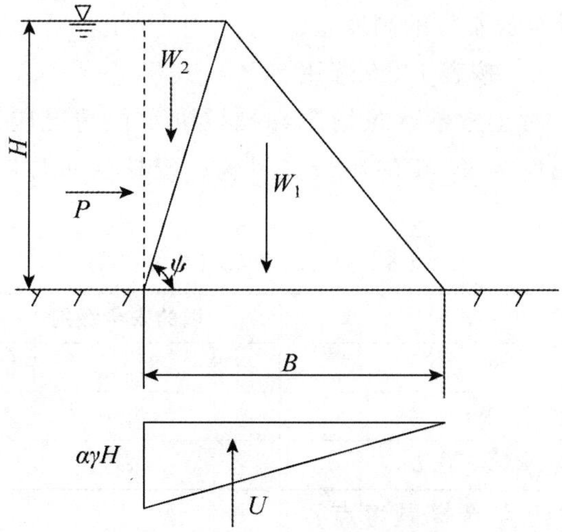

图 1-1-18 重力坝的基本剖面

（一）坝顶

1. 坝顶宽度

坝顶宽度应根据设备布置、运行、检修、施工和交通等需要确定，一般取坝高的 8%～10%，且不小于 3 m。坝顶结构布置如图 1-1-19 所示。

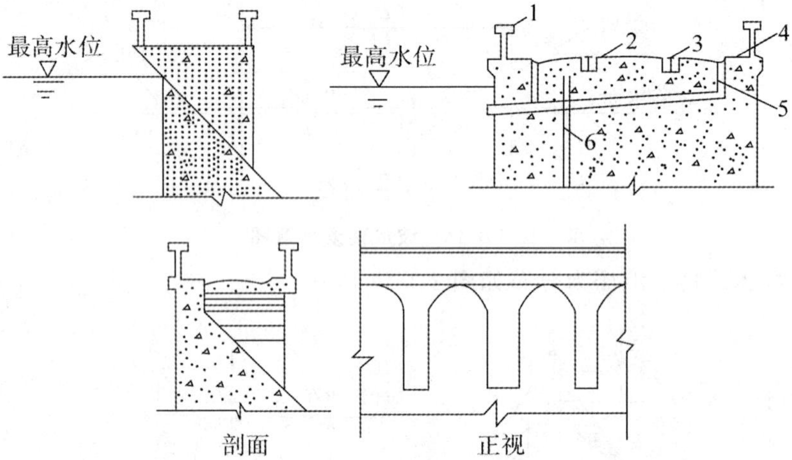

1—防浪墙；2—路面；3—起重机轨道；4—人行道；5—坝顶排水管；6—坝体排水管

图 1-1-19　坝顶结构布置

2. 防浪墙顶高程

防浪墙顶高程按以下两式计算，并选用其中的较大者。

$$防浪墙顶高程=正常蓄水位+\Delta h_{正}$$

$$防浪墙顶高程=校核洪水位+\Delta h_{校}$$

式中　$\Delta h_{正}$、$\Delta h_{校}$分别为正常蓄水位情况的超高值和校核洪水位情况的超高值。

防浪墙顶高于水库静水位的超高值 Δh 按下式计算：

$$\Delta h=h_{1\%}+h_{Z}+h_{c}$$

式中　$h_{1\%}$——累积频率为1%时的波浪高度，m；

h_{Z}——波浪中心线至静水位的高度，m；

h_{c}——安全超高，m，按表 1-1-6 选用。

在计算 $h_{1\%}$ 和 h_{Z} 时，对正常蓄水位情况和校核洪水位情况应采用不同的计算风速值。正常蓄水位时，采用重现期为 50 年的年最大风速；校核洪水位时，采用多年平均年最大风速。

表 1-1-6　安全超高 h_{c}（单位：m）

相应水位	坝的安全级别		
	1	2	3
正常蓄水位	0.7	0.5	0.4
校核洪水位	0.5	0.4	0.3

（二）坝体排水（2019 年选择题考点）

为了减少渗水对坝体的不利影响，在靠近坝体上游面的位置需设置排水管幕，将渗水由排水管排入廊道，再汇入集水井，经由横向排水管自流或用水泵抽水排向下游，如图 1-1-20 所示。

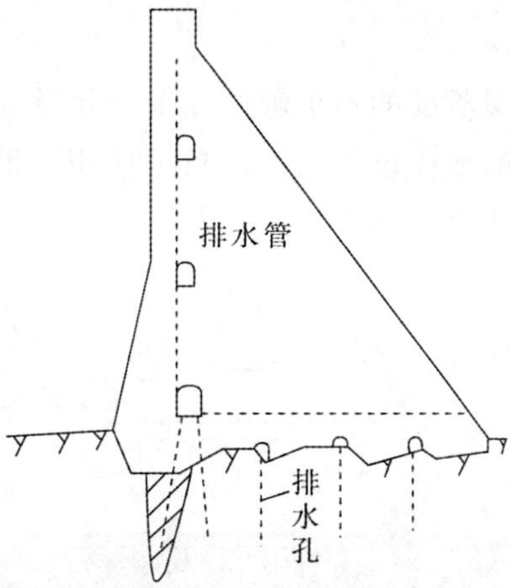

图 1-1-20　坝体与坝基排水

（三）廊道系统（2013 年选择题考点）

为了满足灌浆、排水、观测、检查和交通的需要，须在坝体内设置各种不同用途的廊道，这些廊道互相连通，构成廊道系统，如图 1-1-21 所示。

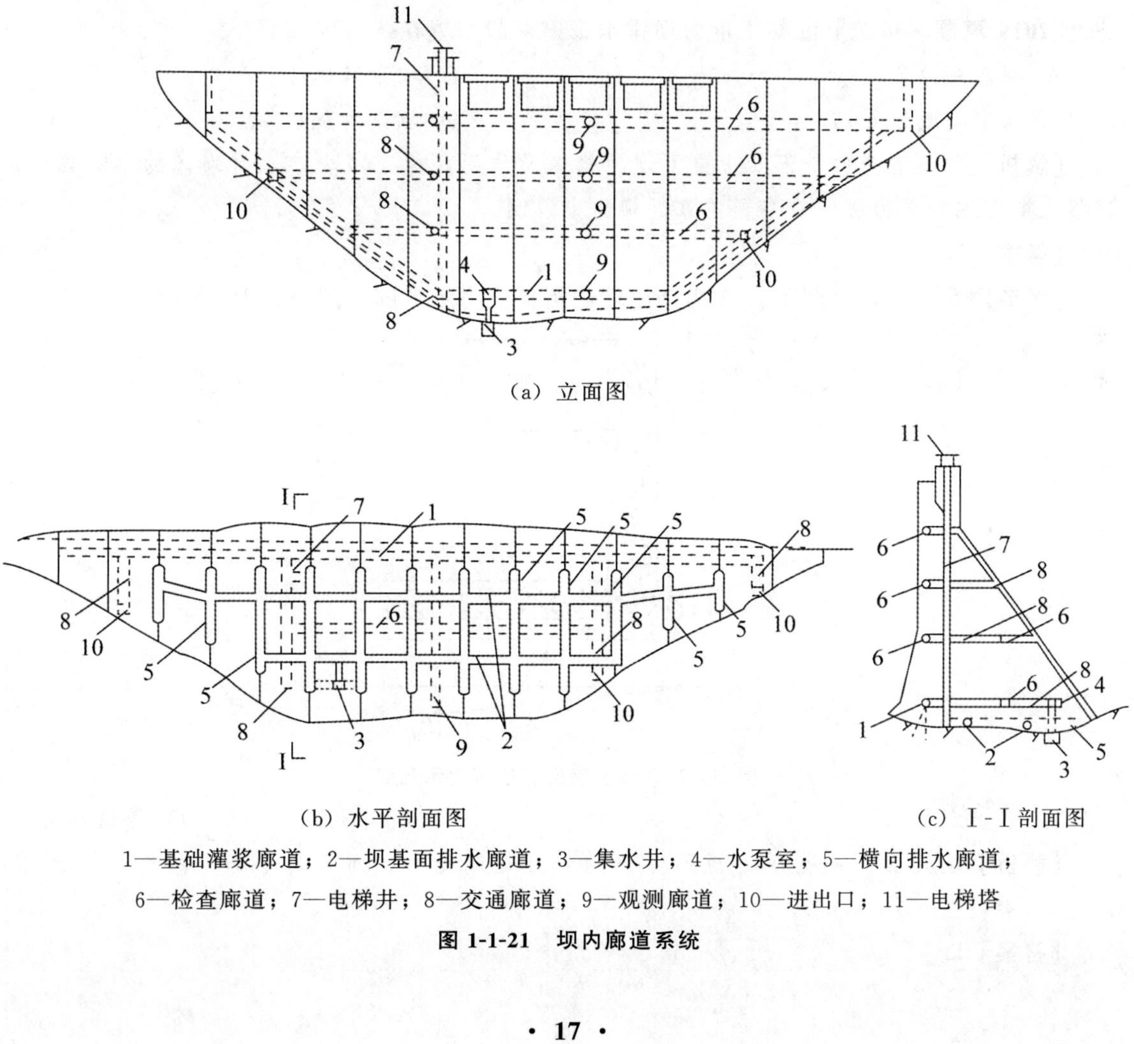

（a）立面图

（b）水平剖面图　　（c）Ⅰ-Ⅰ剖面图

1—基础灌浆廊道；2—坝基面排水廊道；3—集水井；4—水泵室；5—横向排水廊道；6—检查廊道；7—电梯井；8—交通廊道；9—观测廊道；10—进出口；11—电梯塔

图 1-1-21　坝内廊道系统

四、碾压混凝土重力坝

碾压混凝土重力坝是将无坍落度的超干硬性混凝土分层填筑、用振动碾压实而筑成的混凝土坝。它是将土石坝施工中的碾压设备和施工技术应用于混凝土坝施工中的一种新坝型，如图 1-1-22 所示。

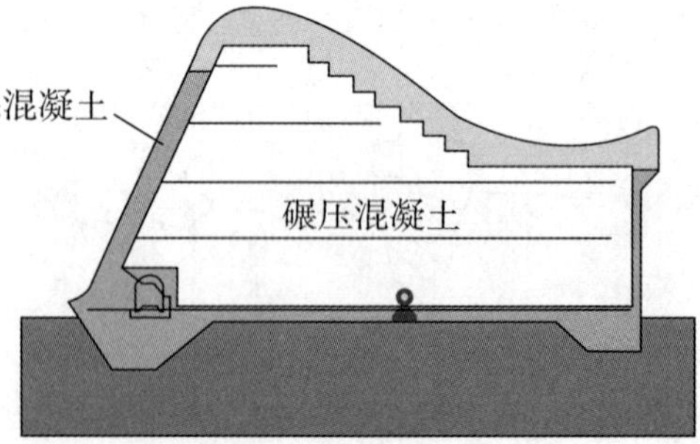

图 1-1-22 碾压混凝土重力坝

实战演练

[**2019 真题·单选**] 混凝土重力坝排水廊道一般布置在（　　）。

A. 坝基础位置　　B. 坝上游侧

C. 坝中心线位置　　D. 坝下游侧

[**解析**] 本题考查的是混凝土重力坝的构造及作用。为了减少渗水对坝体的不利影响，混凝土重力坝排水廊道一般布置在靠近坝体上游侧。

[**答案**] B

[**经典例题·单选**] 图 1-1-23 为挡土墙底板扬压力示意图，图中的 P_S 是指（　　）。

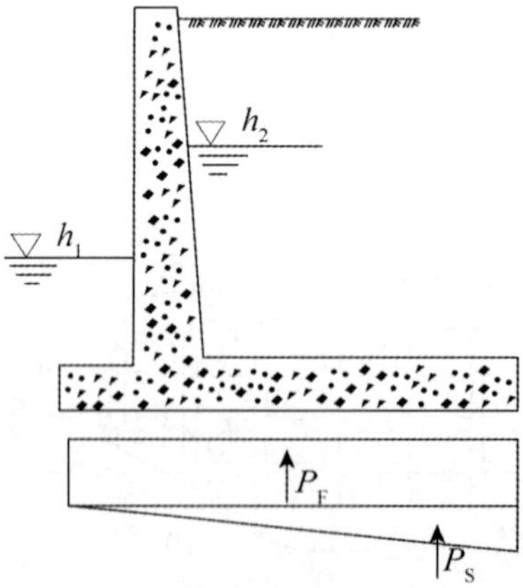

图 1-1-23 挡土墙底板扬压力示意图

A. 浮托力　　B. 静水压力　　C. 动水压力　　D. 渗透压力

[**解析**] 坝底面上的扬压力矩形部分的合力是浮托力，而三角形部分的合力是渗透压力。

[**答案**] D

考点 5　蓄水枢纽的水工建筑物（拱坝）★

拱坝（图 1-1-24）是一种空间拱形壳体结构。在水压力和淤泥压力等水平方向为主的荷载作用下，大部分荷载将通过拱的作用传递到两岸基岩上，少部分荷载将通过垂直梁的作用传给坝底基岩。所以，主要依靠两岸拱端的反力作用维持其稳定性是拱坝的工作特点。拱坝一般是周边固支的高次超静定空间壳体结构。（2019 年选择题考点）

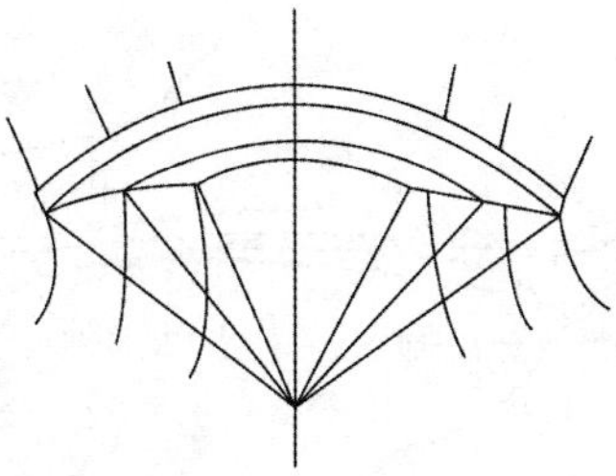

图 1-1-24　拱坝示意图

实战演练

[**2019 真题·单选**] 拱坝是（　　）。

A. 静定结构

B. 瞬变结构

C. 可变结构

D. 超静定结构

[**解析**] 拱坝是超静定结构。

[**答案**] D

考点 6　蓄水枢纽的水工建筑物（支墩坝）★

支墩坝由一排相隔一定距离的支墩和挡水面板组成。挡水面板支承在支墩上，水压力由挡水面板传给支墩，再由支墩传给地基。支墩坝一般适宜修建在较宽阔的河谷上，两岸山坡不宜太陡，除低坝外，各种类型的支墩坝均要求建造在岩石地基上。按挡水面板的形式，支墩坝可分为平板坝、连拱坝和大头坝，如图 1-1-25 所示。

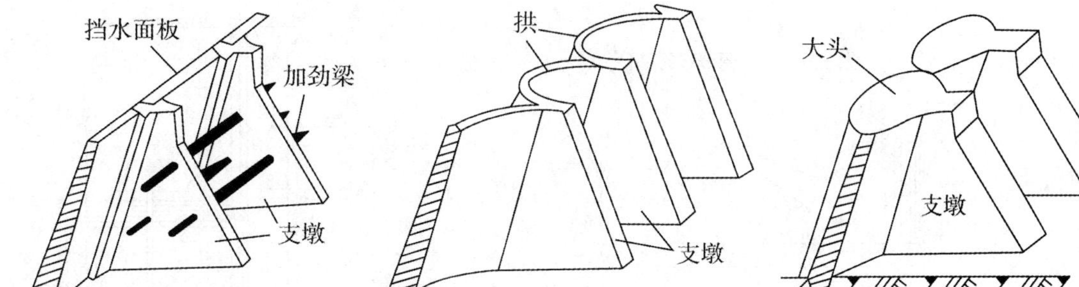

（a）平板坝　（b）连拱坝　（c）大头坝

图 1-1-25　支墩坝的类型

第一章

考点 7 引水枢纽的水工建筑物（水闸）★★

扫码听课

一、水闸的作用和分类

水闸是一种利用闸门挡水和泄水的低水头水工建筑物，多建于河道、渠系及水库、湖泊岸边。

水闸按其承担任务的不同，可分为六种类型：分洪闸、进水闸、拦河闸、冲沙闸、排水闸和挡潮闸，如图 1-1-26 所示。

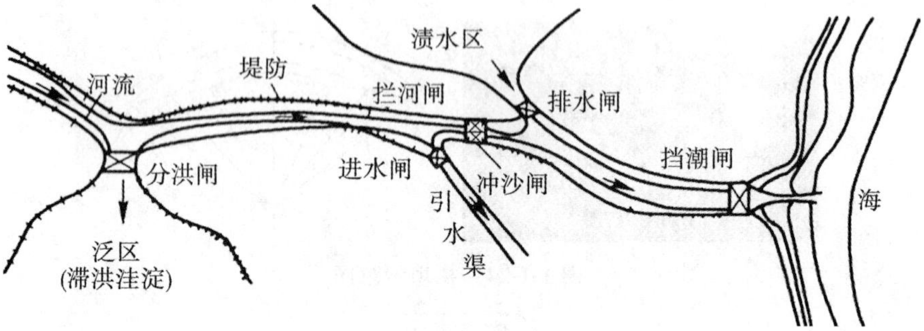

图 1-1-26　水闸按承担任务的分类

水闸按闸室结构形式可分为开敞式、胸墙式、涵洞式及双层式等，如图 1-1-27 所示。

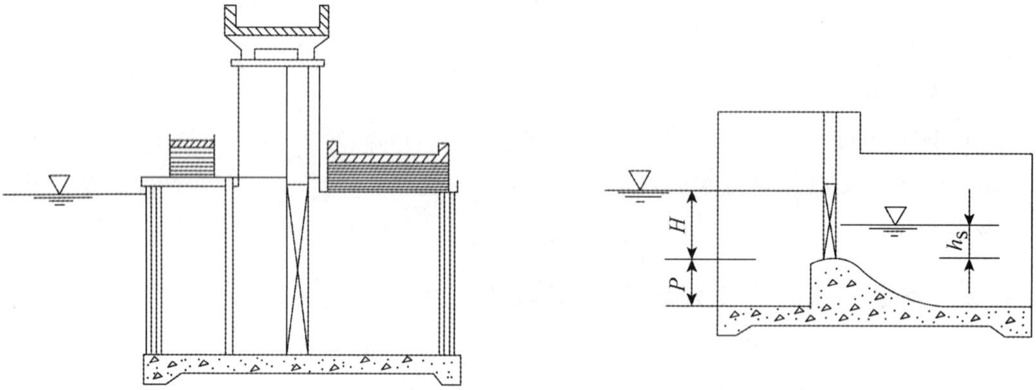

（a）开敞式

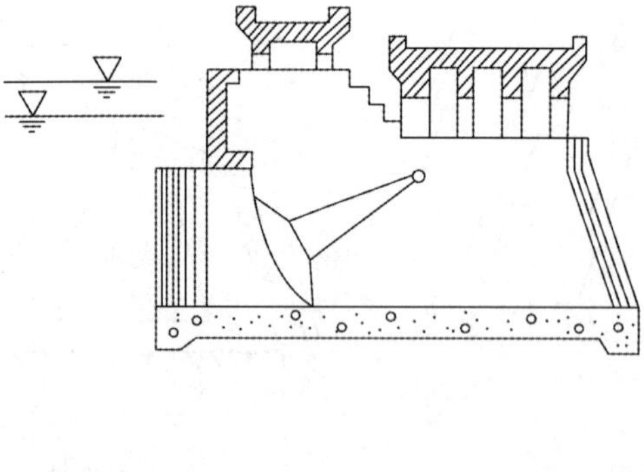

（b）胸墙式

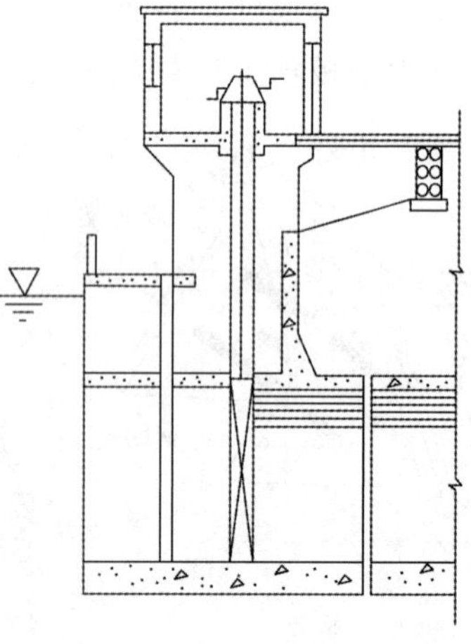

（c）涵洞式

图 1-1-27　闸室结构形式

二、水闸的组成（2020 年、2019 年选择题考点，2014 年案例题考点）

水闸一般由闸室、上游连接段和下游连接段三部分组成，如图 1-1-28 所示。

闸室是水闸的主体，包括闸门、闸墩、边墩（岸墙）、底板、胸墙、工作桥、交通桥、启闭机等。闸门用来挡水和控制过闸流量。闸墩用以分隔闸孔和支承闸门、胸墙、工作桥及交通桥。底板是闸室的基础，用以将闸室上部结构的重量及荷载传至地基，还可利用底板与地基之间的抗滑力来维持闸室的稳定，兼有防渗和防冲的作用。工作桥和交通桥用来安装启闭设备、操作闸门和联系两岸交通。

上游连接段，包括两岸的翼墙和护坡及河床部分的铺盖。有时为保护河床免受冲刷加做防冲槽和护底，用以引导水流平顺地进入闸室，保护两岸及河床免遭冲刷，并与闸室等共同构成防渗地下轮廓，确保在渗透水流作用下两岸和闸基的抗渗稳定性。

下游连接段，包括护坦（消力池）、海漫、防冲槽及两岸的翼墙和护坡等。用以消除过闸水流的剩余能量，引导出闸水流均匀扩散，调整流速分布和减缓流速，防止水流出闸后对下游的冲刷。

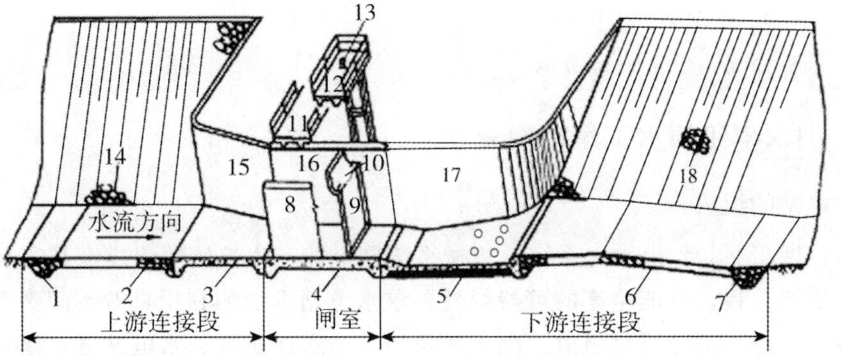

1—上游防冲槽；2—上游护底；3—铺盖；4—底板；5—护坦（消力池）；6—海漫；7—下游防冲槽；8—闸墩；9—闸门；10—胸墙；11—交通桥；12—工作桥；13—启闭机；14—上游护坡；15—上游翼墙；16—边墩；17—下游翼墙；18—下游护坡

图 1-1-28　水闸的组成

实战演练

［**2020 真题·多选**］水闸下游连接段包括（　　）。

A. 铺盖　　B. 消力池

C. 护坦　　D. 岸墙

E. 海漫

［**解析**］下游连接段通常包括护坦（消力池）、海漫、防冲槽及两岸的翼墙与护坡等。

［**答案**］BCE

［**2014 真题·案例节选**］

背景资料：

某平原区拦河闸工程主要用于防洪，闸室结构如图 1-1-29 所示。

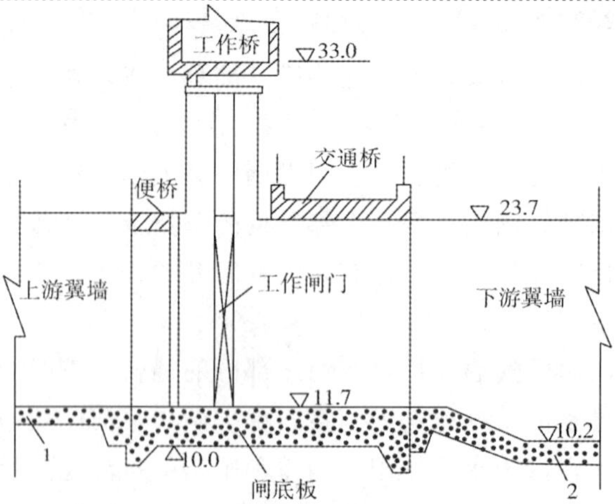

图 1-1-29　闸室结构

［问题］

指出图中建筑物部位 1、2 的名称。

［答案］

图中，1 为铺盖、2 为护坦（消力池）。

考点 8　引水枢纽的水工建筑物★

一、水电站的组成

水电站（图 1-1-30）由水力系统、机械系统和电能产生装置等组成，是实现水能到电能转换的水利枢纽工程，电能生产的可持续性要求水电站水能的利用具有不间断性。

水电站一般由 7 类建筑物组成：挡水建筑物、泄水建筑物、水电站进水建筑物、水电站引水及尾水建筑物、水电站平水建筑物（调压室、压力前池）、发电变电配电建筑物及其他建筑物，如图 1-1-31 所示。

图 1-1-30　水电站

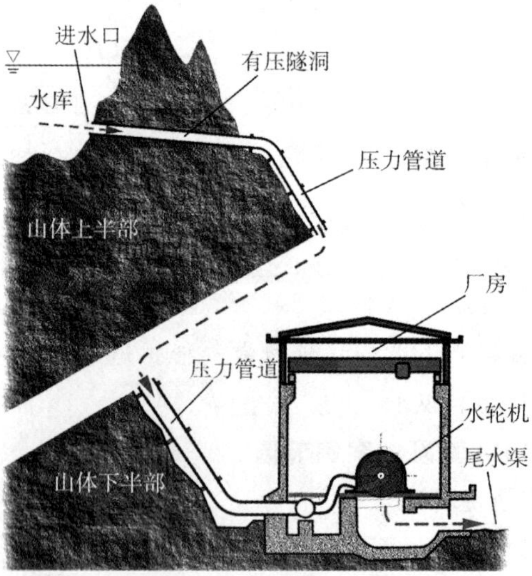

图 1-1-31　水电站组成

二、水轮机（2018 年选择题考点）

水轮机是一种将水能转换成旋转机械能的机器，主要包括的类型如图 1-1-32 所示。

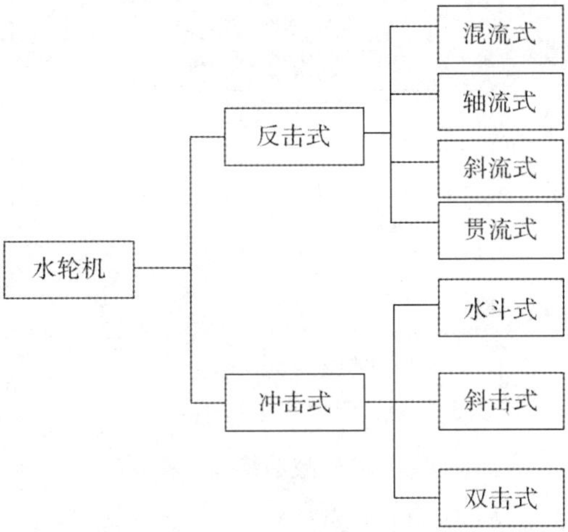

图 1-1-32 水轮机的类型

反击式水轮机包括混流式、轴流式、斜流式、贯流式水轮机，四种反击式水轮机的结构如图 1-1-33 所示。

➢ **记忆方法**：“八宝粥”。八宝粥可以当饭吃，即属于“反击式”；八宝粥可以流动，即反击式水轮机中都带有“流”字；八宝粥其实就是把很多粥混到一起，即混粥形式分别代表混流式、轴流式、斜流式、贯流式。

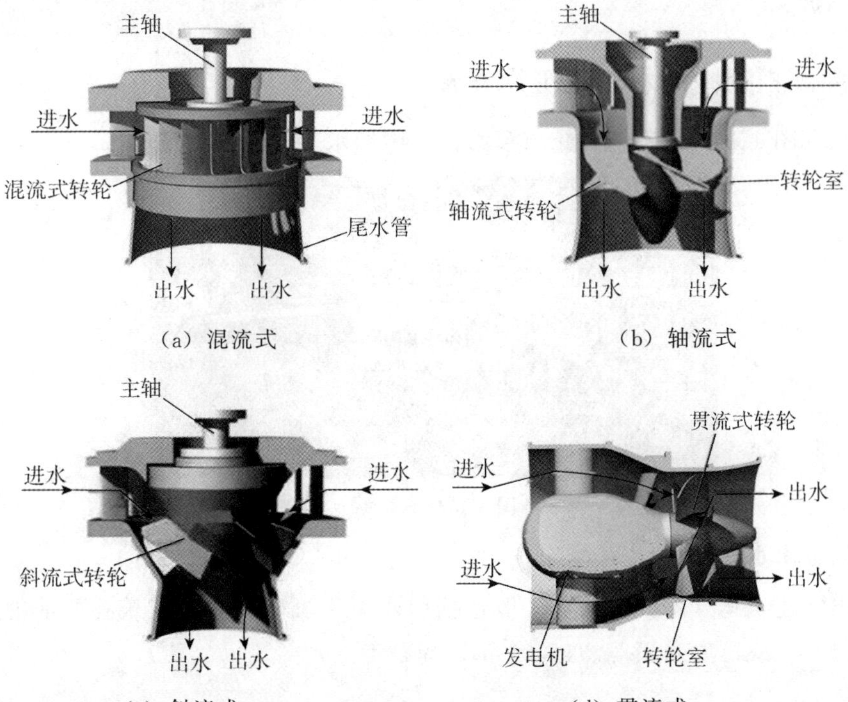

图 1-1-33 四种反击式水轮机的结构

冲击式水轮机包括水斗式、斜击式、双击式水轮机，如图 1-1-34 所示。

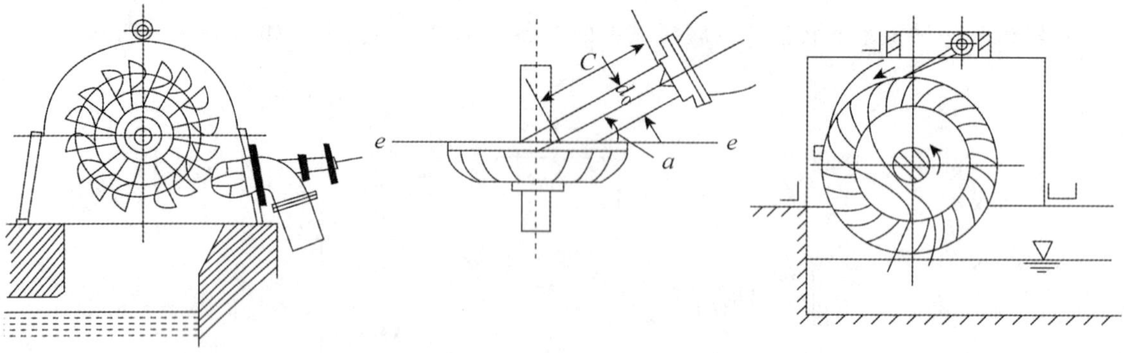

(a) 水斗式　　(b) 斜击式　　(c) 双击式

图 1-1-34　冲击式水轮机三种类型

实战演练

[2018 真题·多选] 反击式水轮机按转轮区内水流相对于主轴流动方向的不同可分为(　　)等类型。

A. 双击式　　B. 混流式

C. 轴流式　　D. 斜击式

E. 贯流式

[解析] 反击式水轮机按转轮区内水流相对于主轴流动方向的不同分为混流式、轴流式、斜流式和贯流式。

[答案] BCE

考点 9　泵站枢纽中的水工建筑物★★

以某泵站（图 1-1-35）为例，介绍泵站枢纽中的水工建筑物。

图 1-1-35　泵站

一、泵站进出水建筑物

泵站进出水建筑物（图 1-1-36）一般包括引水渠、沉砂及冲砂建筑物、前池、进水池、出水管道、出水池或压力水箱等。(2009 年选择题考点)

图 1-1-36　泵站进出水建筑物

二、水泵

（一）水泵的分类

水泵分为叶片泵、容积泵和其他类型泵，如图 1-1-37 所示。其中叶片泵（图 1-1-38）分为离心泵［图 1-1-39（a）］、轴流泵［图 1-1-39（b）］和混流泵。

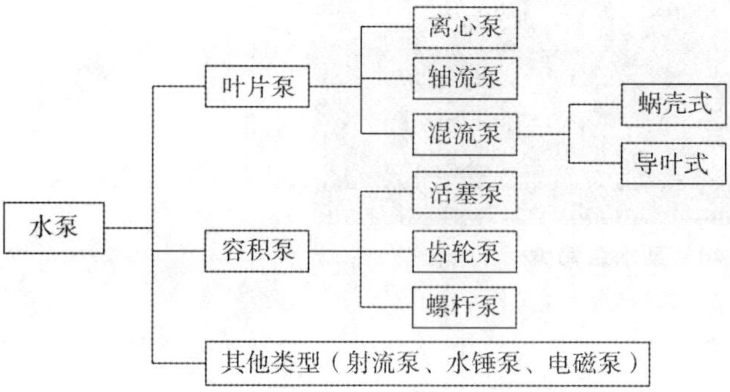

图 1-1-37　水泵的分类

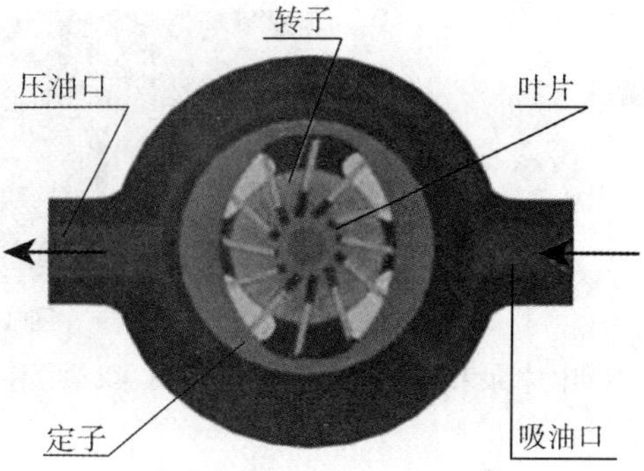

图 1-1-38　叶片泵

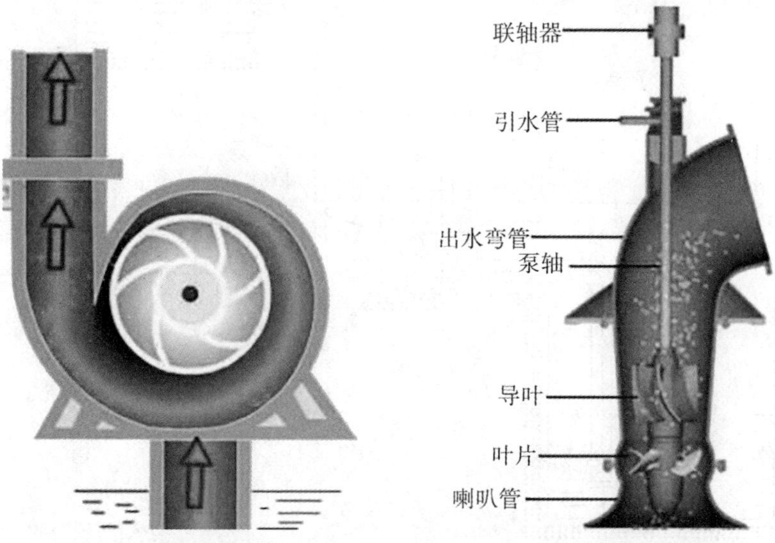

（a）离心泵　（b）轴流泵

图 1-1-39　离心泵和轴流泵

(二)叶片泵的性能参数

叶片泵的性能参数见表 1-1-7。(2017 年、2013 年、2012 年、2008 年选择题考点)

表 1-1-7　叶片泵的性能参数

性能参数	说明
转速	泵轴每分钟旋转的次数,用 n 表示,单位是 r/min
流量	泵在单位时间内输送出去的水体容积,用 Q 表示,单位是 m^3/s 等
扬程	用 H 表示,单位是 m,水泵铭牌上所标出的扬程是这台泵的设计扬程,又称额定扬程。泵的工作扬程总是大于实际扬程(净扬程)
功率与效率	水泵的功率分为输入功率和输出功率,效率是指输出功率与输入功率的比值。水泵在运行中的损失有水力损失、容积损失和机械损失
允许吸上真空高度或必需汽蚀余量	反映了水泵的吸水能力,又简称为吸程。一般用它来确定水泵的安装高度

水泵铭牌上标有性能参数,如图 1-1-40 所示。

图 1-1-40　某水泵铭牌

叶片泵扬程示意图如图 1-1-41 所示。

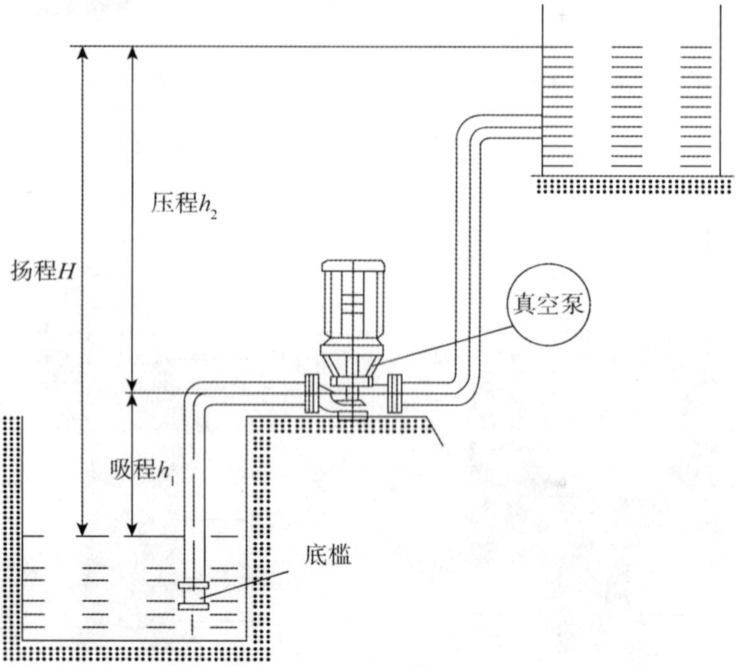

图 1-1-41　叶片泵扬程示意图

实战演练

[2013 真题 · 单选] 水泵铭牌上标出的扬程是水泵的（　　）扬程。

A. 实际　　　　B. 设计

C. 最大　　　　D. 平均

[解析] 水泵铭牌上所标出的扬程是这台水泵的设计扬程，又称额定扬程。

[答案] B

考点 10 渠道系统中的水工建筑物★

为保证渠道正常并安全使用，在渠道上修建的各种建筑物统称为渠道系统的水工建筑物，简称渠系建筑物。

一、渠道

渠道是指人工开挖或填筑的水道，用来输送水流以满足灌溉、排水、通航或发电等需要。作为输水建筑物，其横断面形式有梯形、矩形、U 形或复式断面等。

二、交叉建筑物

（一）渡槽

渡槽是输送渠道水流跨河渠、道路、山冲、谷口等的架空交叉建筑物。渡槽是由槽身、支承结构、基础及进出口建筑物四大部分组成的。槽身置于支承结构上，槽身重及槽中水重通过支承结构传给基础，再传至地基，如图 1-1-42 所示。渡槽按支承结构形式分为梁式（图 1-1-43）、拱式（图 1-1-44）、桁架拱式、悬吊式、斜拉式等。

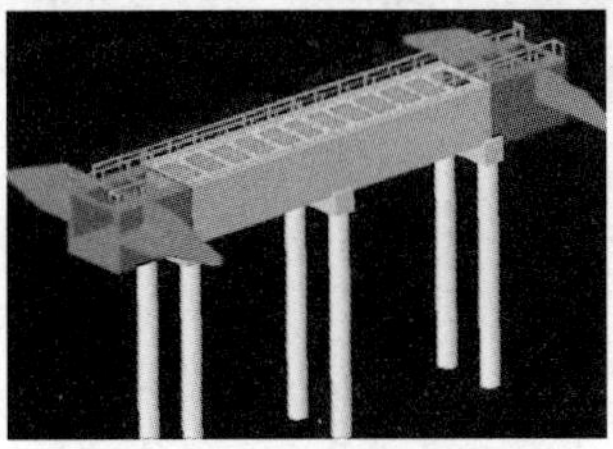

图 1-1-42　渡槽构成图

图 1-1-43 梁式渡槽

图 1-1-44　拱式渡槽

（二）倒虹吸管

倒虹吸管是设置在渠道与河流、山沟、谷地、道路相交处的有压输水建筑物。倒虹吸管一般由进口、管身和出口组成，如图 1-1-45 所示。

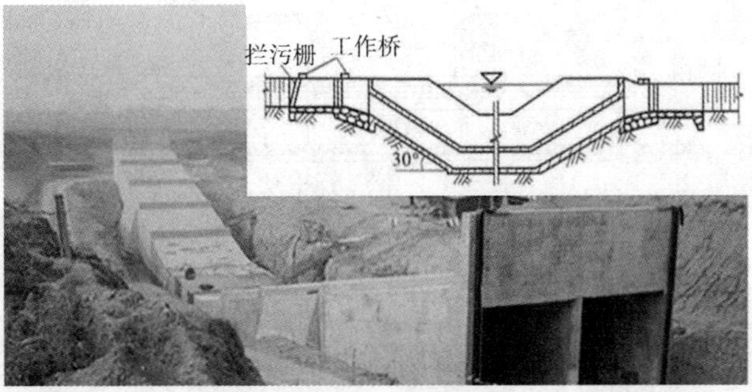

图 1-1-45　倒虹吸管

（三）涵洞

涵洞是渠道与溪沟谷地、道路相交叉时，为了宣泄溪谷来水或输送渠水，在填方渠道或交通道路下修建的交叉建筑物。涵洞一般不设置闸门，其跨度往往较小。

按水流状态的不同，涵洞可能是有压的、无压的或半有压的。

1. 涵洞的形式

涵洞由进口、洞身和出口组成，其顶部往往有填土。涵洞的形式一般是指洞身的形式，根据用途、工作特点、结构形式和建筑材料等的不同，分为圆形、箱形、盖板式和拱式四种形式，如图 1-1-46 所示。

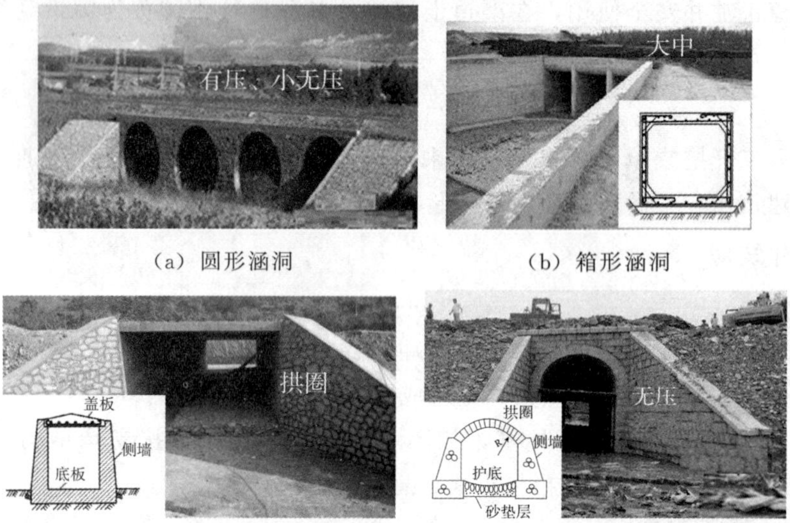

（a）圆形涵洞　（b）箱形涵洞

（c）盖板式涵洞　（d）拱式涵洞

图 1-1-46　涵洞的四种形式

2. 涵洞的构造

（1）进出口：是用来连接洞身和填方土坡的建筑物。

（2）涵洞洞身：为了适应地基的不均匀沉陷和温度变化而引起的伸缩变形，软基上的涵洞应分段设置沉陷缝。为了防止涵洞顶部及两侧渗漏，可在洞外填筑一层防渗黏土，厚度为 0.5～1.0 m。有压涵洞应在洞身外设置截水环。

（3）涵洞基础：常采用砌石或混凝土管座、砂垫层、素混凝土垫层等。

涵洞的构造如图 1-1-47 所示。

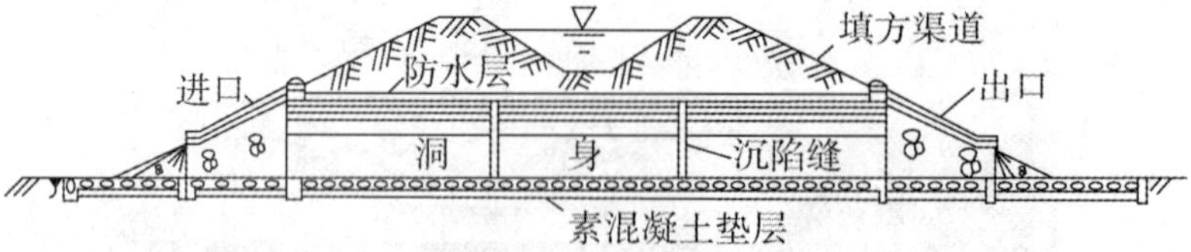

图 1-1-47　涵洞的构造

三、落差建筑物

当渠道输水、分水、泄水或退水遇到陡峻的地形时，为避免落差集中或坡度较陡发生冲刷破坏而兴建的是落差建筑物。其类型包括跌水（图 1-1-48）、陡坡（图 1-1-49）、跌井、悬臂式跌水等。

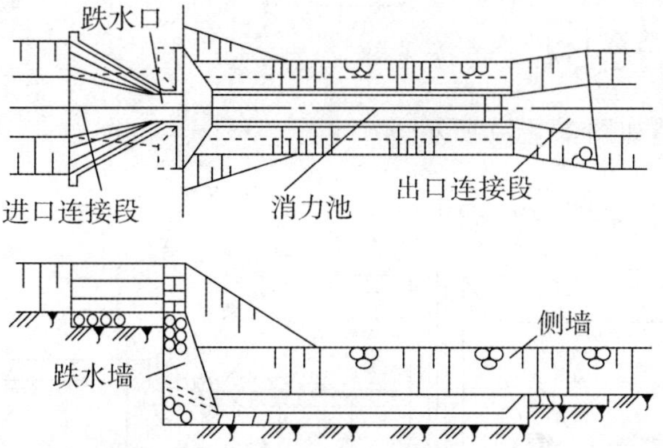

（a）单级跌水

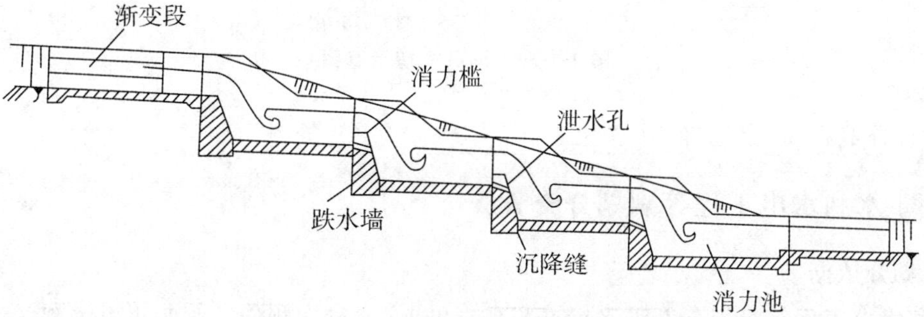

（b）多级跌水

图 1-1-48　单级跌水和多级跌水

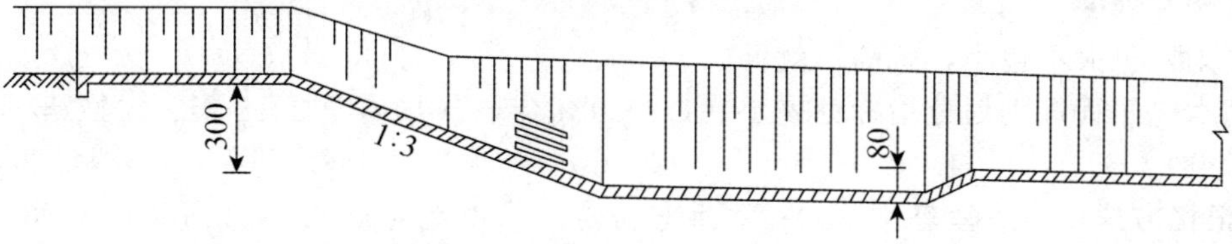

（a）菱形陡坡（单位：cm）

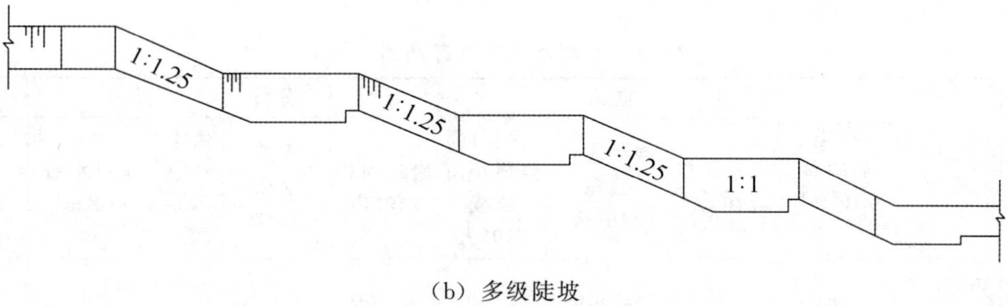

（b）多级陡坡

图 1-1-49　菱形陡坡和多级陡坡

实战演练

[经典例题·案例节选]

背景资料：

某涵洞的洞身构造如图 1-1-50 所示。

[问题]

指出图中 A、B、C 所代表的名称。

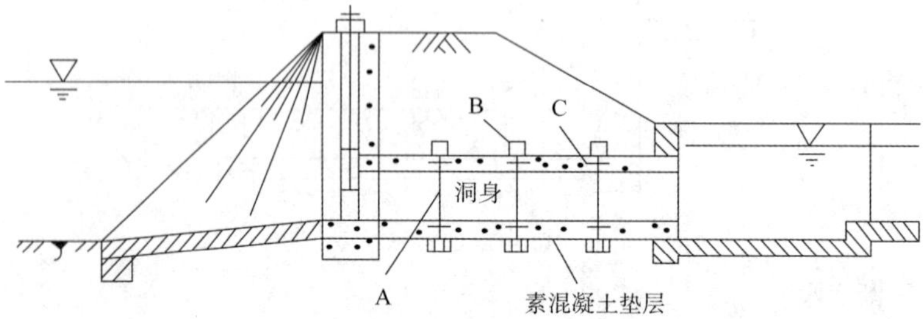

图 1-1-50 洞身构造示意图

[答案]

A：沉降缝；B：截水环；C：止水。

考点 11 水利水电工程等别划分★★★

扫码听课

一、划分依据

《水利水电工程等级划分及洪水标准》（SL 252—2017）规定，水利水电工程的等别根据其工程规模、效益和在经济社会中的重要性，划分为Ⅰ、Ⅱ、Ⅲ、Ⅳ、Ⅴ五个等级。

二、划分标准

总原则：包大不包小，就高不就低。

水利水电工程等别划分指标见表 1-1-8。（2021 年、2019 年、2018 年、2017 年选择题及案例题考点）

➢ **记忆方法：**水库库容——10；防洪与治涝——中型对应 52013146（我爱你一生一世溜）；供水——看“引”字，“引”字像“31”，即中型对应 3 和 1；装机容量——12305，与购票 App（铁路 12306）相对应。

表 1-1-8 水利水电工程等别划分指标

工程等别	工程规模	水库总库容/10^8 m³	防洪			治涝	灌溉	供水		发电
			保护人口/10^4人	保护农田面积/10^4亩	保护区当量经济规模/10^4人	治涝面积/10^4亩	灌溉面积/10^4亩	供水对象重要性	年引水量/10^8 m³	装机容量/MW
Ⅰ	大（1）型	≥10	≥150	≥500	≥300	≥200	≥150	特别重要	≥10	≥1 200
Ⅱ	大（2）型	<10，≥1.0	<150，≥50	<500，≥100	<300，≥100	<200，≥60	<150，≥50	重要	<10，≥3	<1 200，≥300
Ⅲ	中型	<1.0，≥0.1	<50，≥20	<100，≥30	<100，≥40	<60，≥15	<50，≥5	比较重要	<3，≥1	<300，≥50

续表

工程等别	工程规模	水库总库容/10^8 m^3	防洪			治涝	灌溉	供水		发电
			保护人口/10^4人	保护农田面积/10^4亩	保护区当量经济规模/10^4人	治涝面积/10^4亩	灌溉面积/10^4亩	供水对象重要性	年引水量/10^8 m^3	装机容量/MW
Ⅳ	小（1）型	＜0.1，≥0.01	＜20，≥5	＜30，≥5	＜40，≥10	＜15，≥3	＜5，≥0.5	一般	＜1，≥0.3	＜50，≥10
Ⅴ	小（2）型	＜0.01，≥0.001	＜5	＜5	＜10	＜3	＜0.5		＜0.3	＜10

注：①水库总库容是指最高水位以下的静库容；保护区当量经济规模指标仅限于城市保护区；供水对象重要性指主要水源的重要性；年引水量指渠首年均引（取）水量。

②1 亩≈0.0667 公顷，本书根据生产实际需要以亩作为土地面积的计量单位。

➤ **注意**：拦河水闸、灌排泵站作为水利水电工程中的一个组成部分或单个建筑物时不再单独确定工程等别；作为独立项目立项建设时，其工程等别按照承担的工程任务、规模确定。

实战演练

［2018 真题·单选］根据《水利水电工程等级划分及洪水标准》（SL 252—2017），某水库设计灌溉面积为 98 万亩，则此水库的工程等别至少应为（　　）等。

A. Ⅱ　　B. Ⅲ　　C. Ⅳ　　D. Ⅴ

［解析］灌溉面积≥50 且＜150（10^4 亩）的工程对应的工程等别是Ⅱ等。

［答案］A

［2016 真题·单选］下列库容的水库中，属于中型水库的是（　　）。

A. 5×10^5 m^3　　B. 5×10^6 m^3　　C. 5×10^7 m^3　　D. 5×10^8 m^3

［解析］总库容≥0.1×10^8 且＜$1.0\times10^8 m^3$ 的水库工程规模为中型，选项 C 正确。

［答案］C

考点 12　水工建筑物级别划分★★★

扫码听课

一、永久性建筑物级别

《水利水电工程等级划分及洪水标准》（SL 252—2017）规定，水利水电工程永久性建筑物的级别应该根据工程的等别和永久性建筑物的分级指标来确定。

（一）蓄水枢纽（水库）工程永久性建筑物级别

永久性水工建筑物级别见表 1-1-9。（2022 年、2020 年、2019 年等案例题考点）

表 1-1-9　永久性水工建筑物级别

工程等别	主要建筑物（图 1-1-51）	次要建筑物（图 1-1-52）
Ⅰ	1	3
Ⅱ	2	3
Ⅲ	3	4
Ⅳ	4	5
Ⅴ	5	5

图 1-1-51　永久性水工主要建筑物

图 1-1-52　永久性水工次要建筑物

水库大坝按上述规定为 2 级、3 级的永久性水工建筑物，如坝高超过表 1-1-10 的指标，其级别可提高一级，但洪水标准可不提高。

表 1-1-10　水库大坝建筑物分级指标

级别	坝型	坝高/m
2	土石坝	90
	混凝土坝、浆砌石坝	130
3	土石坝	70
	混凝土坝、浆砌石坝	100

注：最大高度超过 200 m 的大坝建筑物，其级别应为 1 级，其设计标准应专门研究论证，并报上级主管部门审查批准。

（二）防洪工程（堤防）级别

堤防工程的级别根据其保护对象的防洪标准确定，具体见表 1-1-11。

表 1-1-11　堤防工程的级别

防洪标准 /［重现期（年）］	≥100	<100，且≥50	<50，且≥30	<30，且≥20	<20，且≥10
堤防工程的级别	1	2	3	4	5

注：穿越堤防、渠道的永久性水工建筑物的级别，不应低于相应堤防、渠道的级别。（2020 年案例题考点）

二、临时建筑物级别

（一）划分依据

水利水电工程施工期使用的临时性挡水、泄水建筑物的级别，应根据保护对象、失事后果、使用年限和临时性挡水建筑物的规模划分。

（二）划分标准（2022 年、2020 年、2019 年等案例题考点）

临时性水工建筑物级别划分标准见表 1-1-12。

表 1-1-12　临时性水工建筑物级别划分标准

级别	保护对象	失事后果	使用年限/年	导流建筑物规模	
				围堰高度/m	库容/10^8 m³
3 ≥2 项	有特殊要求的 1 级永久性水工建筑物	略	＞3	＞50	＞1.0
4	1 级、2 级永久性水工建筑物	略	3～1.5	50～15	1.0～0.1
5	3 级、4 级永久性水工建筑物	略	＜1.5	＜15	＜0.1

实战演练

［2020 真题 · 案例节选］

背景资料：

某小型排涝枢纽工程，由排涝泵站、自排涵闸和支沟口主河道堤防等建筑物组成。泵站和自排涵闸的设计排涝流量均为 9.0 m³/s，主河道堤防级别为 3 级。排涝枢纽平面布置示意图如图 1-1-53 所示。

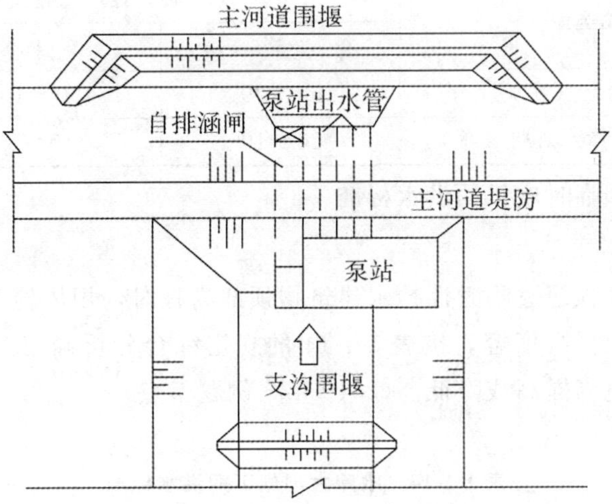

图 1-1-53　排涝枢纽平面布置示意图

［问题］

分别写出自排涵闸、主河道围堰和支沟围堰的建筑物级别。

［答案］

自排涵闸的建筑物级别为 3 级，主河道围堰的级别为 5 级，支沟围堰的级别为 5 级。

［经典例题 · 案例分析］

背景资料：

某水库枢纽工程由主坝、副坝、溢洪道、电站及灌溉引水隧洞等建筑物组成，电站装机容量 600 MW，大坝为土石坝，其坝高为 100 m，工程施工采用一次拦断河床围堰导流。

［问题］

1. 指出该水库枢纽工程的规模、等别。
2. 指出电站主要建筑物、大坝的级别和次要建筑物的级别。

3. 指出本工程施工围堰的建筑物级别。

[答案]

1. 水库枢纽工程的规模为大（2）型，等别为Ⅱ等。

2. 电站主要建筑物的级别为 2 级，大坝的级别为 1 级，次要建筑物的级别为 3 级。

3. 本工程施工围堰的建筑物级别为 4 级。

考点 13 洪水标准★★★

扫码听课

一、施工初期临时性挡水建筑物的洪水标准（2019 年案例题考点）

（一）划分依据

根据《水利水电工程等级划分及洪水标准》（SL 252—2017）的规定，临时性水工建筑物洪水标准应根据建筑物的结构类型和级别，按表 1-1-13 的规定综合分析确定。

（二）划分标准

表 1-1-13 临时性水工建筑物洪水标准

临时性建筑物类型	临时性水工建筑物级别		
	3	4	5
土石结构/［重现期（年）］	50～20	20～10	10～5
混凝土、浆砌石结构/［重现期（年）］	20～10	10～5	5～3

二、施工中期大坝临时度汛的洪水标准

（一）划分依据

当水库大坝施工高程超过临时性挡水建筑物顶部高程时，坝体施工期临时度汛的洪水标准，应根据坝型及坝前拦洪库容，按表 1-1-14 的规定综合分析确定。根据失事后对下游的影响，其洪水标准可适当提高或降低。（2019 年案例题考点）

（二）划分标准

表 1-1-14 水库大坝施工期洪水标准

坝型	拦洪库容/$10^8 m^3$			
	≥10	＜10，≥1.0	＜1.0，≥0.1	＜0.1
土石坝/［重现期（年）］	≥200	200～100	100～50	50～20
混凝土坝、浆砌石坝/［重现期（年）］	≥100	100～50	50～20	20～10

三、施工后期导流泄水建筑物封堵后的洪水标准

（一）划分依据

水库工程导流泄水建筑物封堵后，如永久泄洪建筑物尚未具备设计泄洪能力，坝体洪水标准应在分析坝体施工和运行要求后确定，具体见表 1-1-15。

(二) 划分标准

表 1-1-15 水库工程导流泄水建筑物封堵后坝体洪水标准

坝型		大坝级别		
		1	2	3
混凝土坝、浆砌石坝/[重现期(年)]	设计	200~100	100~50	50~20
	校核	500~200	200~100	100~50
土石坝/[重现期(年)]	设计	500~200	200~100	100~50
	校核	1 000~500	500~200	200~100

实战演练

[经典例题·案例节选]

背景资料:

某水电站主要工程内容包括碾压混凝土坝、电站厂房、溢洪道等,工程规模为中型。水电站装机容量为 50 MW,碾压混凝土坝坝顶高程 417 m,最大坝高 65 m。该工程施工平面布置示意图如图 1-1-54 所示。

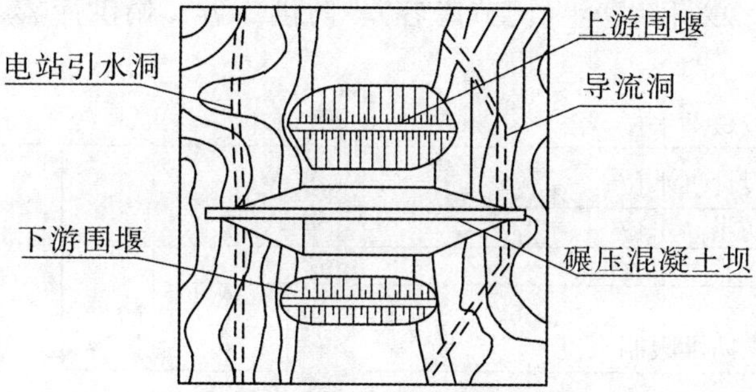

图 1-1-54 施工平面布置示意图

事件一:根据合同工期要求,该工程施工导流部分节点工期目标及有关洪水标准见表1-1-16。

表 1-1-16 施工导流部分节点工期目标及有关洪水标准

时间节点	工期目标	洪水标准	备注
2015.11	围堰填筑完成	围堰洪水标准 A	围堰顶高程 362 m;围堰级别为 B 级
2016.5	大坝施工高程达到 377 m	大坝施工期洪水标准 C	相应拦洪库容为 2 000 万 m^3
2017.12	导流洞封堵完成	坝体设计洪水标准 D;坝体校核洪水标准 50~100 年一遇	溢洪道尚不具备设计泄洪能力

[问题]

1. 根据《水利水电工程施工组织设计规范》(SL 303—2017),指出事件一中 A、C、D 分别对应的洪水标准。

2. 围堰级别 B 为几级?

[答案]

1. A代表的洪水标准范围为5～10年一遇；

C代表的洪水标准范围为20～50年一遇；

D代表的洪水标准范围为20～50年一遇。

2. 围堰级别B为5级。

考点14 水库的特征水位★★

扫码听课

一、特征水位的概念

水库工程为完成不同时期不同任务和在各种水文情况下，需控制达到或允许消落的各种库水位，称为水库特征水位。

二、水库的特征水位

根据《水利水电工程动能设计规范》（NB/T 35061—2015）的规定，水库特征水位主要有校核洪水位、设计洪水位、防洪高水位、正常蓄水位、防洪限制水位和死水位。

相应于某水库特征水位以下或两特征水位之间的水库容积，称为水库特征库容。水库特征库容主要有死库容、兴利库容（调节库容）、防洪库容、调洪库容、重叠库容和总库容，如图1-1-55所示。

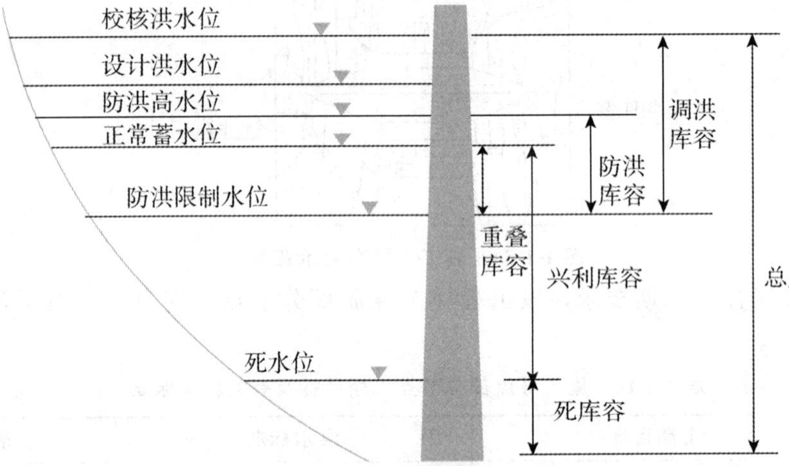

图1-1-55 水库特征水位和相应库容

实战演练

[经典例题·单选] 最高洪水位以下的水库静库容为（　　）。

A. 总库容　　B. 校核库容

C. 防洪库容　　D. 兴利库容

[解析] 最高洪水位以下的水库静库容为总库容。

[答案] A

[经典例题·单选] 某水库特征水位如图 1-1-56 所示，h 是指（　　）。

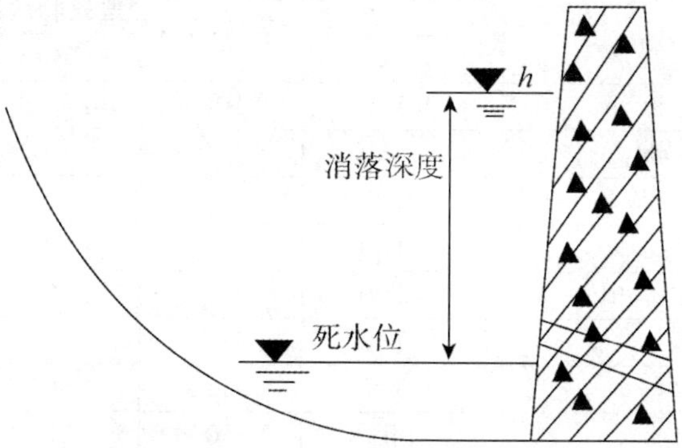

图 1-1-56　某水库特征水位

A. 正常蓄水位　　B. 设计洪水位

C. 防洪高水位　　D. 校核洪水位

[解析] 水库正常蓄水位与死水位之间的变幅称为水库消落深度。

[答案] A

考点 15　水利水电工程及其水工建筑物合理使用年限★★

根据《水利水电工程合理使用年限及耐久性设计规范》（SL 654—2014）的规定，水利水电工程及其水工建筑物合理使用年限是指水利水电工程及其水工建筑物建成投入运行后，在正常运行使用和规定的维修条件下，能按设计功能安全使用的最低要求年限。

一、水利水电工程合理使用年限

水利水电工程合理使用年限应根据工程类别和等别，按表 1-1-17 的规定确定，表中数字按其中最高的年限确定。（2021 年选择题考点）

表 1-1-17　水利水电工程合理使用年限（单位：年）

工程等别	工程类别					
	水库	防洪	治涝	灌溉	供水	发电
Ⅰ	150	100	50	50	100	100
Ⅱ	100	50	50	50	100	100
Ⅲ	50	50	50	50	50	50
Ⅳ	50	30	30	30	30	30
Ⅴ	50	30	30	30	—	30

二、永久性水工建筑物合理使用年限

水利水电工程各类永久性水工建筑物的合理使用年限，应根据其所在工程的建筑物类别和级别，按表 1-1-18 的规定确定。（2021 年选择题考点）

表 1-1-18 水利水电工程各类永久性水工建筑物的合理使用年限（单位：年）

建筑物类别	建筑物级别				
	1	2	3	4	5
水库壅水建筑物	150	100	50	50	50
水库泄洪建筑物	150	100	50	50	50
调（输）水建筑物	100	100	50	30	30
发电建筑物	100	100	50	30	30
防洪（潮）、供水水闸	100	100	50	30	30
供水泵站	100	100	50	30	30
堤防	100	50	50	30	20
灌排建筑物	50	50	50	30	30
灌溉渠道	50	50	50	30	20

注：①1 级、2 级永久性水工建筑物中闸门的合理使用年限应为 50 年，其他级别的永久性水工建筑物中闸门的合理使用年限应为 30 年。（2020 年、2019 年选择题考点）

②水库壅水建筑物不包括定向爆破坝、橡胶坝。

三、水利水电工程和永久性水工建筑物合理使用年限的总结

合理使用年限：建筑物≤工程，见表 1-1-19。

表 1-1-19 合理使用年限总结表（单位：年）

	工程等别	工程类别					建筑物级别	建筑物类别			
		水库	防洪	灌溉/治涝	供水/发电			水库壅水建筑物	堤防	灌排建筑物、灌溉渠道	水电建筑物、水闸
工程	Ⅰ	150	100	50	100	永久性建筑物	1	150	100	50	100
	Ⅱ	100	50	50	100		2	100	50	50	100
	Ⅲ	50	50	50	50		3	50	50	50	50
	Ⅳ	50	30	30	30		4	50	30	30	30
	Ⅴ	50	30	30	30		5	50	20	20（30）	30

实战演练

[2020 真题·单选] 某水闸闸室建筑物级别为 3 级，其工作闸门合理使用年限为（　　）年。

A. 20　　B. 30　　C. 40　　D. 50

[解析] 1 级、2 级永久性水工建筑物中闸门的合理使用年限应为 50 年，其他级别的永久性水工建筑物中闸门的合理使用年限应为 30 年。

[答案] B

[2021 真题·多选] 关于水利工程合理使用年限的说法，正确的有（　　）。

A. 合理使用年限是指能按设计功能安全使用的最低要求年限

B. 永久性水工建筑物级别降低时，其合理使用年限提高

C. 永久性水工建筑物级别提高时，其合理使用年限降低

D. 水库工程最高合理使用年限为 150 年

E. 2 级水工建筑物中闸门的合理使用年限为 50 年

［解析］水利水电工程及其水工建筑物合理使用年限是指水利水电工程及其水工建筑物建成投入运行后，在正常运行使用和规定的维修条件下，能按设计功能安全使用的最低要求年限。永久性水工建筑物级别降低或提高不影响其合理使用年限，选项 B、C 错误。

［答案］ADE

考点 16 耐久性设计要求★★

建筑物耐久性是指在设计确定的环境作用和规定的维修、使用条件下，建筑物在合理使用年限内保持其适用性和安全性的能力。（2019 年选择题考点）

一、水工建筑物所处的侵蚀环境条件

水工建筑物所处的侵蚀环境条件可分为五个类别，见表 1-1-20。

表 1-1-20 水工建筑物所处的侵蚀环境类别

环境类别	室内	水位变化区	海域区	化学侵蚀区	盐雾作用区
一	室内正常环境	—	—	—	—
二	室内潮湿环境； 露天环境； 长期处于水下或地下的环境	—	—	—	—
三	—	淡水	海水水下区	轻度	—
四	—	海水	海上大气区	中度	轻度
五	—	使用除冰盐的环境	海水浪溅区	重度	严重

二、混凝土保护层厚度的要求

（一）钢筋的混凝土保护层厚度定义（2020 年选择题考点）

（1）从混凝土表面到钢筋（包括纵向钢筋、箍筋和分布钢筋，如图 1-1-57 所示）公称直径外边缘之间的最小距离。

（2）对于后张法预应力筋，为套管或孔道外边缘到混凝土表面的距离。

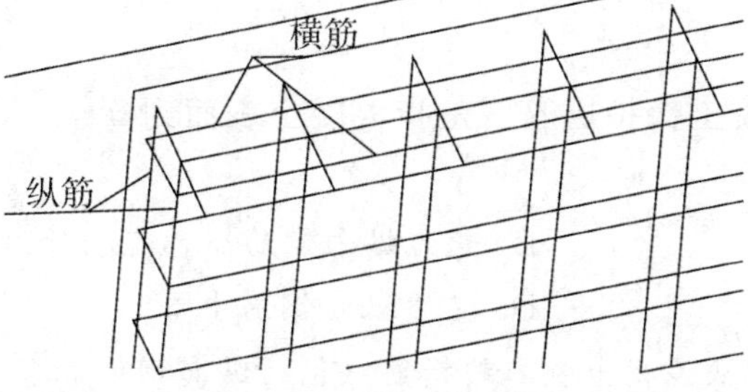

（a）纵向钢筋

（b）箍筋

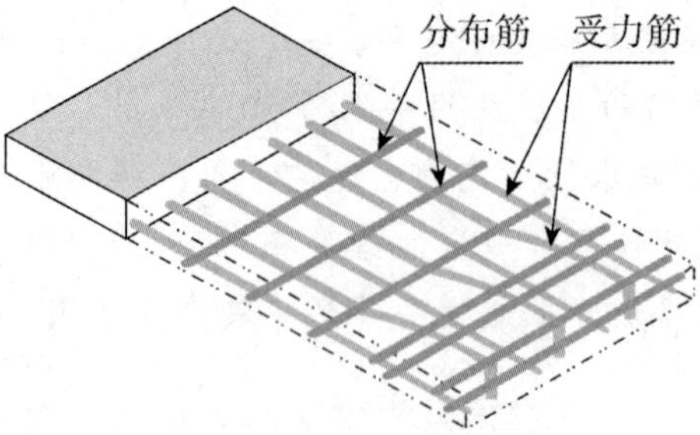

(c) 分布钢筋

图 1-1-57　钢筋

(二) 混凝土保护层厚度设计值

混凝土保护层厚度设计值不应小于钢筋的公称直径，同时也不应小于粗集料最大粒径的1.25倍。

三、不同侵蚀环境下的设计要求

不同侵蚀环境下的混凝土保护层最小厚度设计要求见表 1-1-21。(2022 年、2021 年选择题考点)

表 1-1-21　混凝土保护层最小厚度 (单位：mm)

项次	构件类别	环境类别				
		一	二	三	四	五
1	板、墙	20	25	30	45	50
2	梁、柱、墩	30	35	45	55	60
3	截面厚度不小于 2.5 m 的底板及墩墙	—	40	50	60	65

实战演练

[2021 真题・单选] 某水闸闸墩合理使用年限为 50 年，所处的侵蚀环境类别为三类，其钢筋的混凝土保护层最小厚度为 (　　)。

A. 20 mm　　B. 25 mm

C. 30 mm　　D. 45 mm

[解析] 合理使用年限为 50 年，所处的侵蚀环境类别为三类的水工结构钢筋的混凝土保护层厚度应不小于 45 mm。

[答案] D

[2020 真题・单选] 水泵梁的钢筋混凝土保护层厚度是指混凝土表面到 (　　) 之间的最小距离。

A. 箍筋公称直径外边缘　　B. 受力纵向钢筋公称直径外边缘

C. 箍筋中心　　D. 受力纵向钢筋中心

[解析] 钢筋的混凝土保护层厚度是指从混凝土表面到钢筋 (包括纵向钢筋、箍筋和分布钢筋) 公称直径外边缘之间的最小距离。

[答案] A

名师小结

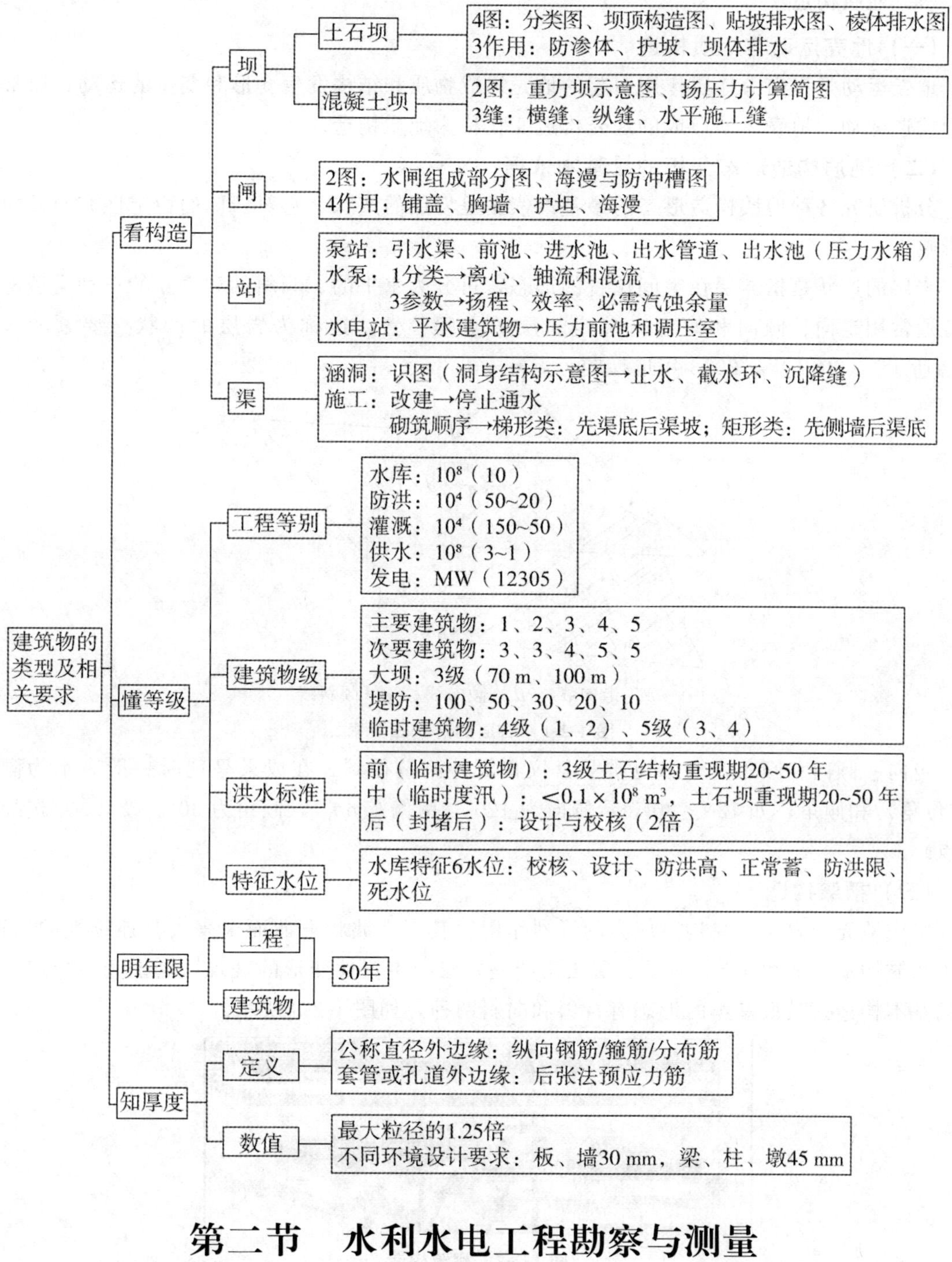

第二节　水利水电工程勘察与测量

考点 1 工程地质与水文地质条件★★

➤ **名师点拨：** 该考点专业性较强，但考查内容较简单，学习过程中应注重理解，记忆一些关键词即可。

一、地质构造

（一）地壳运动与地质构造

地壳运动是指内力地质作用引起的地壳组成物质和结构发生变形和变位的运动，通常也称为构造运动，地壳运动形成的地壳构造变化称为地质构造。

（二）地质构造形态分析的最基本依据

分析研究各种地质构造形态的最基本依据是岩层的产状，它对岩体的稳定性有明显的直接影响。

岩层的产状是指岩层在空间位置的形态，可分为水平的、倾斜的和直立的三种类型。

通常用走向、倾向和倾角来测定岩层的空间位置，这称为岩层的产状三要素，如图1-2-1所示。（2017 年、2013 年选择题考点）

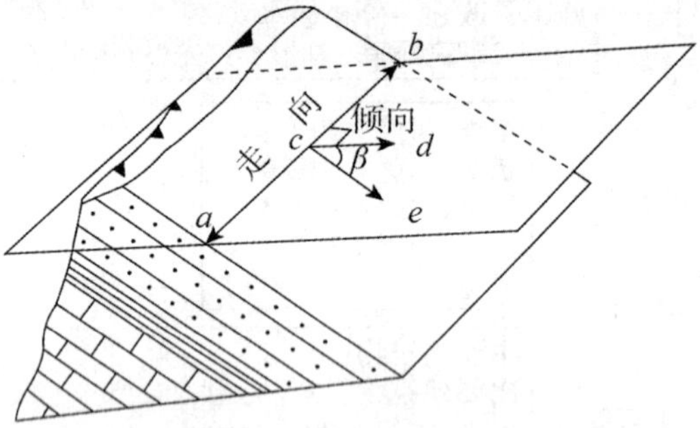

ab—走向线；cd—倾向线；ce—倾斜线

图 1-2-1　岩层的产状三要素

走向、倾向和倾角一般用地质罗盘仪在野外测量得到，在成果呈现时一般表示为倾向（方位角）和倾角，如 120∠30 表示倾向为 120°（南偏东 60°），倾角为 30°。（2020 年选择题考点）

（三）褶皱构造

组成地壳的岩层，受构造应力的强烈作用使其发生波状弯曲而未丧失其连续性的构造，称为褶皱构造，如图 1-2-2 所示。褶皱构造是岩层产生塑性变形的表现，是地壳表层广泛发育的基本构造。其最基本的形态有背斜和向斜两种，如图 1-2-3 所示。

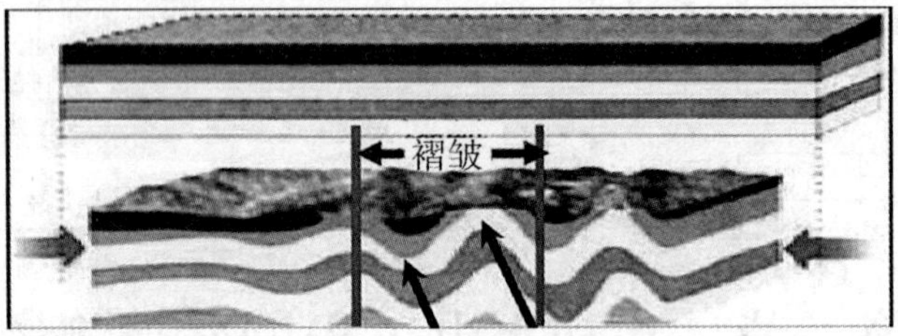

图 1-2-2　褶皱构造

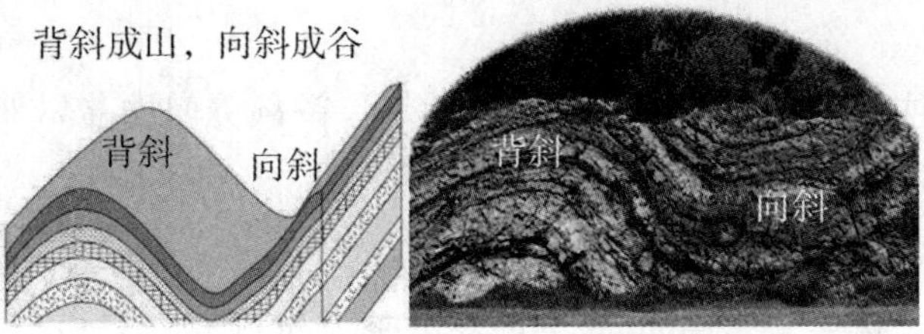

图 1-2-3　褶皱构造的背斜和向斜

（四）断裂构造

断裂构造是岩层受地应力作用后，当力超过岩石本身强度使其连续性和完整性遭受破坏而发生破裂的地质构造，是地壳上分布最普遍的地质构造形迹之一，分为节理、劈理、断层三种基本类型。

1. 节理

节理，也称为裂隙，是岩体受力断裂后两侧岩块没有显著相对位移的小型断裂构造。节理是很常见的一种地质构造现象，就是我们在岩石露头上所见的裂缝，或称岩石的裂缝。为了便于节理的描述，常用节理玫瑰图、节理极点图和节理等密度图来进行统计。

2. 劈理

劈理是指变形岩石中能使岩石沿一定方向劈开成无数薄片的面状构造。

3. 断层

断层是指岩层或岩体在构造应力作用下发生破裂，沿破裂面两侧有明显相对位移的构造现象，如图 1-2-4 所示。

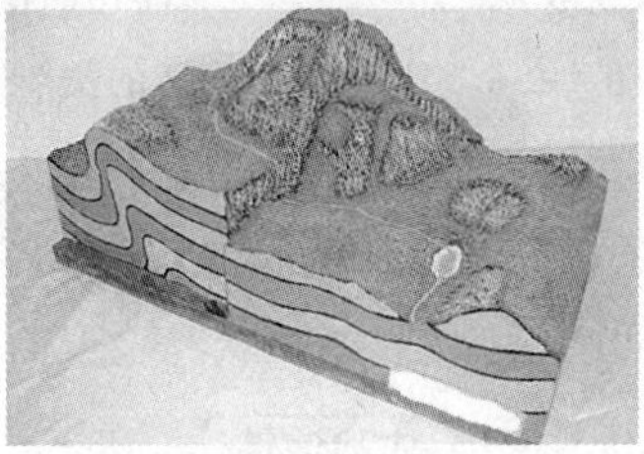

图 1-2-4　断层

断层的形态分类，主要是按断层的两盘相对位移情况，将断层分为正断层、逆断层和平移断层三类，如图 1-2-5 所示。（2020 年、2019 年选择题考点）

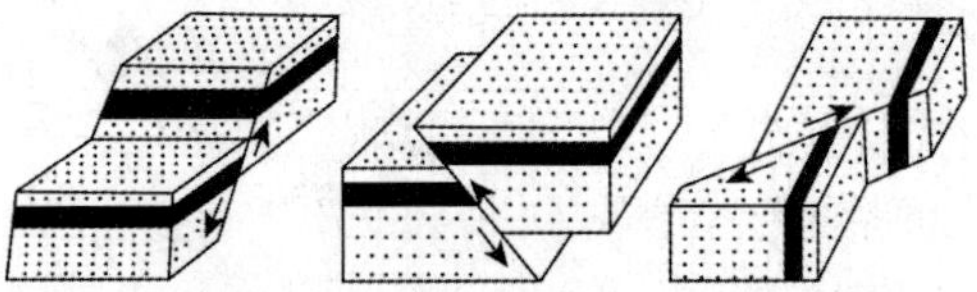

（a）正断层　　（b）逆断层　　（c）平移断层

图 1-2-5　不同类型断层示意图

二、地下水的基础知识

在水利水电工程建设中，地下水常会对建筑物的修建、正常运行及安全造成严重危害，如常见的库、坝区渗漏，某些岩石遇水产生的体积膨胀，溶蚀洞穴，基坑开挖和地下洞室掘进中遭遇的突然涌水等，都与地下水的活动有关。

三、库坝区渗漏

库坝区渗漏是指库水沿岩石孔隙、裂隙、断层、溶洞等向库盆以外或通过坝基（肩）向下游渗漏水量的现象。

四、坝基岩体稳定性的工程地质分析

导致坝基破坏的岩体失稳形式主要是压缩变形（沉陷）、滑动破坏和渗透破坏。其中，滑动破坏分为表层滑动、浅层滑动和深层滑动三种类型，渗透破坏分为管涌、流土、接触冲刷、接触流失等类型。

五、边坡岩体稳定问题

（一）边坡变形破坏的类型和特征

水利水电工程建设中，对边坡的变形与破坏应进行详细的工程地质研究。常见的边坡变形破坏类型有松弛张裂（边坡卸荷裂隙）、蠕动变形（长期缓慢变形）、崩塌、滑坡四种，具体形式如图 1-2-6 所示。（2022 年、2018 年、2011 年选择题考点）

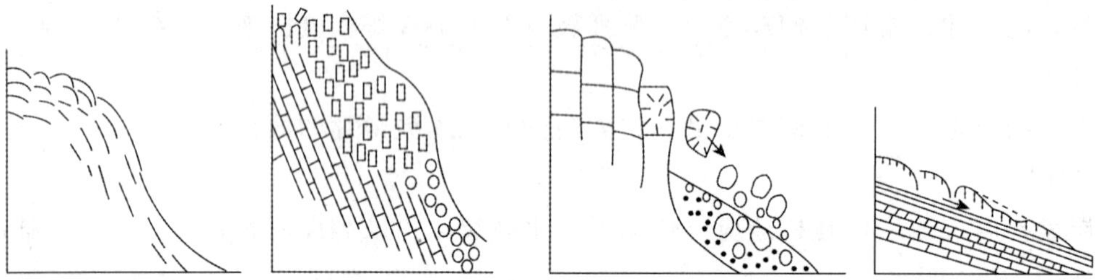

（a）松弛张裂　（b）蠕动变形　（c）崩塌　（d）滑坡

图 1-2-6　边坡变形破坏的类型

（二）影响边坡稳定的因素

影响边坡稳定的因素十分复杂，其中主要有边坡岩土体性质和结构、水文地质条件、岩石风化、水的作用、地震及人类活动等。

实战演练

[2019 真题·单选] 下列选项中，表示逆断层的是（　　）。

A.

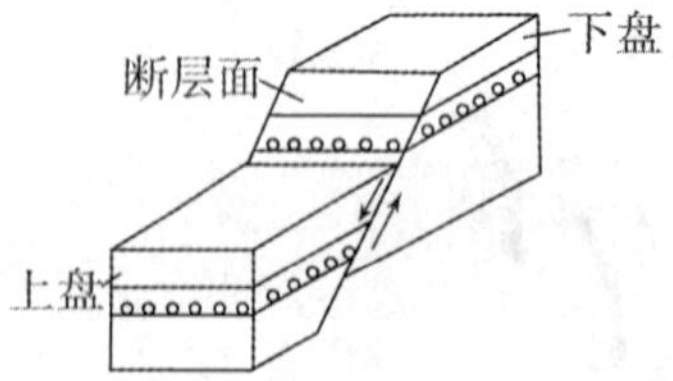

B.

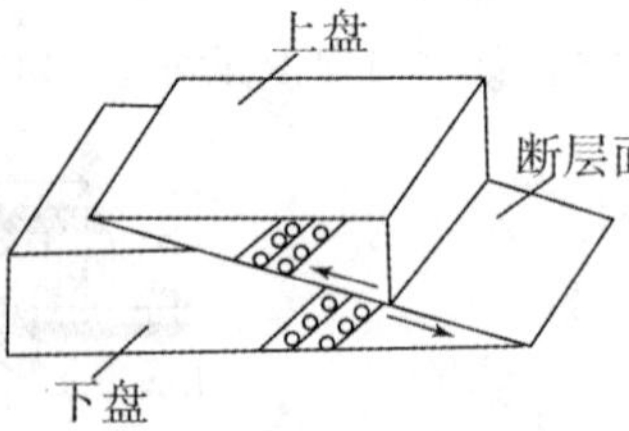

C.

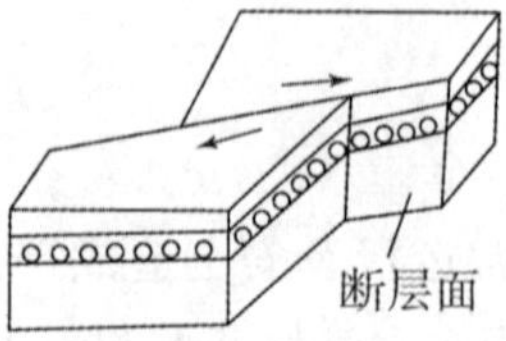

D.

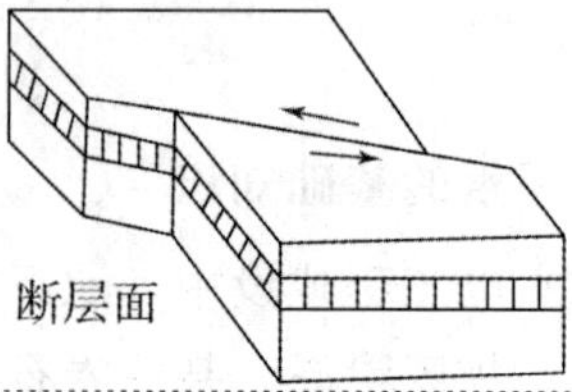

［解析］本题考查的是水工建筑物的工程地质和水文地质条件。选项 A 为正断层，选项 B 为逆断层，选项 C、D 为平移断层。

［答案］B

［**2017 真题·单选**］下列要素中，不属于岩层产状要素的是（　　）。

A. 走向　　B. 倾向

C. 倾角　　D. 方位

［解析］岩层的产状有三个要素，即走向、倾向和倾角。

［答案］D

考点 2 测量仪器的使用★★

一、水准仪

（一）水准测量原理

水准测量是利用能提供水平视线的仪器，测定地面点间的高差，推算高程的一种方法，如图 1-2-7 所示。其中，$h_{AB}=a-b$，当已知 H_A，则 $H_B=H_A+h_{AB}=H_A+a-b$。

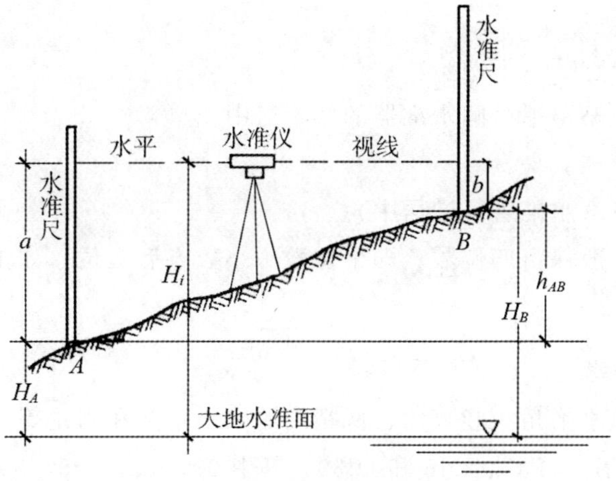

图 1-2-7　水准仪测量高程

当高差太大时，可以采取分段安置仪器求和的方法，如图 1-2-8 所示。

$$
\begin{aligned}
h_{AB} &= \sum h = h_1 + h_2 + \cdots \\
&= (a_1 - b_1) + (a_2 - b_2) + \cdots = \sum a - \sum b
\end{aligned}
$$

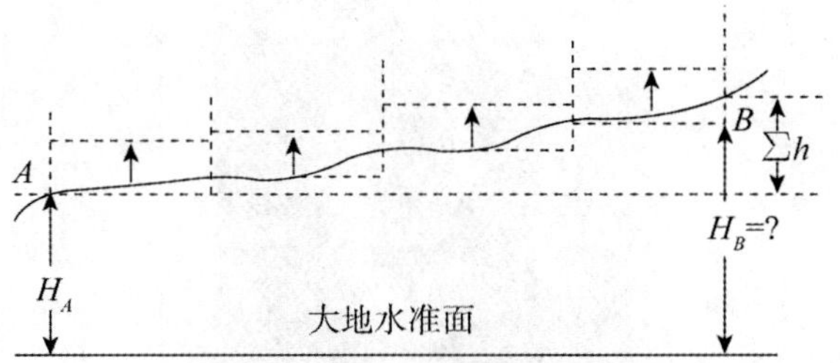

图 1-2-8　分段安置仪器测高差

（二）水准仪及其使用

水准仪是为水准测量提供水平视线的仪器。水利水电工程施工常用的水准仪有多种，下面以微倾水准仪为例进行学习。

1. 水准仪的构造

DS3 型微倾水准仪由望远镜、水准器及基座三个主要部分组成，如图 1-2-9 所示。

图 1-2-9　DS3 型微倾水准仪

2. 水准仪的分类

水准仪按照精度的不同分为精密水准仪（DS05、DS1）和普通水准仪（DS3、DS10），其中 05、1、3、10 表示水准仪每公里往返高程测量中的中误差分别为±0.5 mm、±1 mm、±3 mm、±10 mm。

3. 水准仪的使用

水准仪的使用主要包括以下四步。

第一步：安置与粗略整平（圆水准器的气泡居中）。

第二步：调焦与照准。

第三步：精确整平（水准管气泡居中）。

第四步：读数（一般保留四位数，即个位数＋小数点后三位，如 1.234）。

二、经纬仪

（一）经纬仪的分类

经纬仪可用来测量水平角、竖直角、低精度的水平距离和高差等。我国对经纬仪按精度从高到低分为 DJ07、DJ1、DJ2、DJ6 和 DJ30，其中 07、1、2、6、30 表示该仪器一测回方向的中误差分别为 0.7″、1″、2″、6″、30″。

（二）经纬仪的构成

光学经纬仪由照准部、水平度盘和基座三大部分组成，如图 1-2-10 所示。

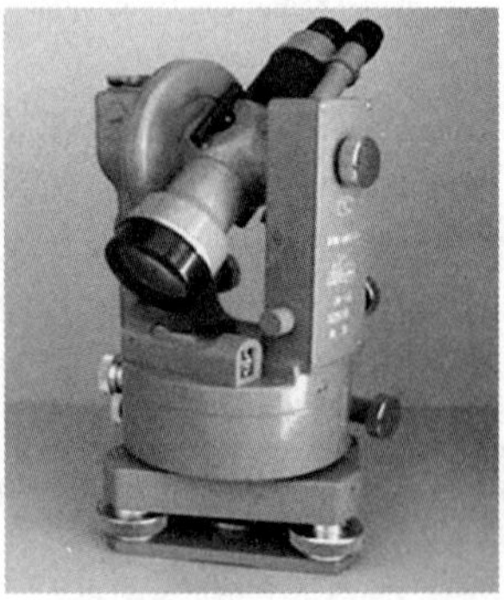

图 1-2-10　经纬仪

（三）水平角与竖直角测量

1. 水平角测量

地面上两相交直线之间的夹角在水平面上的投影，称为水平角。为了测量水平角，首先要将经纬仪安置在测站上，安置工作包括“对中”和“整平”，其测量方法在工程上常用的有回测法和全圆测回法，如图 1-2-11 所示。（2019 年选择题考点）

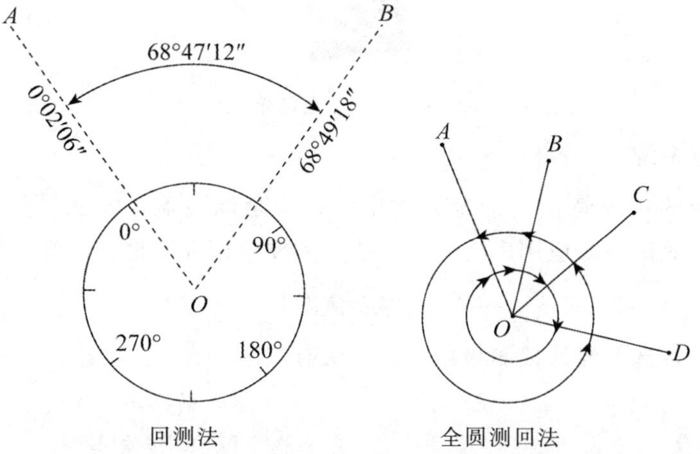

图 1-2-11　水平角测量使用的回测法和全圆测回法

2. 竖直角测量

竖直角是在同一竖直面内倾斜视线与水平视线的夹角，其测量方法多采用一测回法，即盘左盘右法，如图 1-2-12 所示。

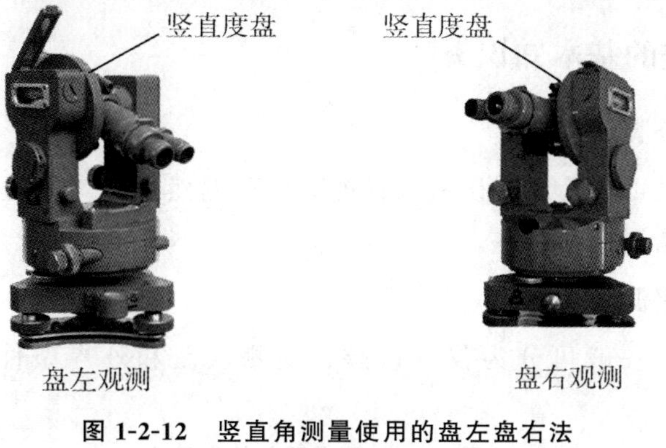

图 1-2-12　竖直角测量使用的盘左盘右法

三、全站仪

全站仪（图 1-2-13）是由电子测角、光电测距、微型机及其软件组合而成的智能型测量仪器。其功能主要有角度测量、距离测量、高差测量；悬高测量、对边测量、偏心测量、导线测量、面积测量；自由设站、数字化测图等。

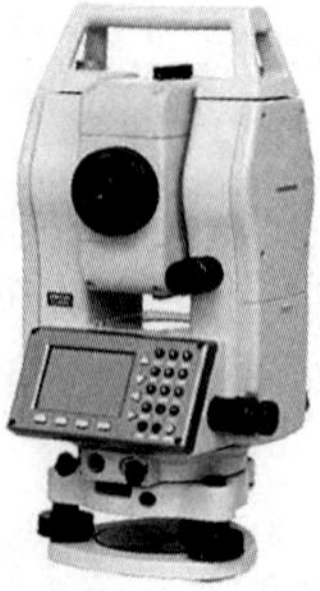

图 1-2-13　全站仪

四、全球定位系统

全球定位系统的主要特点：①全天候定位；②全球覆盖；③三维定速定时、高精度；④快速、省时、高效率；⑤应用广泛、多功能。主要应用在陆地、海洋、航空航天等领域。

实战演练

［**2019 真题·多选**］经纬仪测量角度的方法有（　　）。

A. 回测法

B. 双测法

C. 全圆测回法

D. 回转法

E. 方格网法

［**解析**］本题考查的是常用测量仪器及其作用。在工程上经纬仪测量方法常用的有回测法和全圆测回法。

［**答案**］AC

考点 3　测量误差的基本知识★

一、测量误差的分类

测量误差按其性质可分为系统误差（有规律）和偶然误差（无规律）。除了这两类性质的误差外，还会发生错误，即粗差。

二、测量误差的来源

测量误差的来源，一般可分为仪器误差、观测误差和外界条件的影响三个方面，见表1-2-1。

表 1-2-1　测量误差的来源

来源	内容
仪器误差（2018 年选择题考点）	仪器校正不完善的误差、对光误差、水准尺误差
观测误差（主要来源）	整平误差、视差、照准误差、估读误差、水准尺竖立不直的误差
外界条件的影响	仪器升降的误差、尺垫升降的误差、地球曲率的影响、大气折光的影响等

三、衡量精度的标准

在相同的观测条件下，对某量进行多次观测，为了鉴定观测结果的精确程度，必须有衡量精度的标准。常见的有中误差（标准差）、相对误差（绝对误差与观测值的比值，代表了可信度）、允许误差（偏离的最大值）。

实战演练

［**2018 真题・单选**］下列工程施工放样产生的误差中，属于仪器误差的是（　　）。

A. 照准误差

B. 整平误差

C. 对光误差

D. 估读误差

［**解析**］仪器误差，包括仪器校正不完善的误差、对光误差、水准尺误差等。

［**答案**］C

考点 4　水利水电工程施工放样的基础知识★

一、施工放样的定义

把设计图纸上工程建筑物的平面位置和高程，用一定的测量仪器和方法测设到实地上的测量工作称为施工放样。

二、高程

高程主要分为两种。

第一种是绝对高程：地面上某点到大地水准面的铅垂距离称为该点的绝对高程或海拔，简称高程。如图 1-2-14 所示，地面上点 A、B 的绝对高程分别为 H_A、H_B。其中，大地水准面是指 1985 国家高程基准。（2020 年选择题考点）

第二种是相对高程：地面上某点到任一假水准面的垂直距离称为该点的相对高程或假定高程。如图 1-2-14 所示，地面上点 A、B 的假定高程分别为 $H_{A'}$、$H_{B'}$。

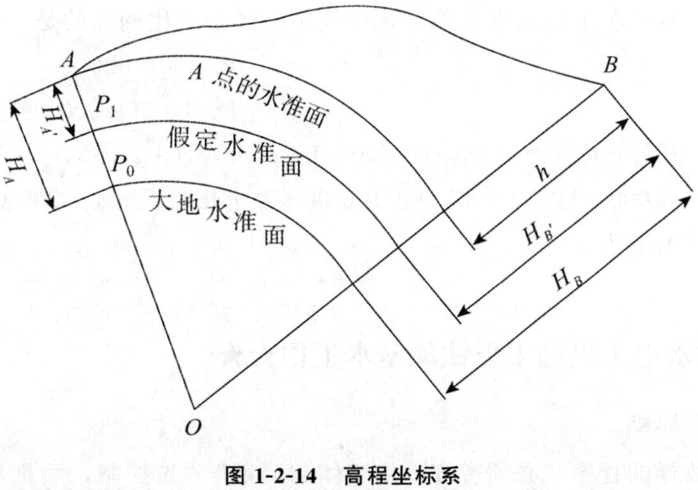

图 1-2-14　高程坐标系

三、比例尺

（一）比例尺分类

比例尺是指地图上一段直线的长度与地面上相应线段的实际水平长度之比，一般分为数字比例尺、图示比例尺两类。

数字比例尺用分子为 1 的分数表示，分母为整数，如：1/M 或 1∶M。通常，在地形图上绘制的图示比例尺如图 1-2-15 所示。

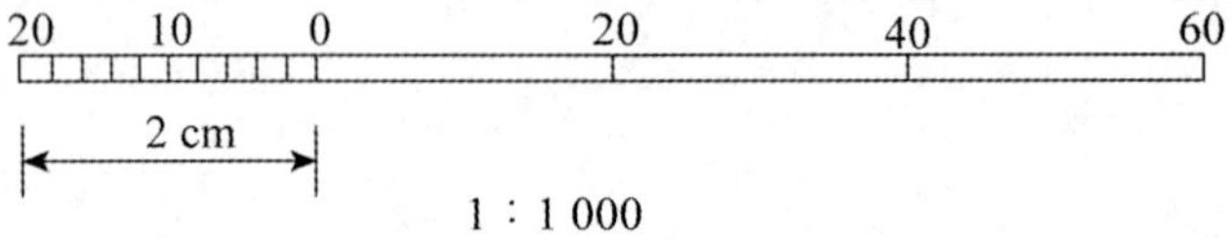

图 1-2-15　1∶1 000 图示比例尺

（二）比例尺精度

比例尺越大，代表精度越高。根据比例尺的精度可将比例尺分为三种，见表 1-2-2。（2012 年单选题考点）

表 1-2-2　比例尺精度

比例尺分类	标准
大	1∶500，1∶1 000，1∶2 000，1∶5 000，1∶10 000
中	1∶25 000，1∶50 000，1∶100 000
小	1∶250 000，1∶500 000，1∶1 000 000

实战演练

［**2020 真题·单选**］目前，我国采用的高程起算统一基准是（　　）国家高程基准。

A. 1985　　B. 1995

C. 2000　　D. 2005

［**解析**］我国采用的高程起算统一基准是 1985 国家高程基准。

［**答案**］A

［**2012 真题·单选**］下列地形图数字比例尺中，属于中比例尺的是（　　）。

A. 1∶500　　B. 1∶5 000

C. 1∶50 000　　D. 1∶500 000

［**解析**］地形图比例尺分为三类：1∶500，1∶1 000，1∶2 000，1∶5 000，1∶10 000 为大比例尺；1∶25 000，1∶50 000，1∶100 000 为中比例尺；1∶250 000，1∶500 000，1∶1 000 000 为小比例尺。

［**答案**］C

考点 5　水利水电工程施工方法的基本工作★★

一、放样的总原则

水工建筑物放样的程序，必须遵守“由整体到局部”“先控制，后细部（碎部）”的原则，一般先建立施工控制网，测设建筑物的主轴线，然后由它来控制建筑物的整个位置。其中，施工控制网分为平面控制网和高程控制网两种。（2020 年选择题考点）

二、放样方法

放样方法的类型见表 1-2-3。

表 1-2-3　放样方法的类型

类型	依据	方法（2020 年选择题考点）
平面位置	（1）放样点进度要求； （2）现场作业条件； （3）仪器设备等因素	（1）极坐标法； （2）轴线交会法； （3）交会法（两点角度前方、测角侧方、测角后方、三点测角前方、测边、边角）； （4）单三角形法
高程	（1）放样点精度要求； （2）现场的作业条件等因素	（1）水准测量（高程放样中误差应不大于 10 mm）； （2）光电测距三角高程法； （3）GPS-RTK 高程测量法

名师小结

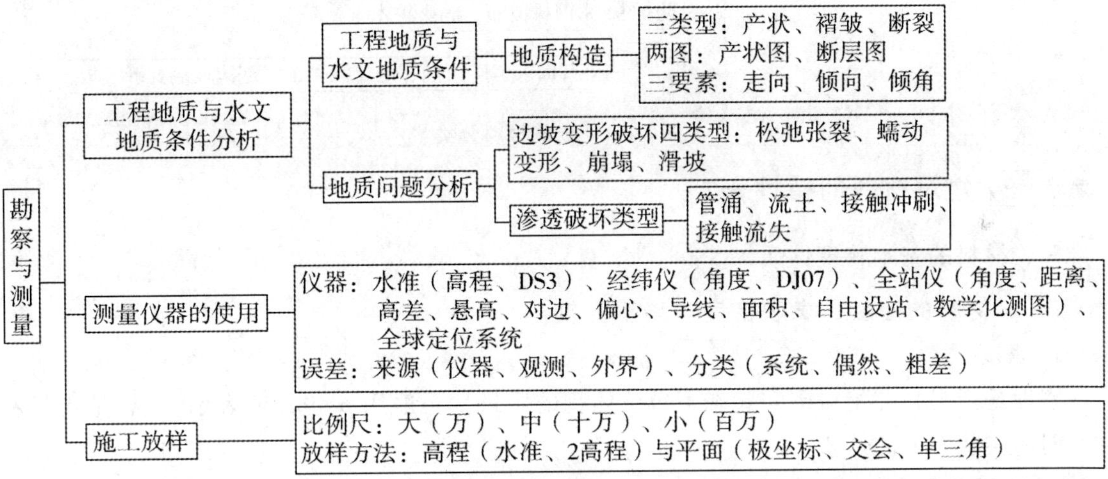

第三节　水利水电工程建筑材料

考点 1　建筑材料分类★

建筑材料分类如图 1-3-1 所示。

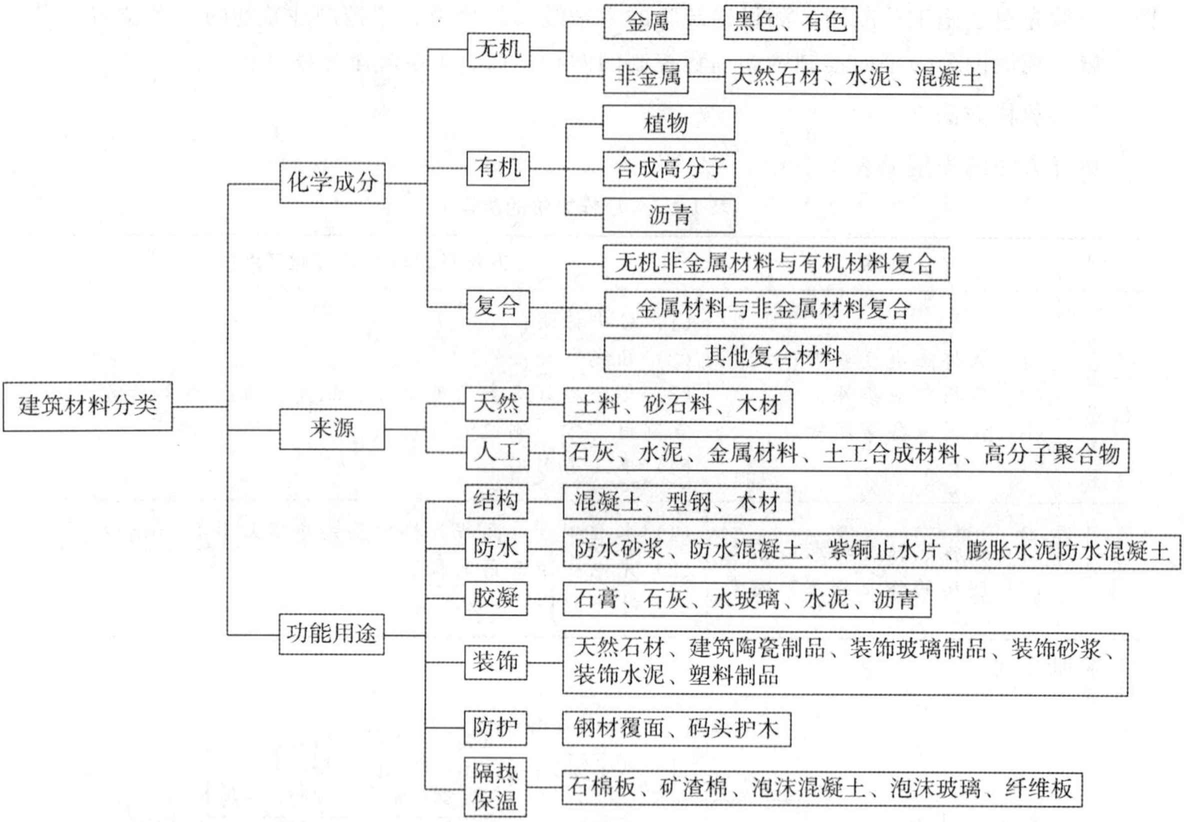

图 1-3-1 建筑材料分类

考点 2 建筑材料的特性★

一、材料的基本物理性质

(一) 材料的密度、表观密度与堆积密度

1. 密度

密度是指材料在绝对密实状态下单位体积的质量。一般用 $\rho=m/V$ 表示。(V 是指材料在绝对密实状态下的体积)

2. 表观密度

表观密度是指材料在自然状态下单位体积的质量。一般用 $\rho_0=m/V_0$ 表示。(V_0 是指材料在自然状态下的体积，是材料的实体积与材料内所含全部孔隙体积之和)

3. 堆积密度

堆积密度是指散粒材料在自然堆积状态下单位体积的质量。一般用 $\rho_0'=M/V_0'$ 表示。(V_0' 是指材料在自然堆积状态下的体积，既含颗粒内部的孔隙，又含颗粒之间空隙的总体积)

(二) 材料的孔隙率和空隙率

1. 孔隙率 (2019 年选择题考点)

孔隙率是指材料体积内孔隙体积占材料总体积的百分数。材料孔隙率的大小直接反映材料的密实程度 (密实度)，孔隙率越小则密实度越高。

2. 空隙率

空隙率是指散粒材料在自然堆积状态下，颗粒之间的空隙体积占堆积体积的百分数。空隙率的大小反映了散粒材料的颗粒之间相互填充的密实程度（填充率）。

（三）材料与水有关的性质

材料与水有关的性质包括亲水性与憎水性、吸水性（在水中）与吸湿性（在潮湿空气中）、耐水性、抗渗性（抵抗水压力）、抗冻性（冻融循环）等。

二、材料的基本力学性质

（一）材料的强度

强度是指材料在外力作用下抵抗破坏的能力，单位为 MPa。后面将重点介绍混凝土的强度及强度等级。

（二）材料的弹性与塑性

弹性是指材料在外力作用下产生变形，当外力取消后，材料变形即可消失并能完全恢复原来形状的性质。这种当外力取消后瞬间内即可完全消失的变形，称为弹性变形。

塑性是指材料在外力作用下产生变形，如果取消外力，仍保持变形后的形状尺寸，并且不产生裂缝的性质。这种不能恢复的变形称为塑性变形。后面会在钢材内容中涉及该名词。

三、材料的耐久性

材料的耐久性是指材料在使用过程中抵抗环境长期作用，并保持原有性能不破坏、不变质的能力，是一项综合性质，如抗冻性、抗风化性、抗老化性、耐化学腐蚀性等均属于耐久性的范围。此外，材料的强度、抗渗性、耐磨性等与材料的耐久性有着密切关系。后面将重点介绍混凝土的耐久性。

考点 3 混凝土组成材料的要求★★

混凝土是由胶凝材料、集料、水及其他材料按适当比例配制并硬化而成的具有所需形体、强度和耐久性的人造石材。

一、胶凝材料

在工程中，凡是经过一系列物理、化学作用，能将散粒状材料或块状材料胶结成为整体的材料，均称为胶凝材料。具体分类如图 1-3-2 所示。

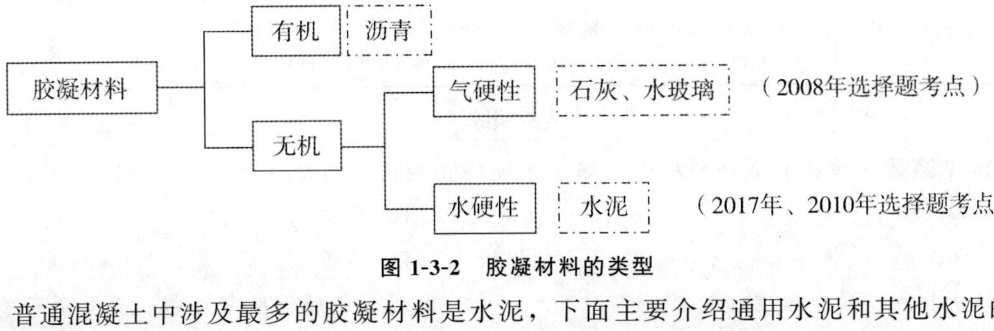

图 1-3-2　胶凝材料的类型

普通混凝土中涉及最多的胶凝材料是水泥，下面主要介绍通用水泥和其他水泥的相关内容。

(一) 水泥的作用

水泥和水形成水泥浆，包裹在集料表面，并填充集料间的空隙，在混凝土硬化前起润滑作用，赋予混凝土拌合物一定的流动性，以便于施工操作；在混凝土硬化后，水泥浆形成水泥石又起到胶结作用，把砂、石等集料胶结成坚硬的整体，并具有力学强度。

(二) 通用硅酸盐水泥

通用硅酸盐水泥是指以硅酸盐水泥熟料和适量的石膏及规定的掺合料制成的水硬性胶凝材料。通常分为硅酸盐水泥、普通硅酸盐水泥、矿渣硅酸盐水泥、火山灰质硅酸盐水泥、粉煤灰硅酸盐水泥和复合硅酸盐水泥六种。由于硅酸盐水泥、普通硅酸盐水泥内热大、强度高，一般用在有抗冻要求、强度高的工程；大体积混凝土中应选用中热或低热的硅酸盐水泥，矿渣、火山灰质、粉煤灰硅酸盐水泥强度低、水化热低、耐腐蚀，可用于大体积混凝土工程、受侵蚀的水下混凝土工程等。

(三) 其他品种的水泥

专用水泥和特性水泥的内容见表 1-3-1。

表 1-3-1 专用水泥和特性水泥

专用水泥	大坝水泥	低热或中热水泥适用于大坝工程及大型构筑物等大体积混凝土工程
	低热微膨胀水泥（LHEC）	适用于要求低热和补偿收缩的混凝土、大体积混凝土、要求抗渗和抗硫酸盐侵蚀的工程
特性水泥	快硬硅酸盐水泥	以 3 天抗压强度表示，快硬水泥初凝时间不得早于 45 min，终凝时间不得迟于 10 h（2011 年选择题考点）
	快凝快硬硅酸盐水泥（双快水泥）	（1）初凝时间不得早于 10 min，终凝时间不得迟于 60 min； （2）主要用于紧急抢修工程，以及冬期施工、堵漏等工程； （3）施工时不得与其他水泥混合使用
	抗硫酸盐硅酸盐水泥	适用于受硫酸盐侵蚀的海港、水利、地下隧涵等工程
	白色硅酸盐水泥	以白色硅酸盐水泥熟料加入石膏磨细制成的水硬性胶凝材料
	铝酸盐水泥（CA）	（1）配料＋特殊需要（抢建、抢修、抗硫酸盐和冬期）； （2）六“不得”（不得与氢氧化钙混合、不得接触碱性溶液、环境温度不得高于50 ℃、厚度不得小于 60 mm、不得加入任何物质、不得与未硬化的硅酸盐水泥混凝土接触）； （3）一“不宜”（不宜浇筑大体积混凝土）

实战演练

［**2017 真题·单选**］下列材料中，属于水硬性胶凝材料的是（　　）。

A. 石灰　　B. 水玻璃

C. 水泥　　D. 沥青

［**解析**］水泥属于水硬性胶凝材料，石灰、水玻璃属于气硬性胶凝材料，沥青属于有机胶凝材料。

[答案] C

[经典例题・单选] 下列关于铝酸盐水泥的说法中，不正确的是（　　）。

A. 铝酸盐水泥代号 CA

B. 可以在冬期施工

C. 不得用于接触碱性溶液的工程

D. 可用于浇筑大体积混凝土

[解析] 铝酸盐水泥一般不宜浇筑大体积混凝土，选项 D 错误。

[答案] D

二、集料

砂、石等在混凝土中起骨架作用，因此称为骨料，也称为集料，集料还可对混凝土的变形起稳定作用。其中，砂称为细集料，石子称为粗集料。

（一）细集料（2022 年、2020 年选择题考点）

细集料是指粒径在 0.15～4.75 mm 之间的集料，常用的细集料有河砂、海砂、山砂、湖砂，根据其技术要求分为Ⅰ类（用于大于 C60 的混凝土）、Ⅱ类（用于 C30～C60 的混凝土）、Ⅲ类（用于小于 C30 的混凝土）。

对砂的质量和技术要求有很多方面，下面主要介绍其粗细程度与颗粒级配。

（1）砂的粗细程度是指不同粒径的砂粒混合后的平均粗细程度。通常用细度模数（M_x）表示，细度模数越大，表示砂越粗，具体分类如下：

粗砂：M_x——3.7～3.1。

中砂：M_x——3.0～2.3。

细砂：M_x——2.2～1.6。

特细砂：M_x——1.5～0.7。

（2）砂的颗粒级配是指不同粒径搭配的比例情况，一般用级配区表示。

（二）粗集料（2021 年选择题考点）

粗集料是指粒径大于 4.75 mm 的集料，其根据技术要求的分类与细集料相同。

对碎石与卵石的质量和技术要求有很多方面，下面主要介绍其最大粒径与颗粒级配。

粒径越大，越节省水泥（胶凝材料）用量。对于普通配合比结构的混凝土，尤其是高强混凝土，集料粒径最好不大于 40 mm。

粗集料颗粒级配的分类具体见表 1-3-2。

表 1-3-2　粗集料颗粒级配的分类

级配类型	粒径组合
一级配	5～20 mm
二级配	5～20 mm、20～40 mm
三级配	5～20 mm、20～40 mm、40～80 mm
四级配	5～20 mm、20～40 mm、40～80 mm、80～120（或 150）mm

（三）集料的含水状态

集料的含水状态可分为以下四种：

（1）干燥状态：集料内外均不含水，如图 1-3-3（a）所示。

（2）气干状态：集料表面干燥，内部孔隙中部分含水，如图 1-3-3（b）所示。

（3）饱和面干状态：集料表面干燥，内部孔隙全部吸水饱和，如图 1-3-3（c）所示。

（4）湿润状态：集料内部吸水饱和，表面还有部分表面水，如图 1-3-3（d）所示。

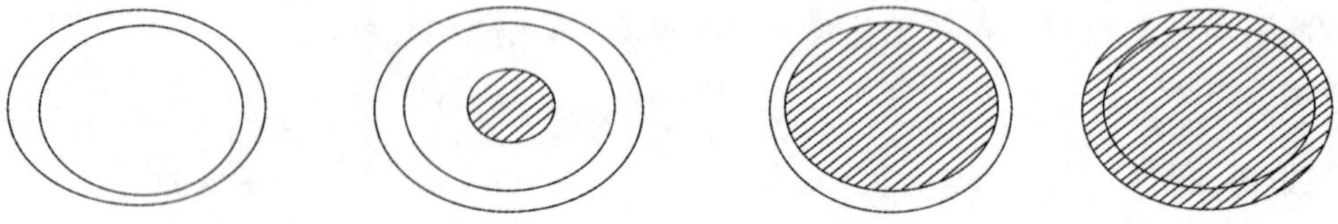

（a）干燥状态　（b）气干状态　（c）饱和面干状态　（d）湿润状态

图 1-3-3　集料的四种含水状态

混凝土配合比计算要求精准，由于饱和面干状态下集料既不吸水也不释放水，所以该状态下集料最为精准。大型水利工程常以饱和面干状态的集料作为其计算基准，而普通混凝土则一般以干燥状态的集料作为其计算基准，该状态可控度高，且普遍应用在误差范围内。（2020 年、2015 年、2014 年单选题考点）

（四）拌合用水

凡符合国家标准的生活饮用水，均可拌制各种混凝土。对其质量要求是：不得影响混凝土的和易性及凝结；不得有损于混凝土强度的发展；不得降低混凝土的耐久性、加快钢筋腐蚀及导致预应力钢筋脆断；不得污染混凝土表面。

实战演练

［2020 真题·单选］计算普通混凝土配合比时，集料的含水状态基准一般为（　　）。

A. 干燥状态　　B. 气干状态

C. 饱和面干状态　　D. 湿润状态

［解析］大型水利工程常以饱和面干状态的集料作为其计算基准，而普通混凝土则一般以干燥状态的集料作为其计算基准，该状态可控度高，且普遍应用在误差范围内。

［答案］A

三、外加剂

（一）外加剂的分类

外加剂是指能有效改善混凝土某项或多项性能的一种材料，其分类见表 1-3-3。

表 1-3-3　外加剂的分类

主要功能	外加剂
改善混凝土拌合物流动性能	减水剂、引气剂和泵送剂
调节混凝土凝结时间、硬化性能	缓凝剂、早强剂、速凝剂和泵送剂
改善混凝土耐久性	引气剂、防水剂和阻锈剂

（二）工程中常用的外加剂

1. 减水剂

（1）定义：减水剂在外加剂中应用最多，是一种在维持混凝土坍落度基本不变的条件下，能减少拌合用水量的混凝土外加剂。

（2）效果（2016 年案例题考点）：

①在配合比不变时，显著提高混凝土流动性。在用水量及水胶比不变时，混凝土坍落度可增大 100～200 mm，且不影响混凝土的强度。

②在流动性和水泥用量不变时，可以减少用水量的 10%～15%，降低水胶比，提高强度的 15%～20%。

③在保持流动性和强度不变（即水胶比不变）时，可以在减少拌合用水量的同时，相应减少水泥用量。

④其他效果。配制高强高性能混凝土，改善耐久性，降低孔隙率，提高密实度等。

➢ **注意：**两增两减，增的是流动性和强度，减的是水和水泥用量。

2. 其他外加剂

其他外加剂见表 1-3-4。

表 1-3-4　其他外加剂

名称	定义	效果
早强剂	一种能提高混凝土早期强度，并且对后期强度无显著影响的外加剂	特别适用于冬期施工或紧急抢修工程
缓凝剂	一种降低水泥或石膏水化速度和水化热，延长凝结时间的外加剂	在商品混凝土中掺入缓凝剂的目的是延长水泥的水化硬化时间，使新拌混凝土能在较长时间内保持塑性，从而调节新拌混凝土的凝结时间。主要适用于大体积混凝土、在炎热气候下施工的混凝土，以及需长时间停放或长距离运输的混凝土，宜用在日最低气温 5℃以上施工的混凝土，不宜单独用于有早强要求的混凝土及蒸养混凝土（2012 年选择题考点）
速凝剂	一种掺入混凝土中能使混凝土迅速凝结硬化的外加剂	掺入混凝土后，能使混凝土在 5 min 内初凝，10 min 内终凝，1 h 就可以产生强度，1 天强度提高 2～3 倍，但后期强度会下降。速凝剂主要用于引水涵洞、地下工程以及喷锚支护时的喷射混凝土工程中
引气剂	一种能改善混凝土拌合物的和易性、保水性和黏聚性，提高混凝土流动性，在混凝土拌合物的拌合过程中引入大量均匀分布的、闭合而稳定的微小气泡的外加剂	（1）会使混凝土强度略有降低； （2）不宜用于蒸养混凝土及预应力钢筋混凝土

续表

名称	定义	效果
防冻剂	一种能使混凝土在负温下硬化，并在规定养护条件下达到预期性能与足够防冻强度的外加剂；一种能在低温下防止物料中水分结冰的物质	适用于负温条件下施工的混凝土
膨胀剂	一种可以通过理化反应引起体积膨胀的材料	使用膨胀剂是为了引入定量的体积膨胀，补偿材料本身的收缩值，防止材料出现收缩、开裂现象

实战演练

［2016 真题·案例节选］

背景资料：

某分洪闸位于河道堤防上，河道堤防级别为 2 级。该闸在施工过程中发生如下事件：闸室底板及墩墙设计采用 C25W4F100 混凝土。施工单位在混凝土拌合过程中掺入高效减水剂，并按照混凝土试验有关标准制作了混凝土试块，对混凝土各项指标进行试验。

［问题］

在混凝土拌合料中掺入高效减水剂后，如需保持混凝土流动性及水泥用量不变，混凝土拌合用水量、水胶比和强度将发生什么变化?

［答案］

在保持混凝土流动性和水泥用量不变的情况下，可以减少混凝土拌合用水量、降低水胶比、提高混凝土的强度。

四、配合比设计

混凝土的配合比是指混凝土中的水泥、砂、石子、水四种主要组成材料用量之间的比例关系，主要有以下两种表示方法。(2019 年案例题考点)

(1) 单位用量表示法：以每立方米混凝土中各项材料的质量来表示。

(2) 相对用量表示法：

水胶比→水/胶凝材料（水泥＋活性掺合料）。

含砂率（简称砂率）→砂/（砂＋石子）。

浆骨比→水泥浆/集料（单位体积混凝土用水量）。

实战演练

［2019 真题·案例节选］

背景资料：

施工单位在面板混凝土施工前，提供了面板混凝土配合比，见表 1-3-5。

表 1-3-5　面板混凝土配合比

编号	水泥品种等级	水胶比	砂率	每方混凝土材料用量/（$kg \cdot m^{-3}$）					
				水	水泥	砂	小石	中石	粉煤灰
1-1	P·MH42.5	*A*	*B*	122	249	760	620	620	56

［问题］

计算混凝土配合比表中的水胶比 A 值（保留小数点后两位）和砂率 B 值（用%表示，保留小数点后两位）。

［答案］

（1）水胶比：A＝122/（249＋56）＝0.40。

（2）砂率：B＝760/（760＋620＋620）＝38.00%。

考点 4　混凝土的主要质量要求★★★

水泥混凝土的质量要求主要表现在四个方面，如图 1-3-4 所示。

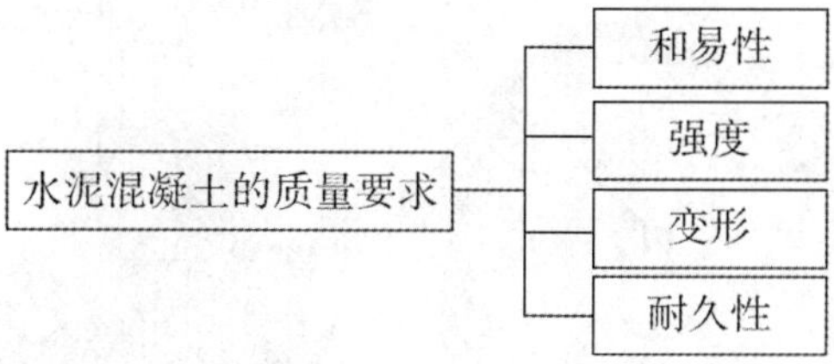

图 1-3-4　水泥混凝土的质量要求

一、和易性

和易性是指混凝土拌合物能保持其组成成分均匀，不发生分层、离析、泌水等现象，便于施工操作，并能获得质量均匀、密实的混凝土性能。和易性是一项综合技术性能，包括流动性、黏聚性及保水性三个方面。

➤ **记忆方法：** 榴（流）莲（黏）包（保水）。

（一）指标

1. 普通混凝土

流动性：一般常用坍落度定量表示拌合物流动性的大小，关于坍落度的测量如图 1-3-5 所示。

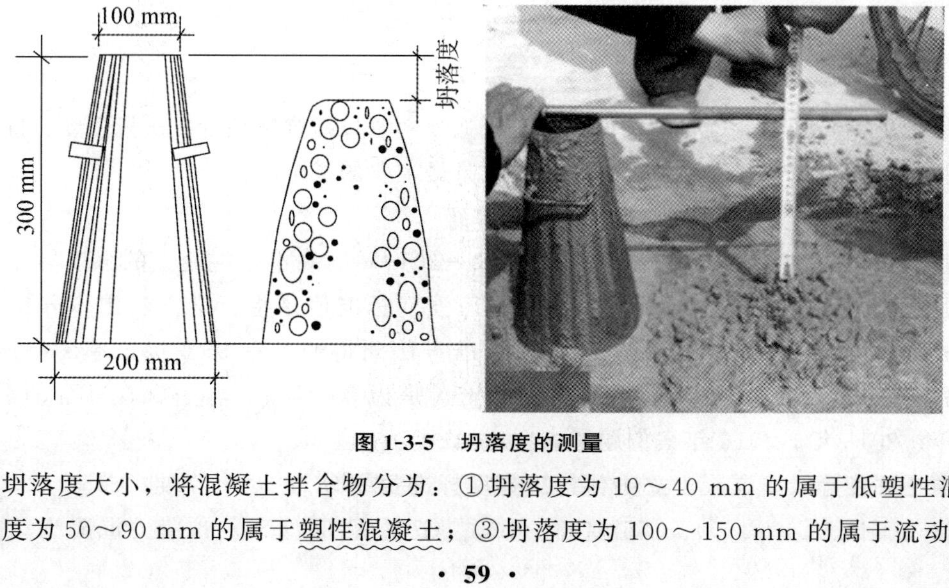

图 1-3-5　坍落度的测量

按坍落度大小，将混凝土拌合物分为：①坍落度为 10～40 mm 的属于低塑性混凝土；②坍落度为 50～90 mm 的属于塑性混凝土；③坍落度为 100～150 mm 的属于流动性混凝

土；④坍落度≥160 mm 的属于大流动性混凝土。(2018 年、2016 年选择题考点)

黏聚性：定性分析，用捣棒轻打。

保水性：定性分析，稀浆析出程度。

2. 干硬性

对于干硬性混凝土拌合物（坍落度小于 10 mm），采用维勃稠度（VB）作为其和易性指标。关于维勃稠度的测定如图 1-3-6 所示。(2009 年选择题考点)

图 1-3-6　维勃稠度的测定

(二) 影响混凝土拌合物和易性的因素

影响拌合物和易性的因素很多，主要有：

(1) 水泥浆含量。

(2) 水泥浆稀稠。

(3) 含砂率的大小。

(4) 单位用水量。

(5) 浆骨比。

(6) 组成材料性质的影响（水泥品种及细度、集料品种和粗细程度、外加剂、时间温度等)。

二、强度

强度是硬化混凝土最重要的性质，混凝土强度主要包括抗压强度、抗折强度、抗拉强度和抗剪强度等。其中，抗压强度值最大，它也是最主要的指标。

(一) 混凝土的立方体抗压强度和强度等级

根据《混凝土结构设计规范》(GB 50010—2010) 的规定，混凝土的强度等级应按立方体抗压强度标准值确定，混凝土立方体抗压强度标准值是指标准方法制作养护的边长为 150 mm 的立方体试件，在 28 d 龄期用标准方法测得的具有 95%保证率的抗压强度，用 $f_{cu,k}$ 表示。例如，强度等级为 C20 的混凝土，是指 20 MPa≤$f_{cu,k}$<25 MPa 的混凝土。(2020 年、2018 年、2016 年案例题考点)

混凝土强度等级按混凝土立方体抗压强度标准值划分为 14 个等级：C15、C20、C25、C30、C35、C40、C45、C50、C55、C60、C65、C70、C75、C80。预应力混凝土结构的混

凝土强度等级不小于C30。(2015年选择题考点)

(二) 影响混凝土强度的主要因素

影响混凝土强度的因素很多，从内因来看，主要有水泥强度、水胶比和集料质量；从外因来看，主要有施工条件、养护温度与湿度、龄期、试验条件和外加剂等。

三、耐久性

混凝土的耐久性是指在外部和内部不利因素的长期作用下，保持其原有设计性能和使用功能的性质。通常用混凝土的抗渗性、抗冻性、抗碳化性能、抗腐蚀性能和碱骨料反应综合评价混凝土的耐久性。下面主要介绍抗渗性和抗冻性的内容。

(一) 指标

混凝土的耐久性指标见表1-3-6。

表1-3-6　混凝土的耐久性指标

性能	含义
抗渗性 (W) (2020年、2018年、2016年案例题，2008年选择题考点)	分为W2、W4、W6、W8、W10、W12六个等级，相应表示混凝土能抵抗的最大水压力分别为0.2 MPa、0.4 MPa、0.6 MPa、0.8 MPa、1.0 MPa、1.2 MPa
抗冻性 (F) (2020年、2018年、2016年案例题考点)	分为F50、F100、F150、F200、F250、F300、F400七个等级，相应表示混凝土在饱和状态下，能经受50、100、150、200、250、300、400次冻融循环而不破坏，同时强度也不严重降低

(二) 提高混凝土抗渗、抗冻、耐久性的措施

提高混凝土抗渗、抗冻、耐久性的措施见表1-3-7。

表1-3-7　提高混凝土抗渗、抗冻、耐久性的措施

性能	措施	
	材料	施工
抗渗性	提高混凝土的密实度，改善孔隙构造，减少渗水通道	注意振捣密实、养护充分
	减小水胶比	
	掺加引气剂	
	选用适当品种的水泥	
抗冻性	提高混凝土密实度	严格控制施工质量，注意捣实，加强养护
	减小水胶比	
	掺合外加剂	
耐久性	严格控制水胶比	保证混凝土施工质量
	混凝土所用材料的品质应符合有关规范的要求	
	合理选择集料级配	
	掺用减水剂及引气剂	

实战演练

[2018 真题·案例节选]

背景资料：

某水利枢纽工程包括节制闸和船闸工程，工程所在地区每年 5～9 月为汛期。项目于 2014 年 9 月开工，计划 2017 年 1 月底完工。项目划分为节制闸和船闸两个单位工程。根据设计要求，节制闸闸墩、船闸侧墙和底板采用 C25、F100、W4 混凝土。

[问题]

背景资料中 C25、F100、W4 分别表示混凝土的哪些指标？其中数值 25、100、4 的含义分别是什么？

[答案]

C25 是表示混凝土强度等级的指标，25 表示混凝土强度是 25 MPa$\leqslant f_{cu,k}<$30 MPa。F100 是表示混凝土抗冻性的指标，100 表示混凝土抗冻性试验能经受 100 次的冻融循环。W4 是表示混凝土抗渗性的指标，4 表示混凝土能抵抗的最大水压力为 0.4 MPa。

考点 5 钢材的分类和应用★★

扫码听课

一、钢材的分类

钢材按化学成分和力学性能的分类见表 1-3-8。

表 1-3-8 钢材的分类

分类标准	钢筋类型	备注
化学成分	碳素结构钢	根据含碳量的不同又可分为： (1) 低碳钢（含碳量小于 0.25%），如Ⅰ级钢； (2) 中碳钢（含碳量 0.25%～0.60%）； (3) 高碳钢（含碳量 0.60%～1.40%），如碳素钢丝、钢绞线 (2016 年、2011 年选择题考点)
	普通低合金钢	(1) 合金元素总含量小于 5%； (2) Ⅱ级、Ⅲ级和Ⅳ级钢筋都是普通低合金钢
力学性能	有物理屈服点的钢筋	热轧钢筋和冷拉热轧钢筋
	无物理屈服点的钢筋	钢丝和热处理钢筋

➢ **记忆方法**：马兰开花二十一、二五六、二五七、二八二九三十一。其中“二五六”指的是“0.25%～0.60%”。

二、建筑钢材的力学性能和工艺性能

（一）建筑钢材的力学性能

1. 应力-应变曲线

将低碳钢制成一定形状尺寸的试件，放在材料试验机上进行拉伸试验，可以绘制如图 1-3-7所示的应力-应变曲线图。从图中可以看出，低碳钢受拉至拉断，全过程可划分为四个

阶段，弹性阶段（$O \sim a$）、屈服阶段（$a \sim d$）、强化阶段（$d \sim e$）和颈缩阶段（$e \sim f$）。其中，σ_p 是比例极限，σ_y 是屈服强度，σ_u 是极限强度。

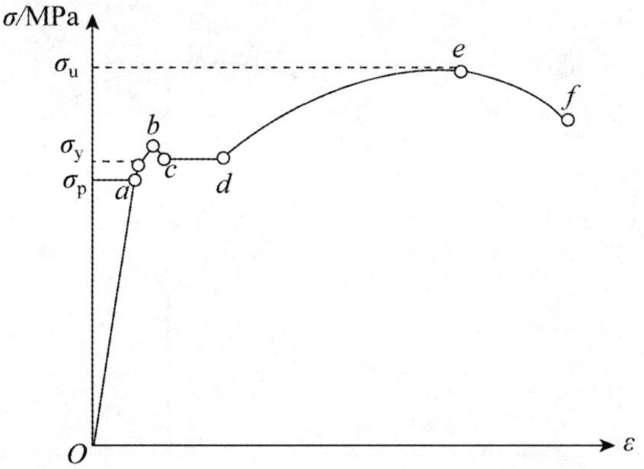

图 1-3-7　应力-应变曲线

2. 强度和变形指标

（1）强度指标。

钢筋强度的设计依据：首先要区分是否有物理屈服点，有物理屈服点的钢筋指标是屈服强度。无物理屈服点的钢筋指标是极限强度，如钢绞线。

抗震结构要求钢筋屈强比不大于 0.8。

（2）变形指标。

伸长率和冷弯性能是反映钢筋塑性性能的基本指标。（2013 年、2009 年选择题考点）

有物理屈服点的钢筋进行质量检验的四项主要指标是屈服强度、极限强度、伸长率和冷弯性能，而对无物理屈服点的钢筋只测定后三项。（2015 年选择题考点）

（二）建筑钢材的工艺性能

良好的工艺性能可以保证钢材顺利通过各种加工，而使钢材制品的质量不受影响。冷弯性能和焊接性能是其重要的工艺性能。

实战演练

［**2016 真题·单选**］含碳量为 0.5%的钢筋属于（　　）。

A. 高碳钢

B. 中碳钢

C. 低碳钢

D. 微碳钢

［**解析**］低碳钢含碳量小于 0.25%；中碳钢含碳量为 0.25%～0.60%；高碳钢含碳量为 0.60%～1.40%。

［**答案**］B

[**经典例题·单选**] 如图 1-3-8 所示的钢筋应力-应变曲线中，X 表示（　　）。

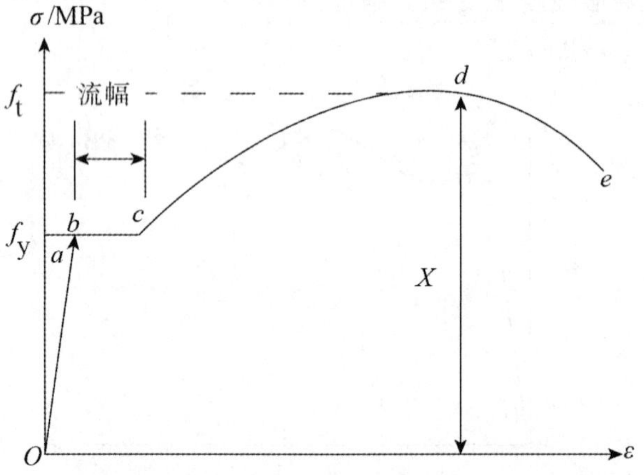

图 1-3-8　钢筋应力-应变曲线

A. 屈服强度

B. 设计强度

C. 极限强度

D. 条件屈服强度

[**解析**] 题中图示为有物理屈服点的钢筋典型应力-应变曲线，其中 X 表示极限强度。

[**答案**] C

[**2015 真题·多选**] 水利工程施工中，钢绞线质量检验的主要指标包括（　　）。

A. 含碳量

B. 屈服强度

C. 极限强度

D. 伸长率

E. 冷弯性能

[**解析**] 本题考查的是钢筋的主要力学性能。屈服强度、极限强度、伸长率和冷弯性能是有物理屈服点的钢筋进行质量检验的四项主要指标，而对无物理屈服点的钢筋只测定后三项。钢绞线没有物理屈服点，因此，极限强度、伸长率和冷弯性能是钢绞线进行质量检验的主要指标。

[**答案**] CDE

三、钢筋检验

根据《水工混凝土钢筋施工规范》（DL/T 5169—2013）的规定，钢筋检验分为资料核查、外观检查、力学性能试验等。

（一）资料核查

进场钢筋应具有出厂质量证明书或检验报告，每捆（盘）钢筋均挂有标牌，标牌上应注明生产厂家、生产日期、牌号、产品批号、规格、尺寸等标记。（2018 年案例题考点）

（二）外观检查

检查每批钢筋的外观质量，包括查看锈蚀程度及有无裂缝、结疤、麻坑、气泡、砸碰伤痕等，并测量钢筋的直径。

（三）力学性能试验（2021 年案例题考点）

（1）从每批钢筋中任选两根钢筋，每根取两个试件分别进行拉伸试验（包括屈服点、抗拉强度和伸长率）和冷弯试验。

当有一项试验结果不符合要求时，则从同一批钢筋中另取双倍数量的试件重做各项试验。如仍有一个试件不合格，则该批钢筋为不合格。

（2）钢筋取样时，钢筋端部应先截去 500 mm 再取试件，每组试件应分别标记，不得混淆。钢筋应按批号进行检查和验收，同一批号钢筋，每 60 t 宜作为一个检验批，不足 60 t 时仍按一批计。

（3）检验项目（2011 年选择题考点）。

拉伸：屈服点、抗拉强度和伸长率，如有一个指标不符合规定，即认为拉力检验项目不合格。

冷弯：冷弯试件弯曲后，不得有裂纹、剥落或断裂。

实战演练

［2021 真题・案例节选］

背景资料：

工程开工后，施工单位采购了同一批号的 ϕ22 mm 钢筋 28 t，同一批号的 ϕ16 mm 钢筋 30 t，进场后对钢筋进行抽样检测，其中试样的抽样频率、截取位置根据《水工混凝土钢筋施工规范》（DL/T 5169—2013）进行，检测结果表明 ϕ22 mm 钢筋有一项指标不合格。

［问题］

1. 钢筋试样的抽样频率和截取位置分别有哪些要求？

2. 施工单位应如何处理这批 ϕ22 mm 钢筋？

［答案］

1. 同一批号的 ϕ22 mm 钢筋抽样两根，同一批号的 ϕ16 mm 钢筋抽样两根。钢筋取样时，钢筋端部应先截去 500 mm 再取试件。

2. 对于钢筋检测有一项试验结果不符合要求时，从同一批钢筋中另取双倍数量的试件重做各项试验。如仍有一个试件不合格，则该批钢筋为不合格。

四、常用钢材的技术标准与选用

根据《钢筋混凝土用钢　第二部分：热轧带肋钢筋》（GB/T 1499.2—2018）及（GB/T 1499.1—2017）、《钢筋混凝土用余热处理钢筋》（GB 13014—2013）等的规定，常用钢材的分类见表 1-3-9。

表 1-3-9 常用钢材的分类

类别	应用范围	备注
热轧光圆钢筋	HPB300；牌号中 HPB 代表热轧光圆钢筋，牌号中的数字 300 表示热轧钢筋的屈服强度特征值为 300 级	横截面通常为圆形
热轧带肋钢筋	普通热轧带肋钢筋：HRB400、HRB500、HRB600、HRB400E、HRB500E；牌号中 HRB 代表热轧带肋钢筋，牌号中的数字 400、500、600 表示热轧钢筋的屈服强度特征值分别为 400 级、500 级、600 级	E 是“地震”的英文首位字母
冷拉热轧钢筋	冷拉Ⅰ级钢筋适用于非预应力受拉钢筋，冷拉Ⅱ、Ⅲ、Ⅳ级可用做预应力混凝土结构的预应力筋	冷拉钢筋不宜用于负温度、受冲击或重复荷载作用的结构
冷轧带肋钢筋	冷轧带肋钢筋（CRB）、高延性冷轧带肋钢筋（CRB＋抗拉强度特征值＋H）	CRB680H 既可作为普通混凝土用钢筋，也可作为预应力混凝土用钢筋
余热处理钢筋	有 RRB400、RRB500、RRB400W 三种	RRB 为余热处理钢筋的英文缩写，W 为焊接的英文缩写
预应力混凝土用钢丝	预应力钢丝按加工状态分为冷拉钢丝及消除应力钢丝（低松弛钢丝）两种，代号分别为 WCD 和 WLR	—
预应力混凝土用钢绞线	钢绞线按结构分为八类	—

考点 6 土工合成材料的分类和应用★★

根据《水利水电工程土工合成材料应用技术规范》（SL/T 225—98）和《土工合成材料应用技术规范》（GB/T 50290—2014）的规定，土工合成材料分为土工织物、土工膜、土工复合材料和土工特种材料四大类（图 1-3-9），其主要功能有反滤、排水、隔离、防渗、防护和加筋等。具体分类及应用见表 1-3-10。

表 1-3-10 土工合成材料的分类和应用

土工合成材料的分类		应用
土工织物（土工布）	织造型（有纺）	反滤
	非织造型（无纺）	
土工膜（2014 年选择题考点）	加筋	防渗
	不加筋	

续表

土工合成材料的分类		应用
土工复合材料（2012 年、2008 年选择题考点）	复合土工膜	在水利工程中广泛应用
	塑料排水带	广泛应用在码头、水闸等软基加固工程
	软式排水管（渗水软管）	可用于各种排水工程
土工特种材料	土工格栅	用作加筋土结构的筋材或复合材料的筋材
	土工网（2020 年选择题考点）	用于软基加固垫层、坡面防护、植草及制造组合土工材料的基材
	土工模袋（2022 年选择题考点）	常用于护坡或其他地基处理工程
	土工格室	用于处理软弱地基，增大其承载力，也可用于护坡，沙漠地带固沙等
	土工管、土工包	可用于护岸、崩岸抢险和堆筑堤防
	土工合成材料黏土垫层	用于水利或土木工程中的防渗或密封设计

（a）土工布

（b）土工膜

（c）塑料排水带

（d）软式排水管

（e）土工格栅

（f）土工网

（g）土工模袋　　　　（h）土工格室

图 1-3-9　土工合成材料

名师小结

- 建筑材料
  - 类型特性
    - 分类：根据化学成分、来源、功能用途划分
    - 性质：表观密度与堆积密度；密实度与孔隙率；填充率与空隙率
  - 混凝土
    - 集料
      - 水泥：快硬（3 d）、双快（10 min、60 min）铝酸盐（CA、不得、不宜）
      - 掺合料：粉煤灰、矿渣、硅灰
    - 胶凝材料
      - 分类：中砂（233）、四级配（20、40、80、120）
      - 含水状态：干燥、气干、饱和面干、湿润
    - 外加剂
      - 分类：送气水、缓旱、防阻引
      - 性能：减水剂（两增两减）、引气剂（不宜蒸养、预应力）、缓凝剂（大面积、炎热、长距离、长时间）
    - 质量要求
      - 耐久性：抗渗（W）、抗冻（F）；3类措施
      - 和易性：坍落度（50~90 mm）
      - 强度：C25（25 MPa≤$f_{cu,k}$<30 MPa）
  - 钢筋
    - 分类：中碳钢（0.25%~0.60%）
    - 性能：应力-应变曲线、指标（屈服、极限、伸长、冷弯）
    - 常识：HPB300、HRB、CRB、RRB、WCD和WLR
  - 土工
    - 分类：土工织物、土工膜、土工复合（3）、土工特种
    - 性能：反滤、防渗

第二章

水利水电工程施工导流与河道截流

名师导学

从本章开始介绍水利水电工程具体施工程序。由于水利水电工程的特殊性，首先要提供干燥的施工环境，这就涉及本章施工导流与截流的内容，也即施工水流控制。水利水电工程整个施工过程中的水流控制广义上可以概括为：采取“导、截、拦、蓄、泄”等工程措施，解决施工过程中水流蓄泄之间的矛盾，控制水流对水工建筑物施工的不利影响，把水流全部或部分导向下游或拦蓄起来，以保证水工建筑物的干地施工，在施工期内不影响或尽可能少影响水资源的综合利用。鉴于考试过程中会考查案例应用，且近几年考查频次较高，因此在学习本章内容时，一定要从本质和原理上理解掌握。

为了让考生真正从本质上掌握施工导流与截流的内容，对考试大纲框架做了调整。本章内容主要涉及导流中的导流方式、导流建筑物（围堰和泄水建筑）、截流方式、基坑排水以及险情控制。

考情分析

近四年考试真题分值统计表（单位：分）

章名	2022 年			2021 年			2020 年			2019 年		
	单选	多选	案例	单选	多选	案例	单选	多选	案例	单选	多选	案例
水利水电工程施工导流与河道截流	0	2	13	0	0	13	1	0	5	1	0	0
合计	0	2	13	0	0	13	1	0	5	1	0	0

考点 1 导流方式

扫码听课

➤ **名师点拨**：该考点主要考查案例应用，在学习的过程中一定要注重对知识原理、定义的理解，深入了解什么是导流，准确区分一次与分期的本质。

一、施工导流的定义

在江河上修建水利水电工程时，为了使水工建筑物能在干地上进行施工，用围堰维护基坑，并将水流引向预定的泄水通道往下游宣泄的施工方法，称为施工导流。

二、导流方式

施工导流的方式大体上可分为两类，即分段围堰法导流、全段围堰法导流。与之配合的导流方式主要包括淹没基坑法导流、隧洞导流、明渠导流、涵管导流，以及施工过程中的坝体底孔导流、缺口导流和不同泄水建筑物的组合导流等。(2022 年、2021 年、2020 年案例题考点)

第二章

(一) 分段围堰法导流

1. 定义

分段围堰法也称为分期围堰法，即用横向、纵向围堰将水工建筑物分段、分期维护起来进行施工的方法，又称为河床内导流。所谓分段，就是在空间上用围堰将永久建筑物分为若干段进行施工。所谓分期，就是在时间上将导流分为若干时段进行施工，如图 2-1 所示。

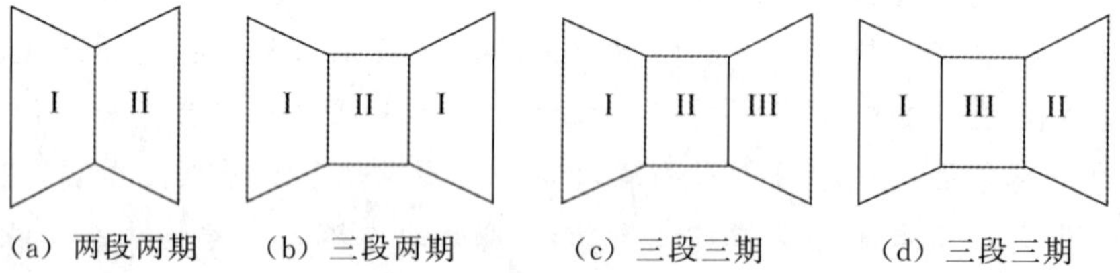

图 2-1 分段围堰法导流

分段围堰法两期导流如图 2-2 所示。

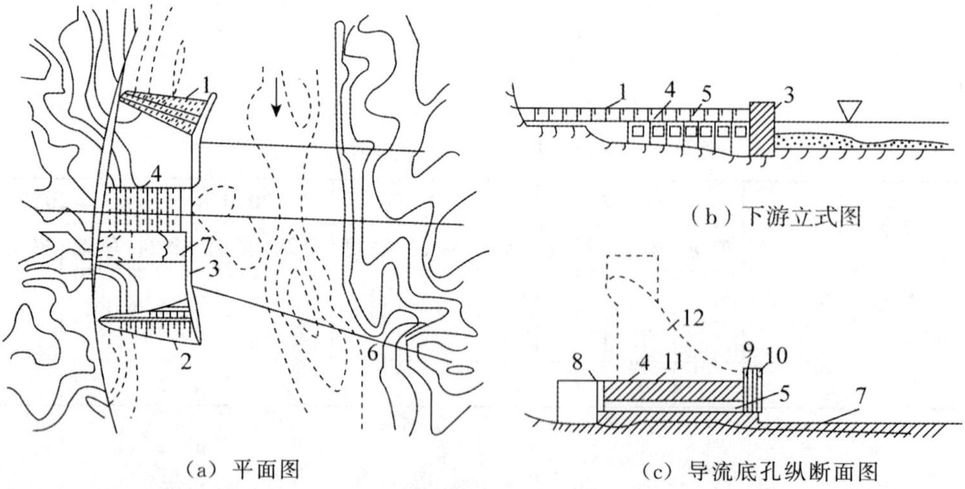

1—一期上游横向围堰；2—一期下游横向围堰；3—一、二期纵向围堰；4—预留缺口；5—导流底孔；6—二期上、下游横向围堰轴线；7—护担；8—封堵闸门槽；9—工作闸门槽；10—事故闸门槽；11—已浇筑的混凝土坝体；12—未浇筑的混凝土坝体

图 2-2 分段围堰法两期导流

2. 适用条件

(1) 分段围堰法导流，当河水较深或河床覆盖层较厚时，纵向围堰的修筑导流常常十分困难，且纵向围堰是分期导流的关键之一，因此该导流法要求河床覆盖层不厚。

(2) 分段围堰法导流一般适用于河床宽、流量大、工期较长的工程，尤其适用于通航河流和冰凌严重的河流。这种导流方法的费用较低，在一些大、中型水利水电工程中采用较广。例如，湖北葛洲坝和三峡水电站、浙江富春江等水利枢纽工程都采用这种导流方法。

(3) 分段围堰法导流前期通常利用被束窄的原河道导流，后期通过事先修建的泄水道导流。

(二) 全段围堰法导流

1. 定义

全段围堰法导流（一次拦断河床围堰导流），就是在河床主体工程的上、下游各建一横向围堰，一次截断河流，使水流经河床以外的临时或永久泄水道下泄，又称为河床外导流。当主体工程建成或接近建成时，再将临时泄水道封堵。

2. 适用条件

适用于枯水期流量不大且河道狭窄的河流。

3. 导流程序

根据施工期挡、泄水建筑物的不同，一次拦断河床围堰导流程序可分为初期、中期和后期导流三个阶段，见表 2-1。

表 2-1　导流程序

阶段	挡水	泄水
初期	围堰	导流泄水建筑物
中期	坝体临时	导流泄水建筑物
后期	坝体挡水	水库开始蓄水

(三) 辅助导流的主要方式

从泄水建筑物的角度出发，介绍以下七种辅助导流方式。

1. 淹没基坑法导流

这种导流方式在全段围堰法和分段围堰法中均可使用。由于基坑淹没所引起的停工天数不长，使施工进度能够保证，在河道泥沙含量不大的情况下，这种方法一般合理可行。

2. 束窄河床导流

这种导流方式一般用在分段围堰法导流的前期，也可以作为判定分段围堰法导流的标志之一，如图 2-3 所示。

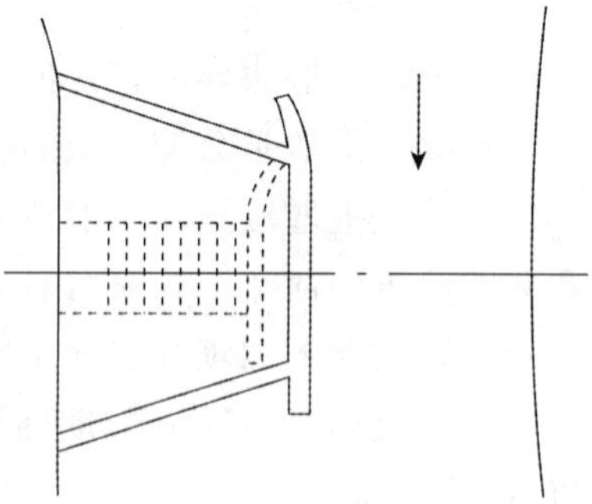

图 2-3　束窄河床导流

3. 明渠导流

这种导流方式在全段围堰法和分段围堰法中均可使用，一般适用于岸坡平缓的地带。图 2-4 是其中的一种适用形式。

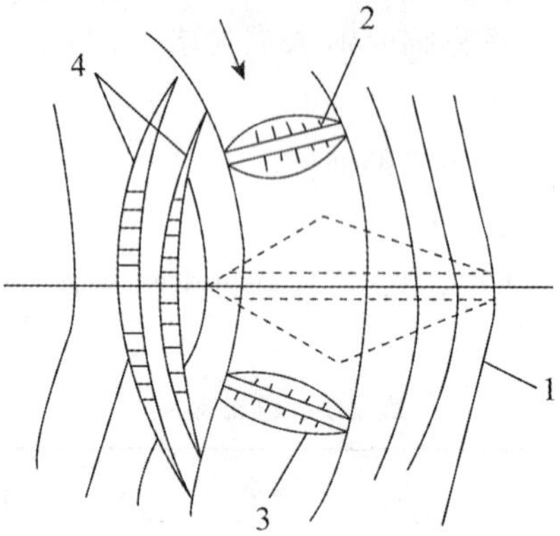

1—坝体；2—上游围堰；3—下游围堰；4—导流明渠

图 2-4　明渠导流示意图

4. 隧洞导流

一般山区河流，河谷狭窄，两岸地形陡峻，山岩坚实，采用隧洞导流较为普遍。隧洞是造价昂贵和施工复杂的地下建筑物，通常导流隧洞与泄洪洞、引水洞、尾水洞、放空洞等永久隧洞相结合。图 2-5 是其中的一种适用形式。

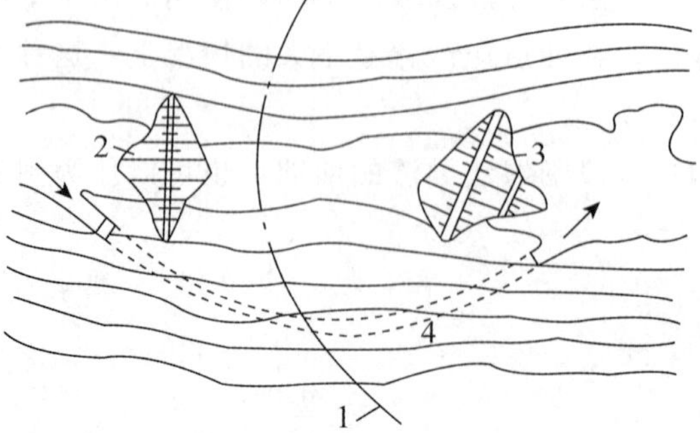

1—坝轴线；2—上游围堰；3—下游围堰；4—导流隧洞

图 2-5　隧洞导流示意图

5. 底孔导流

这种导流方法在分段、分期修建混凝土坝时用得比较普遍，如图 2-6 所示。

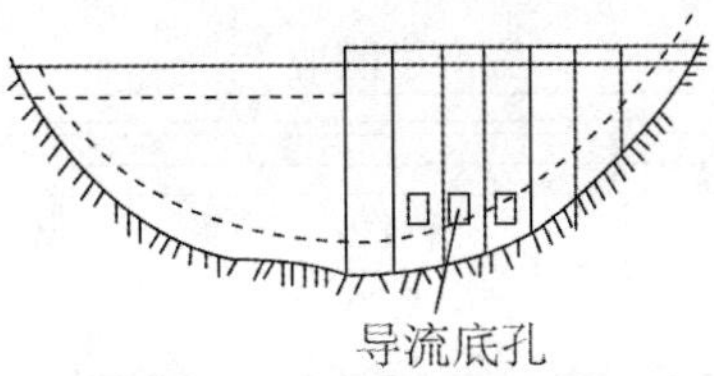

图 2-6 底孔导流示意图

6. 坝体预留缺口导流

由于这种导流方法比较简单，在修建混凝土坝（特别是大体积混凝土坝）时，常被采用，如图 2-7 所示。

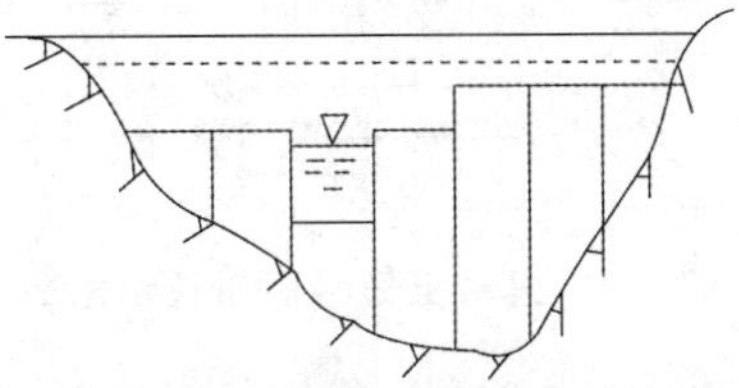

图 2-7 坝体预留缺口导流示意图

7. 涵管导流

涵管导流主要适用于流量不大情况下的土石坝、堆石坝工程，目前已很少采用，如图2-8所示。

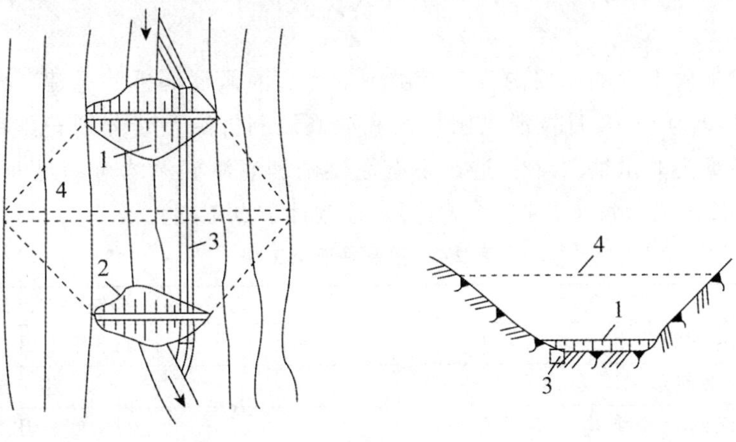

（a）平面图 （b）上游立视图

1—上游围堰；2—下游围堰；3—涵管；4—坝体

图 2-8 涵管导流示意图

实战演练

[2020 真题 · 案例节选]

背景资料：

某小型排涝枢纽工程，由排涝泵站、自排涵闸和支沟口主河道堤防等建筑物组成。泵站和自排涵闸的设计排涝流量均为 9.0 m^3/s，主河道堤防级别为 3 级。排涝枢纽平面布置示意图如图 2-9 所示。

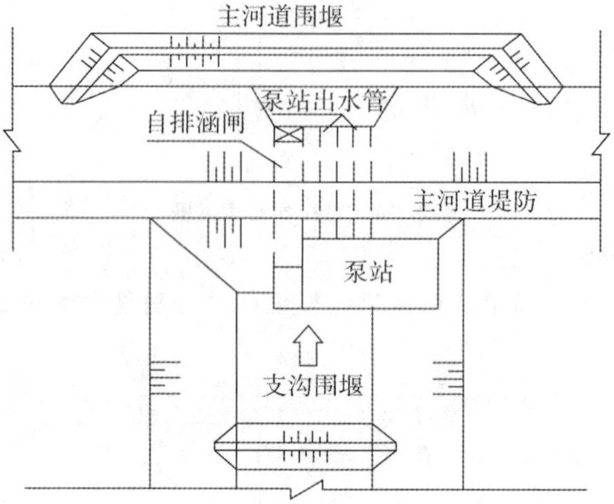

图 2-9　排涝枢纽平面布置示意图

[问题]

本工程采用的是哪种导流方式？

[答案]

主河道采用束窄河床导流，支沟采用一次拦断河床围堰导流。

[经典例题・案例节选]

背景资料：

某水库除险加固工程的主要内容有泄洪闸加固、灌溉涵洞拆除重建、大坝加固。工程所在地区的主汛期为 6～8 月，泄洪闸加固和灌溉涵洞拆除重建分别安排在两个非汛期施工。施工导流标准为非汛期 5 年一遇，现有泄洪闸和灌溉涵洞均可满足非汛期导流要求。2011 年 10 月 1 日开工（每个月按 30 天计），控制性节点工期见表 2-2。

表 2-2　控制性节点工期

节点名称	控制性节点工期
水库除险加固工程完工	2013 年 4 月 30 日
泄洪闸加固具备通水条件	T
灌溉涵洞拆除重建具备通水条件	2013 年 3 月 30 日

[问题]

指出表中控制性节点工期 T 的最迟时间，并说明理由。

[答案]

控制性节点工期 T 的最迟时间为 2012 年 5 月 30 日。

理由：施工期间泄洪闸与灌溉涵洞应互为导流，因灌溉涵洞在第二个非汛期施工，泄洪闸加固应安排在第一个非汛期，而 6 月进入主汛期，所以在 2012 年 5 月 30 日前应具备通水条件。

考点 2　导流建筑物

根据《水利水电工程施工导流设计规范》（SL 623—2013）的规定，导流建筑物分为挡水建筑物和泄水建筑物。

一、挡水建筑物（围堰）

（一）围堰分类

按照不同标准，围堰分类见表 2-3。

表 2-3　围堰分类

分类标准	分类名称
材料	土石围堰、草土围堰、袋装土围堰、胶凝砂砾石（CSG）围堰、钢板桩格形围堰、混凝土围堰
与水流方向的相对位置	横向围堰、纵向围堰
导流期间基坑淹没条件	过水围堰（满足堰顶过水要求）、不过水围堰

1. 不过水土石围堰

土石围堰能充分利用当地材料，对地基适应性强、施工工艺简单，应优先选用。不过水土石围堰是水利水电工程中应用最广泛的一种围堰形式，根据其防渗形式不同分为以下四种，如图 2-10 所示。（2022 年案例题考点）

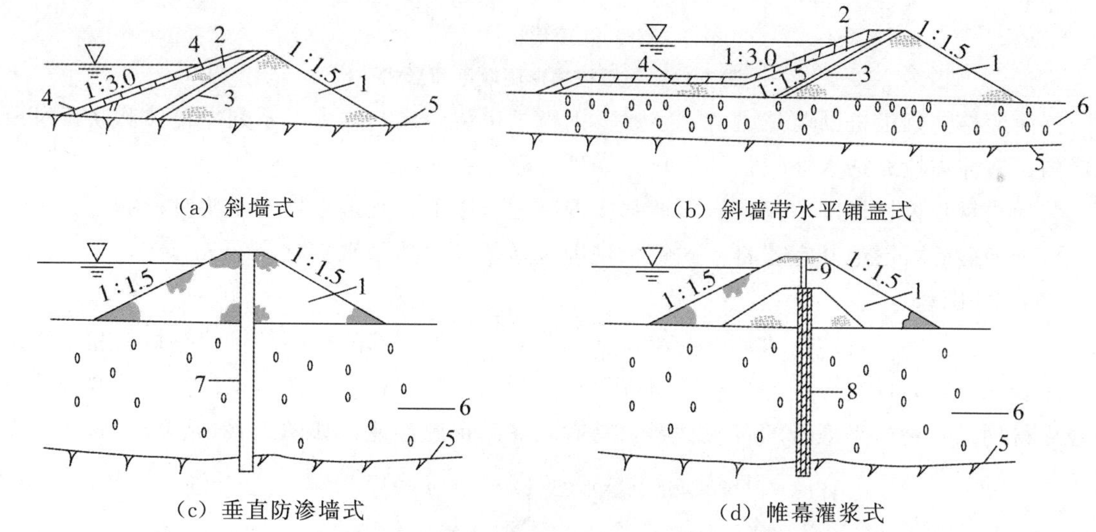

（a）斜墙式　（b）斜墙带水平铺盖式

（c）垂直防渗墙式　（d）帷幕灌浆式

1—堆石体；2—黏土斜墙、铺盖；3—反滤层；4—护面；5—基岩；6—覆盖层；7—垂直防渗墙；8—帷幕灌浆；9—黏土心墙

图 2-10　不过水土石围堰

2. 混凝土围堰

混凝土围堰的抗冲与防渗能力强，挡水水头高，底宽小，易于与永久建筑物相连接，必要时还可以过水。拱形混凝土围堰一般适用于岸坡陡峻、岩石坚实的山区河流。采用分段围堰法导流时，重力式混凝土围堰往往可兼作第一期和第二期纵向围堰，两侧均能挡水，还能作为永久建筑物的一部分，如隔墙、导墙等。

3. 钢板桩格形围堰

钢板桩格形围堰按挡水高度不同，其平面形式有圆筒形格体、扇形格体及花瓣形格体，如图 2-11 所示，应用较多的是圆筒形格体。

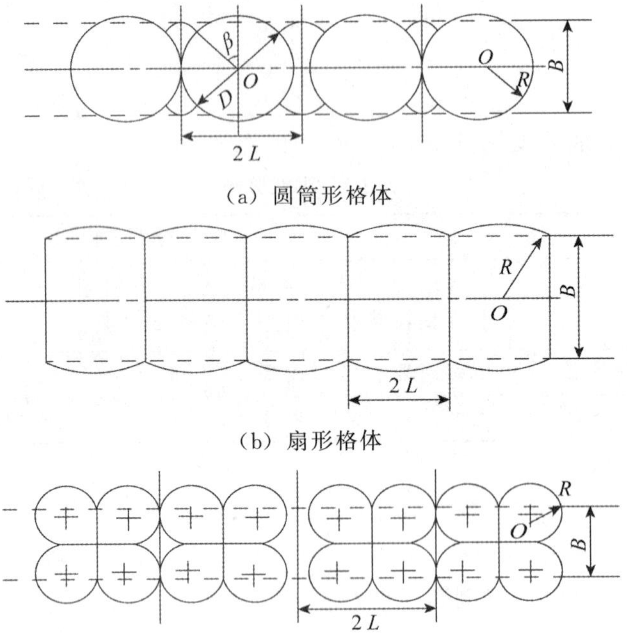

(a) 圆筒形格体

(b) 扇形格体

(c) 花瓣形格体

图 2-11　钢板桩格形围堰平面形式

圆筒形格体钢板桩围堰是由“一字形”钢板桩拼装而成，并由一系列主格体和联弧段所构成的。格体内填充透水性较强的填料，如砂、砂卵石或石渣等。

装配式钢板桩格形围堰建在岩石地基或混凝土基座上，其最大挡水水头宜≤30 m。

对于细砂砾石层地基宜建打入式钢板桩围堰，其最大挡水水头宜≤20 m。

4. CSG 围堰

CSG（胶凝砂砾石）技术是一项新型筑坝技术，这种技术的核心是将胶凝材料和水添加到河床砂砾石或开挖废弃料等在坝址附近容易找到的岩石基材中，然后采用简单的拌合装置拌合而得到的一种新型廉价的筑坝材料，具有较好的抗震性能，如图 2-12 所示。

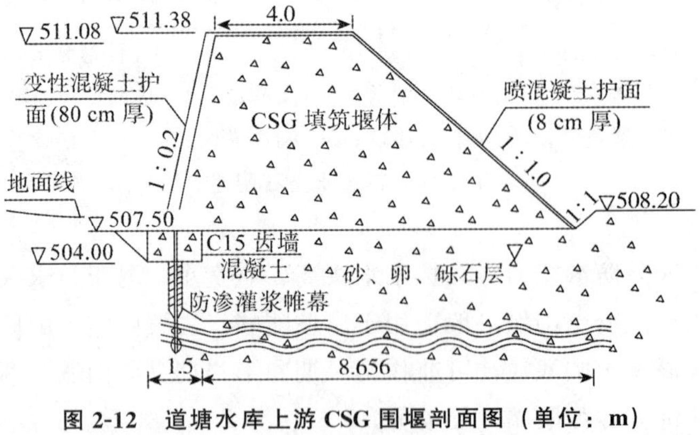

图 2-12　道塘水库上游 CSG 围堰剖面图（单位：m）

实战演练

[经典例题·单选] 如图 2-13 所示的土石围堰的结构形式属于（　　）。

A. 斜墙式　　B. 斜墙带水平铺盖式

C. 垂直防渗墙式　　D. 帷幕灌浆式

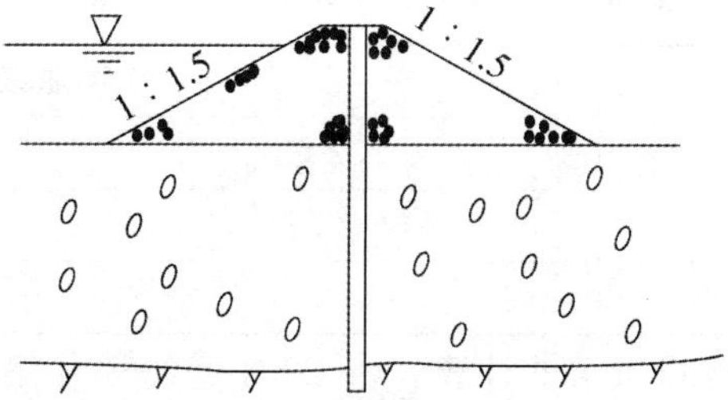

图 2-13　土石围堰的结构形式

[解析] 图 2-13 所示的土石围堰为垂直防渗墙式。

[答案] C

（二）围堰稳定及堰顶高程

1. 围堰稳定（2021 年案例题考点）

根据《水利水电工程施工组织设计规范》（SL 303—2017）的规定，围堰稳定应满足以下条件：

（1）土石围堰边坡稳定安全系数应满足表 2-4 的规定。

表 2-4　土石围堰边坡稳定安全系数

计算方法	围堰级别	
	3 级	4 级、5 级
简化毕肖普法	≥1.30	≥1.15
瑞典圆弧法	≥1.20	≥1.05

（2）重力式混凝土围堰、浆砌石围堰稳定安全系数应满足表 2-5 的规定。

表 2-5　重力式混凝土围堰、浆砌石围堰稳定安全系数

围堰类别	计算方法		
	抗剪断公式		抗剪强度公式
	一般情况	排水失效	
重力式混凝土围堰、浆砌石围堰	≥3.0	≥2.5	≥1.05

2. 围堰堰顶高程的确定

根据《水利水电工程施工组织设计规范》（SL 303—2017）的规定，围堰堰顶高程的确定分为以下三点：

（1）下游围堰的堰顶高程可按下式计算。（2017 年选择题考点）

$$H_d = h_d + h_a + \delta$$

式中　H_d——下游围堰的堰顶高程（m）；

h_d——下游水位高程（m），可以直接从原河流水位流量关系曲线中找出；

h_a——波浪爬高（m）；

δ——围堰的安全超高（m），一般对于不过水围堰可按规定选择，对于过水围堰可不予考虑。即不过水围堰的堰顶高程的影响因素有三个，过水围堰的堰顶高程影响因素有两个，见表 2-6。

表 2-6　围堰的安全超高（单位：m）

围堰类型	围堰级别	
	3 级	4、5 级
土石围堰	0.7	0.5
混凝土围堰、浆砌石围堰	0.4	0.3

（2）上游围堰的堰顶高程可按下式计算。（2022 年、2021 年案例题、2012 年选择题考点）

$$H_u = h_d + z + h_a + \delta$$

式中　H_u——上游围堰的堰顶高程（m）；

z——上、下游水位差（m）。

（3）土石围堰防渗体顶部在设计洪水静水位以上设有加高值，斜墙式防渗体为 0.6～0.8 m，心墙式防渗体为 0.3～0.6 m。

实战演练

［2021 真题·案例节选］

背景资料：

某新建中型拦河闸工程，施工期由上、下游填筑的土石围堰挡水，其中上游围堰断面示意图如图 2-14 所示。

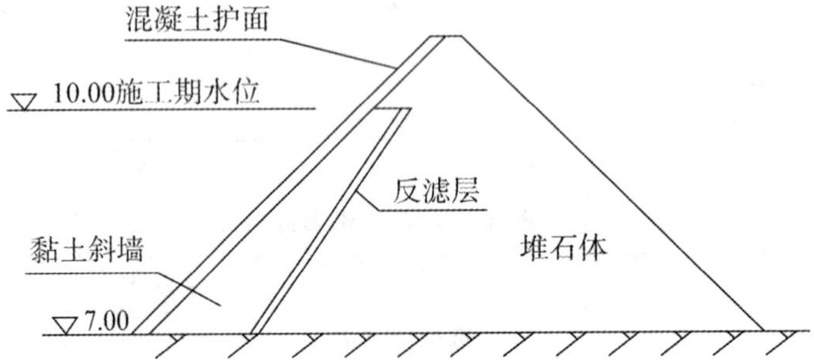

图 2-14　上游围堰断面示意图

工程施工过程中发生如下事件：

事件一：施工单位依据《水利水电工程施工组织设计规范》（SL 303—2017），采用简化毕肖普法对围堰边坡稳定进行计算，其中上游围堰背水侧边坡稳定安全系数计算结果为 1.25。

［问题］

1. 计算上游围堰最低顶高程（波浪爬高按 0.5 m 计）；指出斜墙布置的不妥之处，并说明理由。

2. 上游围堰背水侧边坡稳定安全系数计算结果是否满足规范要求？规范中要求的边坡稳定安全系数最小值应为多少？

[答案]

1. (1) 上游围堰最低顶高程：10＋0.5＋0.5＝11.0 (m)。

(2) 不妥之处：斜墙式防渗墙顶部设置。

理由：土石围堰防渗体顶部在设计洪水静水位之上有加高值，斜墙防渗体为0.6～0.8 m。

2. (1) 上游围堰背水侧边坡稳定安全系数计算结果满足规范要求。

(2) 边坡稳定安全系数最小值应为1.15。

(三) 围堰施工

1. 围堰的防渗、接头和防冲

(1) 围堰的防渗。

围堰的防渗基本要求和一般挡水建筑物无大的差异。前面已提到，土石围堰的防渗一般采用斜墙、斜墙带水平铺盖、垂直防渗墙或帷幕灌浆等措施。围堰一般需在水中修筑，因此，保证斜墙和水平铺盖的水下施工质量就很关键。

(2) 围堰的接头。

围堰的接头处理与其他水工建筑物接头处理的要求并无多大区别，所不同的仅在于围堰是临时建筑物，使用期不长，因此接头处理措施可适当简化。如混凝土纵向围堰与土石横向围堰的接头，一般采用刺墙形式，以增加绕流渗径，防止引起有害的集中渗漏。随着土工膜作为防渗体在工程中的大量应用，利用土工膜进行横向围堰和纵向围堰防渗搭接的形式变得十分普遍。土石围堰主要采取扩大接触面和嵌入岸坡的方法来处理与岸坡的接头。

(3) 围堰的防冲。

围堰一般多采用抛石护底、铅丝笼护底、柴排护底等措施来保护堰脚及其基础的局部冲刷。对于围堰区护底范围、护底材料类型、尺寸等问题，应通过水工模型试验解决。解决围堰及其基础的冲刷问题，除了护底以外，还应对围堰的布置给予足够的重视，力求使水流平顺地进、出束窄河段。通常在围堰的上、下游转角处设置导流墙（图2-15），以改善束窄河段进出口的水流条件。

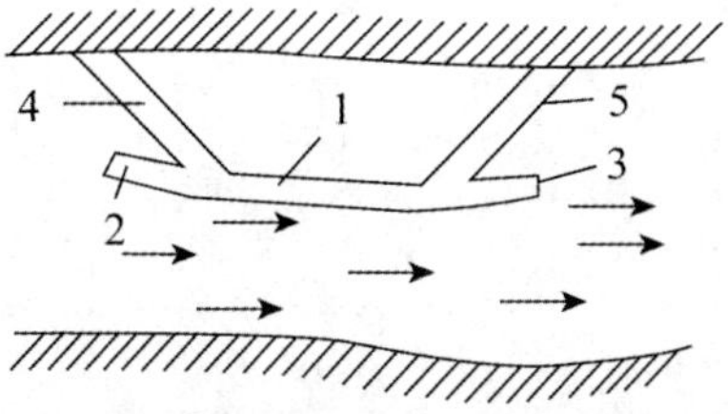

1—纵向围堰；2—上游导流墙；3—下游导流墙；
4—上游横向围堰；5—下游横向围堰

图2-15　导流墙和围堰布置图

2. 围堰的拆除

不同围堰的拆除见表2-7。

表 2-7 围堰的拆除

围堰类型	拆除
土石围堰	在施工期最后一个汛期之后，上游水位下降时，采用机械开挖或爆破方法从围堰的背水坡开始分层拆除，如图 2-16 所示
草土围堰	水上部分用人工拆除，水下部分可在堰体上开挖缺口，让其过水冲毁或用爆破法炸除
钢板桩格形围堰	首先用抓斗或吸石器将填料清除，然后用拔桩机拔出钢板桩
混凝土围堰	一般采用爆破拆除，分为泄渣爆破（下游）和留渣爆破（上游）

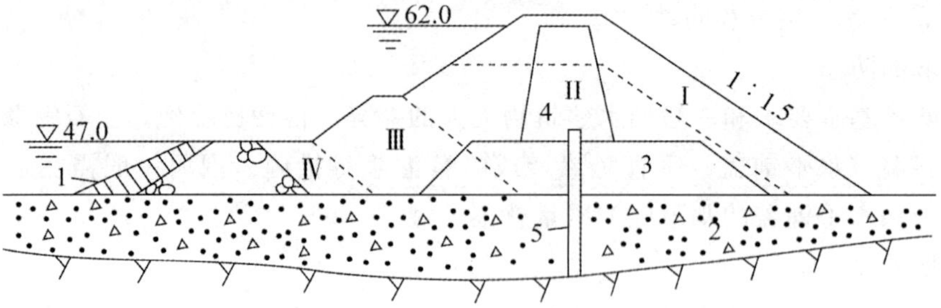

1—黏土斜墙；2—覆盖层；3—堆渣；4—心墙；5—防渗墙

Ⅰ～Ⅳ—拆除顺序

图 2-16 长江葛洲坝工程一期土石围堰的拆除（单位：m）

实战演练

[**经典例题·单选**] 下列关于围堰拆除的说法，不正确的是（　　）。

A. 土石围堰拆除一般在使用期的最后一个汛期过后

B. 土石围堰拆除时逐层拆除围堰背水坡和水上部分

C. 混凝土围堰的拆除一般只能用爆破法

D. 钢板桩围堰拆除时，两侧水位平衡后，先拆除拉杆和围檩，再分层挖除砂砾料，最后拔除钢板桩

[**解析**] 钢板桩围堰的拆除工程完工后，基坑充水使围堰的两侧水位平衡，围堰内的砂砾料分层挖除，再拆除钢拉杆和围檩，用振动锤拔除钢板桩，选项 D 错误。

[**答案**] D

二、导流泄水建筑物

导流泄水建筑物见表 2-8。

表 2-8 导流泄水建筑物

种类	内容
导流明渠	泄量大，工程小，弯道少，弯道半径≥3 d（d 是指明渠底宽），进出口轴线与河道主流方向的夹角宜<30°

续表

种类	内容
导流隧洞	根据《水工隧洞设计规范》（SL 279—2016）的规定，导流隧洞弯曲半径不宜小于5倍洞径（或洞宽），转角不宜大于60°，且应在弯段首尾设置直线段，其长度不宜小于5倍洞径（或洞宽）
导流底孔	宜布置在近河道主流位置，坝内导流底孔宽度不宜超过该坝段宽度的一半，并宜骑缝布置
坝体预留缺口	坝体泄洪缺口宜设在河床部位

注：考虑与永久建筑物的结合，除上述四种类型还包括导流涵管。

实战演练

[经典例题·多选] 下列有关导流泄水建筑物布置的说法，正确的有（　　）。

A. 导流明渠宜布置在弯道少的地区，避开滑坡及高边坡开挖区

B. 导流隧洞应在弯段首尾设置直线段

C. 导流底孔宜布置在近河道主流位置

D. 坝体泄洪缺口宜设在河漫滩，避免下泄水流冲刷岸坡

E. 导流明渠、导流隧洞以及导流底孔宜优先考虑与永久建筑物结合布置

[解析] 坝体泄洪缺口宜设在河床部位，避免下泄水流冲刷岸坡，选项D错误。

[答案] ABCE

考点 3　截流方式

一、截流定义与过程

（一）定义

施工水流控制中，在临时导流泄水建筑物完成以后，截断原河床，迫使河水经临时泄水道下泄的过程，称为施工截流。截流戗堤一般与围堰相结合，因此截流实际上是在河床中修筑横向围堰工作的一部分，如图 2-17 所示。

图 2-17　截流示意图

（二）截流过程

截流过程如图 2-18 所示。

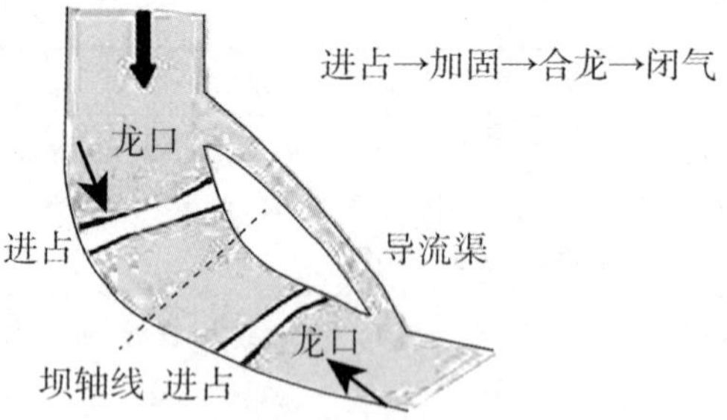

图 2-18 截流过程

二、截流方式

河道截流有立堵法、平堵法、立平堵法、平立堵法、下闸截流及定向爆破截流等多种方法，但基本方法为立堵法和平堵法两种。其中，立平堵法与平立堵法常称为混合堵，立堵法、平堵法、立平堵法、平立堵法又被称为抛投块截流。（2020 年、2015 年、2014 年选择题考点）

（一）立堵法截流

立堵法截流是将截流材料，从龙口一端向另一端或从两端向中间抛投进占，逐渐束窄龙口，直至全部拦断，如图 2-19 所示。立堵法截流准备工作比较简单，费用较低。但截流时龙口的单宽流量较大，出现的最大流速较高，而且流速分布很不均匀，需用单个重量较大的截流材料。立堵法截流一般适用于大流量、岩基或覆盖层较薄的岩基河床。

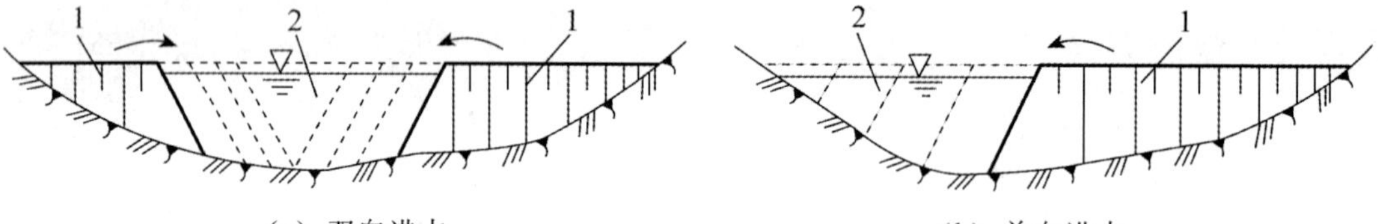

（a）双向进占　　（b）单向进占

1—截流戗堤；2—龙口

图 2-19 立堵法截流

（二）平堵法截流

平堵法截流事先要在龙口架设浮桥或栈桥，用自卸汽车沿龙口全线从浮桥或栈桥上均匀、逐层抛填截流材料，直至戗堤高出水面为止，如图 2-20 所示。平堵法截流通常适用于软基河床上。

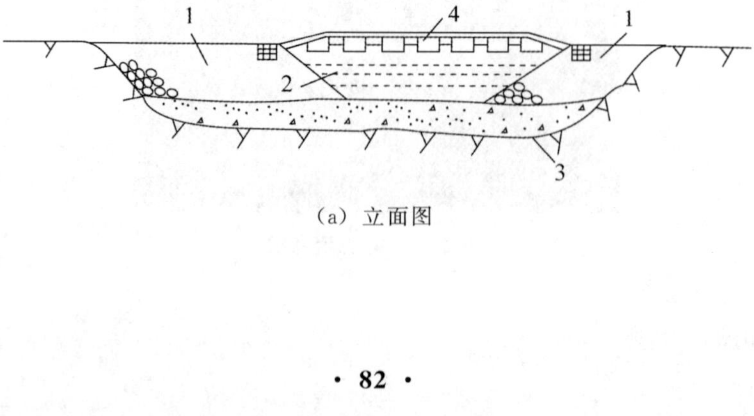

（a）立面图

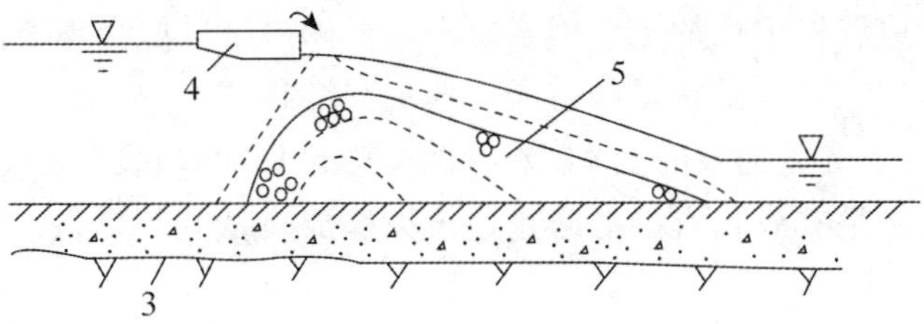

（b）横断面图

1—截流戗堤；2—龙口；3—覆盖层；4—浮桥；5—截流体

图 2-20　平堵法截流

三、截流日期与截流流量

截流日期一般多选在枯水期初，流量已有明显下降的时候，而不一定选在流量最小的时段。

四、龙口位置和宽度

（一）龙口位置

一般说来，龙口应设置在河床主流部位，选择在耐冲河床上，附近应有较宽阔场地。

（二）龙口宽度

原则上龙口宽度应尽可能窄些，这样可以减少合龙工程量，缩短截流延续时间，但以不引起龙口及其下游河床的冲刷为限。

龙口的保护包括护底和裹头。护底一般采用抛石、沉排、竹笼、柴石枕等。裹头就是用石块、钢筋石笼、黏土麻袋或草包、竹笼、柴石枕等把戗堤的端部保护起来，以防被水流冲塌。裹头多用于平堵戗堤两端或立堵进占端对面的戗堤。龙口宽度及其防护措施，可根据相应的流量及龙口的抗冲流速来确定。（2015 年、2010 年选择题考点）

实战演练

［**2015 真题·多选**］水利工程施工中，确定节流龙口宽度及其防护措施的主要依据有（　　）。

A. 龙口流量　　　　B. 龙口抗冲击流速

C. 截流方法　　　　D. 龙口附近地形

E. 截流延续时间

［**解析**］本题考查的是龙口宽度的确定。龙口宽度及其防护措施，可根据相应的流量及龙口的抗冲击流速来确定。

［**答案**］AB

考点 4　基坑排水

根据《水电水利工程施工基坑排水技术规范》（DL/T 5719—2015）和《水利水电工程施工导流设计规范》（SL 623—2013）的规定，基坑排水的相关内容如下。

一、防止边坡失稳的措施

在基坑施工中，为防止边坡失稳，保证施工安全，采取的措施有：

（1）坡度是影响边坡稳定性的主要因素之一，可以通过采取合理坡度来增加其强度。

（2）设置有效基坑支护，是常见的防失稳的工程措施。

（3）为了防止排水时带走边坡的土体颗粒，破坏其组成，可以设置边坡护面防止其失稳。

（4）降低地下水位是有效且直接的防止边坡失稳措施。

二、基坑排水

（一）基坑排水的目的

（1）基坑排水使水位下降，可以增加边坡的稳定性。

（2）基坑排水无论是初期还是经常性排水，其直接目的是保证基坑土体的干燥，便于施工。

（3）对于细砂和粉砂土层的边坡，基抗排水可防止流砂和管涌的发生。

（4）对下卧承压含水层的黏性土基坑，基抗排水可防止基坑底部隆起。

（二）基坑排水的组成

根据《水电水利工程施工基坑排水技术规范》（DL/T 5719—2015）的规定，基坑排水工作按排水时间及性质，一般可分为初期排水和施工过程中的经常性排水，具体水量组成见表2-9。

表2-9　基坑排水量的组成

排水期	排水量组成			
初期排水	围堰闭气后的基坑积水量	抽水过程中围堰及地基渗水量	堰身及基坑覆盖层中的含水量	可能的降水量
经常性排水	施工弃水量	围堰和地基在设计水头的渗流量	覆盖层中的含水量	排水时降水量

实战演练

［经典例题·案例节选］

背景资料：

基坑初期排水过程中，发生围堰边坡坍塌事故，施工单位通过调整排水流量，避免事故再次发生。

［问题］

1. 指出初期排水排水量的组成。

2. 发生围堰边坡坍塌事故的主要原因是什么？

［答案］

1. 初期排水排水量的组成包括围堰闭气后的基坑积水量、抽水过程中围堰及地基渗水量、堰身及基坑覆盖层中的含水量，以及可能的降水量。

2. 发生围堰边坡坍塌事故的主要原因是初期抽水量控制不到位，基坑水位下降速度控制不当，导致基坑边坡因渗透压力过大，造成边坡失稳，发生边坡坍塌事故。

（三）基坑排水的途径

基坑排水的途径有多种，以下主要介绍明排法、管井法和井点法，其中管井法和井点法是人工降水，两者的本质区别在于排水工作原理不同。

1. 明排法降低水位

明排法又称集水井排水法，是采用截、疏、抽的方法来进行基坑等施工的排水，如图2-21所示。其排水量一般控制在一定范围内（基坑地下水位超出基础底板或洞底标高不大于 2.0 m），保证不影响施工进度；适用于地质条件稳定，不易发生渗透破坏、坍塌等现象的地层。

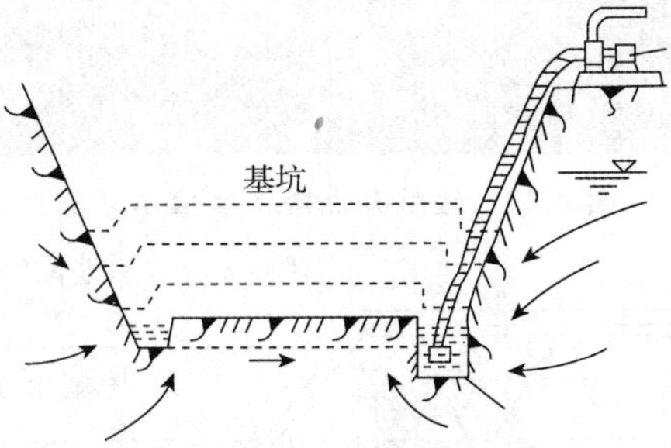

图 2-21　明排法降低水位示意图

2. 管井法降低水位

管井法降低地下水位时，在基坑周围布置一系列管井，管井中放入水泵的吸水管，地下水在重力作用下流入井中，被水泵抽走，如图 2-22 所示。管井降水中地下水需要靠重力流入井中，因此一般适用于渗透性比较好的中、粗砂地层中，即要求渗透系数 K 大于 1.0 m/d，含水层厚度一般大于 5 m。

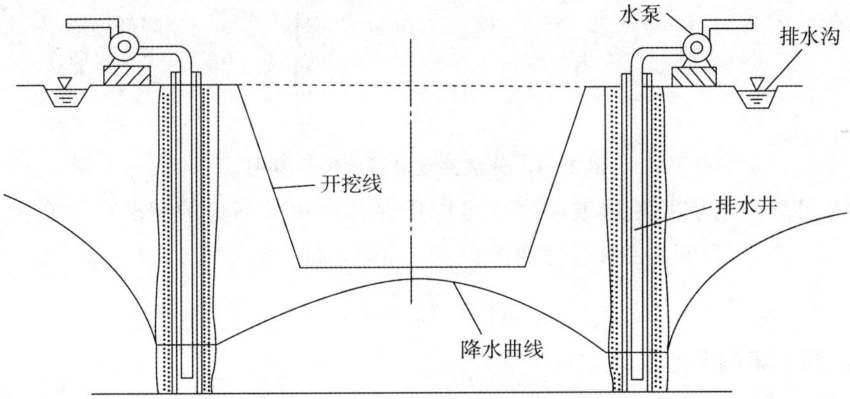

图 2-22　管井法降低水位示意图

3. 井点法降低水位

井点法和管井法不同，它把井管和水泵的吸水管合二为一，简化了井的构造，便于施工。井点法降低地下水位的设备，根据其降深能力分轻型井点（浅井点）和深井点，还有新型的喷射点井与接力点井。下面主要介绍轻型井点。

轻型井点是由井点管、集水总管、普通离心式水泵、真空泵和集水箱等设备所组成的一个排水系统（图 2-23），当深度较大时可以分级布置（图 2-24）。

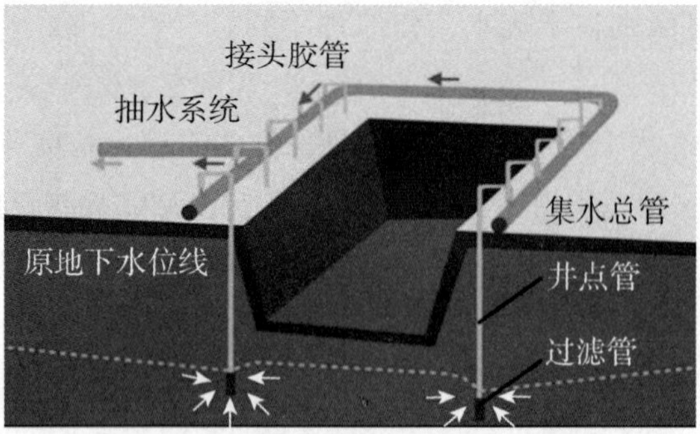

图 2-23　轻型井点降低水位示意图

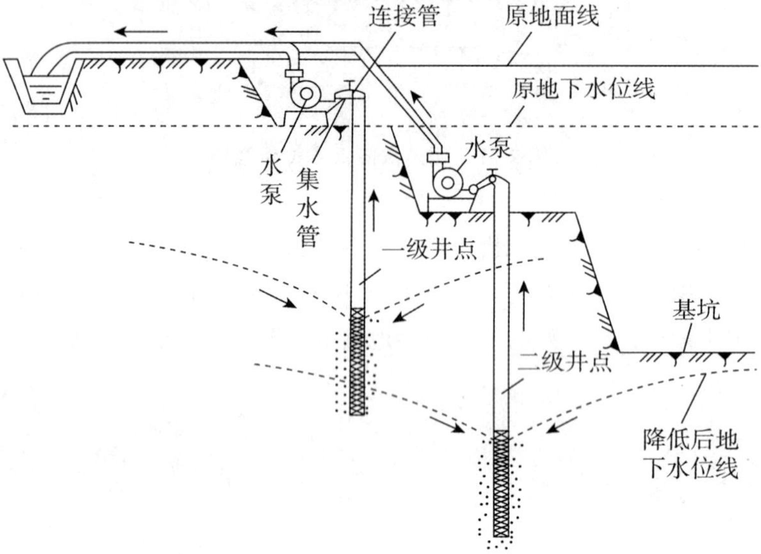

图 2-24　分级井点降低水位示意图

轻型井点可减少基坑开挖边坡坡率，可以用在基坑边坡不稳的情况中；它把井管和水泵的吸水管合二为一，可以用在渗透性弱的黏土、粉土的地层。

实战演练

[经典例题·案例节选]

背景资料：

某平原区枢纽工程由泵站、节制闸等组成，建筑物地基地层结构从上至下依次为淤泥质黏土、中粉质壤土、重粉质壤土、粉细砂、中粗砂等，其中粉细砂和中粗砂层为承压含水层，其厚度为 8.0 m，承压水位高于节制闸底板高程。泵站基坑最大开挖深度为 10.5 m，节制闸基坑最大开挖深度为 6.0 m。在基坑四周布置轻型井点进行基坑排水。

[问题]

1. 基坑排水方案是否合适，为什么？

2. 合适的排水方案是什么？

[答案]

1. 基坑排水方案不合适。

理由：本工程含水层粉细砂和中粗砂层渗透系数较大，且含水层厚度为 8.0 m，因此不宜采用轻型井点降水。

2. 合适的排水方案是管井法降水。

考点 5 汛期施工险情判断与抢险技术★★★

扫码听课

➤ **名师点拨：**该考点是时事关注热点，考频高，形式多样化，要求考生全面掌握。

汛期即河水在一年中有规律显著上涨的时期，在此期间施工需特别加强施工险情的判断与抢险技术的提高，做好应对措施，保证施工安全。

常见的施工险情主要有管涌、漏洞、漫溢等。下面从其判断与抢护方法进行介绍。

一、管涌险情（2022 年选择题考点）

（一）定义

在渗流作用下，非黏性土土体内的细小颗粒沿着粗大颗粒间的空隙通道移动或被渗流带出，致使土层中形成孔道而产生集中涌水的现象，称为管涌，如图 2-25 所示。

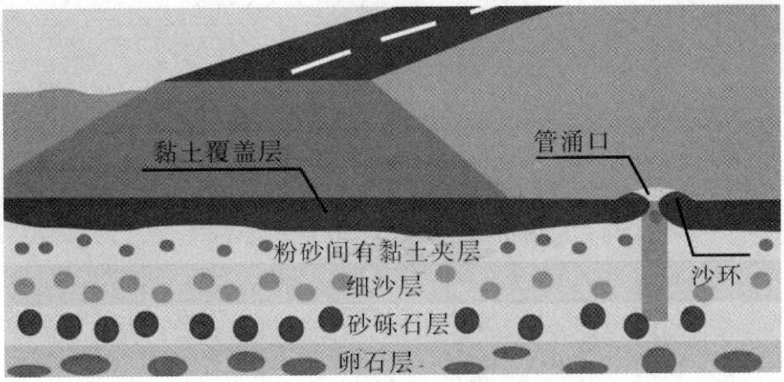

图 2-25　管涌险情示意图

（二）抢护方法

1. 原则

制止涌水带砂，但留有渗水出路。

2. 抢护方法

（1）抢护部位：出口。

（2）具体方法：反滤层压盖（涌水严重、面积大）（图 2-26）、反滤围井（数量不多、面积不大）（图 2-27）。在反滤层压盖及围井内均要使用透水性材料，保证其能渗水。（2020 年、2017 年案例题考点；2018 年、2014 年选择题考点）

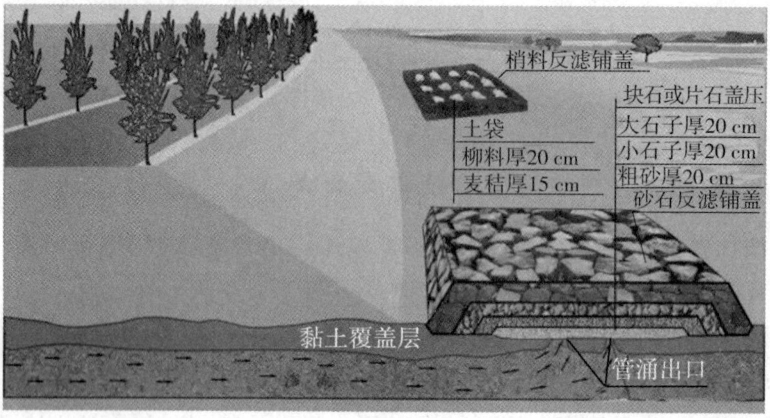

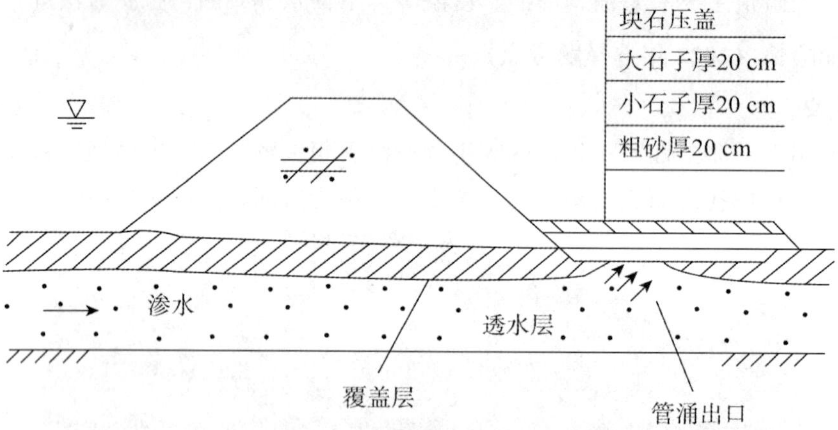

图 2-26　反滤层压盖示意图

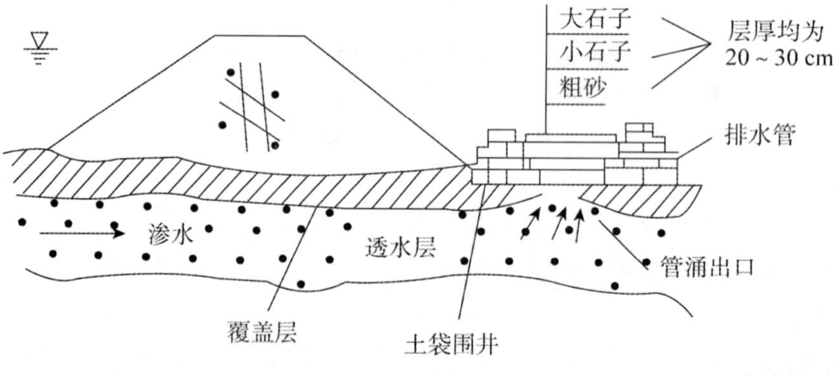

图 2-27　反滤围井示意图

二、漏洞险情

（一）定义

渗流集中，形成横贯堤坝或穿透围堰、基础的渗流孔洞，称为漏洞险情，如图 2-28 所示。

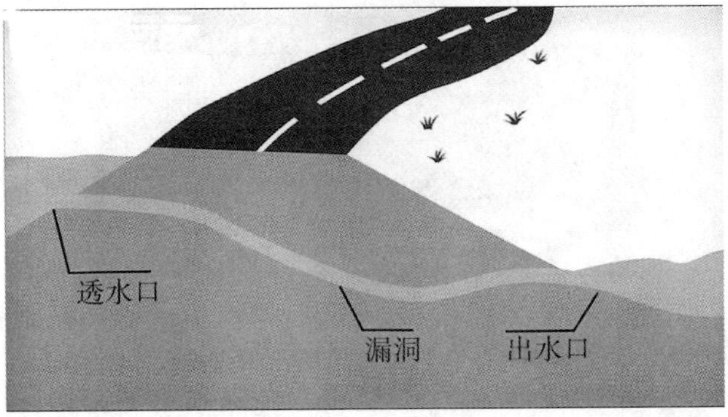

图 2-28　漏洞险情

（二）探测

抢护漏洞，首先要迅速探测漏洞的进口位置和大小，进而决定处理措施。漏洞探测常用的方法有水面观察法、潜水探漏法、探漏杆探测法、编织布查洞法、投放颜料观察水色法等。（2016 年选择题考点）

（三）抢护方法

（1）抢护部位：最有效、最常用的方法是塞堵漏洞进口。（2019 年选择题考点）

（2）具体方法：塞堵法、盖堵法、戗堤法。如表 2-10、图 2-29 所示。（2013 年选择题考点）

表 2-10　漏洞险情的抢护方法

方法名称	具体做法	适用条件
塞堵法	软性材料塞堵	漏洞数量少
盖堵法	复合土工膜排体或篷布盖堵；就地取材盖堵	洞口较多且较为集中
戗堤法 （2016 年选择题考点）	抛黏土填筑	漏洞口多而小，且范围较大

（a）塞堵法

（b）盖堵法

（c）戗堤法

图 2-29　漏洞险情的抢护方法

三、漫溢险情

（一）定义

实际洪水位超过现有堤顶（堰顶、坝顶）高程，或风浪翻过堤顶，洪水漫过进入基坑（堤坝）内的险情称为漫溢，如图 2-30 所示。

图 2-30　漫溢险情

（二）抢护方法

漫溢险情的抢护方法较常用的是在堰顶上加筑子堤，常见的子堤有黏性土堰、袋装土堰、桩板土堰等，如图 2-31 所示。

图 2-31　加筑子堤示意图

四、崩岸险情

（一）定义

崩岸险情是指发生在临水坡，水流淘刷堤坝脚，造成堤坡失稳坍塌的险情，如图 2-32 所示。

图 2-32　崩岸险情

（二）抢护方法

崩岸险情抢护的原则是“缓流防冲，护脚固岸”。具体方法有固脚护岸防冲、沉枝缓流防冲，如图 2-33 所示。

图 2-33　崩岸险情的抢护

实战演练

［2022 真题·多选］关于围堰漏洞险情判断与抢险的说法，正确的有（　　）。

A. 漏洞发生在堰体内部，不易发现

B. 若发现纸屑、碎草等漂浮物在水面打漩，表明此处水下有进水口

C. 上游投放颜料，下游观测水色变化

D. 进水口和出水口同时塞堵是最有效的堵漏方法之一

E. 应采用反滤围井法抢护

［解析］塞堵漏洞进口是抢护漏洞险情最有效、最常用的方法，选项 D 错误。反滤围井法是管涌险情的抢护方法，选项 E 错误。

［答案］ABC

［2020、2017 真题·案例节选］

背景资料：

某拦河闸工程施工采用一次拦断河床围堰导流，上游围堰背水侧发生管涌，施工单位在管涌出口处采用反滤层压盖进行处理。反滤盖层材料包括块石、大石子、小石子、粗砂等，如图 2-34 所示。

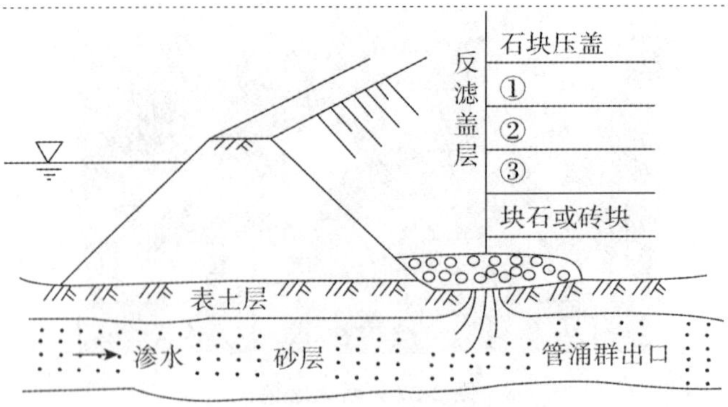

图 2-34 反滤层压盖

[问题]

分别指出图中①、②、③所代表的材料名称。

[答案]

①代表大石子，②代表小石子，③代表粗砂。

[经典例题·案例节选]

背景资料：

2018 年汛前，某合同工程基本完工，由于当年汛期水库防汛形势险峻，为确保水库安全度汛，根据度汛方案，建设单位组织参建单位对土坝和溢洪道进行险情巡查，并制定了土坝和溢洪道工程险情巡查及应对措施预案，部分内容见表 2-11。

表 2-11 土坝和溢洪道工程险情巡查及应对措施预案

序号	巡查部位	可能发生的险情种类	应对措施预案
1	上游坝坡	A	前载后导，临重于背
2	下游坝坡	B	反滤导渗，控制涌水
3	坝顶	C	转移人员、设备，加高抢护
4	坝体	D	快速转移居民，堵口抢筑
5	溢洪道闸门	E	保障电源，抢修启闭设备
6	溢洪道上下游翼墙	墙体前倾或滑移	墙后减载，加强观测

[问题]

根据本工程具体情况，指出表 2-11 中 A、B、C、D、E 分别代表的险情种类。

[答案]

A 代表漏洞险情；B 代表管涌险情；C 代表漫溢险情；D 代表决口；E 代表启闭机螺杆折断或闸门不能启闭。

名师小结

- 施工导流与河道截流
  - 施工导流
    - 导流方式
      - 分期——大、宽
      - 一次——小、窄
      - 辅助——明渠（平）、隧洞（山）、涵管（小）、淹没基坑、底孔、缺口
    - 围堰
      - 类型——土石（4张图）与混凝土（永久结合）
      - 稳定与堰顶——稳定：1.05、1.15；两公式：0.3、0.5
      - 施工——接头处理（嵌入岸坡、刺墙、土工膜）、防冲措施（护底、导流墙）；拆除（混凝土围堰→泄渣、留渣）
    - 泄水建筑物——明渠（30°、3）、隧洞（60°、5）；底孔（骑缝、一半）与缺口（河床）
    - 险情——管涌、漏洞与漫溢
  - 河道截流
    - 截流方式——平堵、立堵、混合堵
    - 设计与施工——龙口宽（流量与流速）与截流材料尺寸或质量（流速）

第三章

水利水电工程主体工程施工

名师导学

从本章开始进入水利水电工程的主体施工。通过施工水流控制（导流与截流）提供干燥的施工环境，遵循自下而上的施工原则，即开挖、地基、坝体施工（土石坝与混凝土坝工程）和安装工程（机电设备与金属结构），在各种施工过程中均涉及安全技术的要求。在学习时，应注意对施工工序的准确掌握，理解每个工序安排的原因，懂得各施工技术要点的原理，真正做到理解、应用技术要点。

本章内容框架基本符合考试大纲，包括土石方开挖、地基处理、土石方填筑、混凝土工程、机电设备及金属结构安装以及施工安全技术。为了让考生更好地理解各个施工要点，在内容上做了优化和补充。

考情分析

近四年考试真题分值统计表（单位：分）

节序	节名	2022 年			2021 年			2020 年			2019 年		
		单选	多选	案例	单选	多选	案例	单选	多选	案例	单选	多选	案例
第一节	土石方开挖工程	1	0	0	0	0	0	1	2	0	0	0	0
第二节	地基处理工程	0	2	4	0	0	10	1	0	0	0	0	0
第三节	土石方填筑工程	1	0	3	1	0	0	0	0	5	0	2	7
第四节	混凝土工程	2	4	0	1	0	8	4	0	0	0	0	0
第五节	水利水电工程机电设备及金属结构安装工程	0	0	0	0	2	0	0	2	5	0	0	0
第六节	渠道施工技术	0	0	0	0	0	0	0	0	0	0	0	0
第七节	水利水电工程施工安全技术	1	0	0	1	0	0	0	0	6	1	0	0
合计		5	6	7	3	2	18	6	4	16	1	2	7

第一节　土石方开挖工程

考点 1 土石分级

根据《水工建筑物地下开挖工程施工规范》（SL 378—2007）附录 A 岩土分级的规定，水利水电工程中常用的土石，共划分为 16 级，其中土分 4 级，岩石分 12 级。（2020 年、2018 年、2015 年选择题考点）

一、土的分类

一般工程土的分类见表 3-1-1。（2022 年选择题、2013 年案例题考点）

表 3-1-1　一般工程土的分类

土质等级	土质名称	自然湿容重 /（$kg \cdot m^{-3}$）	外形特性	开挖方式
Ⅰ	（1）砂土； （2）种植土	1 650～1 750	疏松，黏着力差或易进水，略有黏性	用锹或略加脚踩开挖
Ⅱ	（1）壤土； （2）淤泥； （3）含壤种植土	1 750～1 850	开挖时能成块，并易打碎	用锹，需用脚踩开挖
Ⅲ	（1）黏土； （2）干燥黄土； （3）干淤泥； （4）含少量砾石的黏土	1 800～1 950	黏手，看不见砂粒或干硬	用镐、三齿耙开挖或用锹需用力加脚踩开挖
Ⅳ	（1）坚硬黏土； （2）砾质黏土； （3）含卵石黏土	1 900～2 100	壤土结构坚硬，将土分裂后呈块状或含黏粒砾石较多	用镐、三齿耙开挖

二、岩石的分类

（一）岩石按坚固系数的分级

岩石根据坚固系数的大小分为 12 级（Ⅴ～ⅩⅥ级）。其中，Ⅵ～ⅩⅣ的坚固系数以 2 为级差。具体分类见表 3-1-2。（2011 年选择题考点）

表 3-1-2　岩石按坚固系数的分级

岩石级别	坚固系数
Ⅴ	1.5～2.0
Ⅵ	2.0～4.0
Ⅶ	4.0～6.0
Ⅷ	6.0～8.0

续表

岩石级别	坚固系数
Ⅸ	8.0～10.0
Ⅹ	10～12
Ⅺ	12～14
Ⅻ	14～16
XIII	16～18
XIV	18～20
XV	20～25
XVI	25 以上

（二）按形成条件分类

岩石按形成条件的分类见表 3-1-3。（2017 年、2014 年、2013 年选择题考点）

表 3-1-3　岩石按形成条件的分类

类型	常见岩石
火成岩（岩浆岩）	花岗岩
	闪长岩
	辉长岩
	辉绿岩
	玄武岩
水成岩（沉积岩）	石灰岩
	砂岩
变质岩	片麻岩

实战演练

[2018 真题·单选] 水利水电工程施工中，按开挖方法和开挖难易程度等，将土分为（　　）类。

A. 3　　B. 4

C. 5　　D. 6

[解析] 水利水电工程施工中，常用土按开挖方法、开挖难易程度等，分为 4 类。

[答案] B

[2017 真题·多选] 岩浆岩包括（　　）。

A. 花岗岩　　B. 大理岩

C. 石英岩　　D. 辉绿岩

E. 玄武岩

[解析] 火成岩又称岩浆岩，主要包括花岗岩、闪长岩、辉长岩、辉绿岩、玄武岩等。

[答案] ADE

考点 2 土方开挖技术

一、人工开挖

人工开挖是原始且通用的方法，主要用于不能用机械开挖的地方或者机械储备不足的情况。由于水工建筑物的特殊性，在基础开始施工时应做好排水工作。一般情况下，先设置排水沟，然后分层下挖。需要注意的是，不能直接挖到建基面或者设计高程，需要预留0.2～0.3 m的保护层暂时不开挖。(2020年选择题、2013年案例题、2010年选择题考点)

二、机械开挖

常见的开挖机械有很多种，这里主要介绍水利水电工程施工过程中常用的机械，如挖运组合机械的铲运机、推土机；挖掘机械的挖掘机；装运组合机械的装载机。

(一) 挖运组合机械

1. 铲运机

(1) 用途。

铲运机是一种利用铲斗铲削土壤，并将碎土装入铲斗进行运送的铲土运输机械，能够完成铲土、装土、运土、卸土和分层填土、局部碾实的综合作业的铲土运输机械，适用于Ⅰ～Ⅲ类土。

(2) 分类。

根据不同分类标准，铲运机的分类见表 3-1-4。

表 3-1-4　铲运机的分类

分类标准	铲运机类型
行走方式	拖式和自行式两种（图 3-1-1）
操纵方式	液压操纵和机械操纵两种
铲运机的卸土方式	强制式、半强制式和自由式三种（2014 年选择题考点）
铲斗容量	铲斗容量少于 6 m^3 为小型；6～15 m^3 为中型；15 m^3 以上为大型

(a) 拖式铲运机　　(b) 自行式铲运机

图 3-1-1　拖式铲运机和自行式铲运机

(3) 作业过程。

铲运机的作业过程包括铲土过程、运土过程、卸土过程和返回过程。

2. 推土机

(1) 用途。

推土机主要用于推土、平整建筑场地、堆积松散材料、清除杂物等，开挖与推运土料

第三章

时，其运距一般不超过 100 m。

(2) 分类。

按不同分类标准，推土机的分类见表 3-1-5。

表 3-1-5 推土机的分类

分类标准	推土机类型
行走装置	履带式
	轮胎式
传动方式	机械式
	液力机械式
	液压式
推土铲安装方式（图 3-1-2）	回转式
	固定式

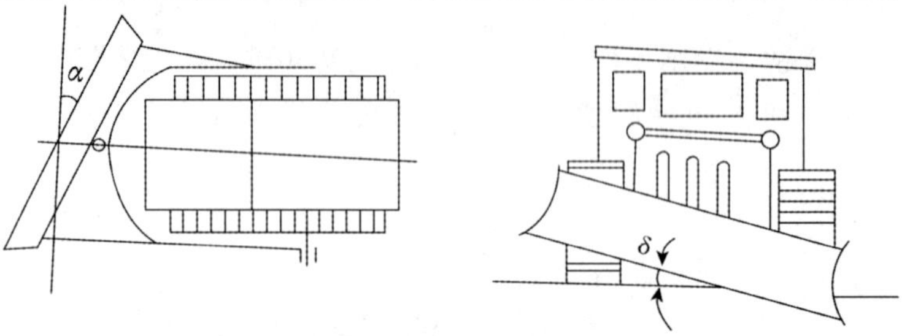

(a) 回转式　　(b) 固定式

图 3-1-2 固定式推土机和回转式推土机示意图

(二) 挖掘机械

常见的挖掘机械是挖掘机，其分类见表 3-1-6。

表 3-1-6 挖掘机分类

分类方法	挖掘机类型	备注
单斗式（图 3-1-3）	正铲挖掘机	(1) 适用于Ⅰ～Ⅳ类土； (2) 工作特点：向前向上，强制切土，主要挖掘停机面以上的掌子
	反铲挖掘机	(1) 适用于Ⅰ～Ⅲ类土； (2) 工作特点：向后向下，强制切土，主要挖掘停机面以下的掌子，多用于开挖深度不大的基槽和水下石渣
	索铲（拉铲）挖掘机	(1) 适用于Ⅰ～Ⅱ类土； (2) 工作特点：向后向下，自重切土，多用于基槽、沟渠和水下土石的挖掘
	抓铲挖掘机	(1) 适用于Ⅰ～Ⅱ类土； (2) 工作特点：直上直下，自重切土，多用于较松散的土

续表

分类方法	挖掘机类型	备注
多斗式	链斗式	不能挖掘硬土、岩石或冻土
	斗轮式	
	滚切式	

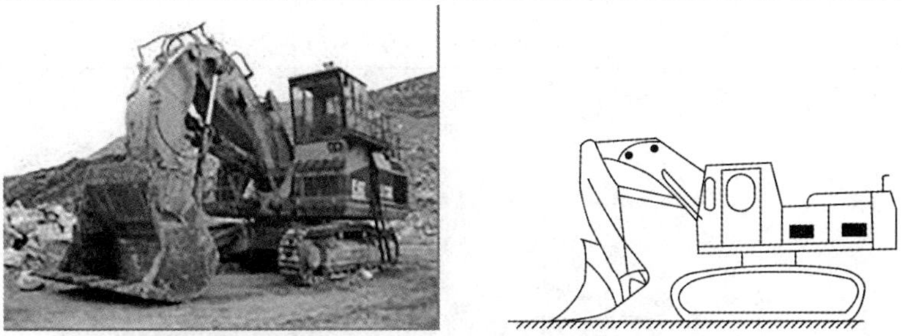

（a）正铲挖掘机

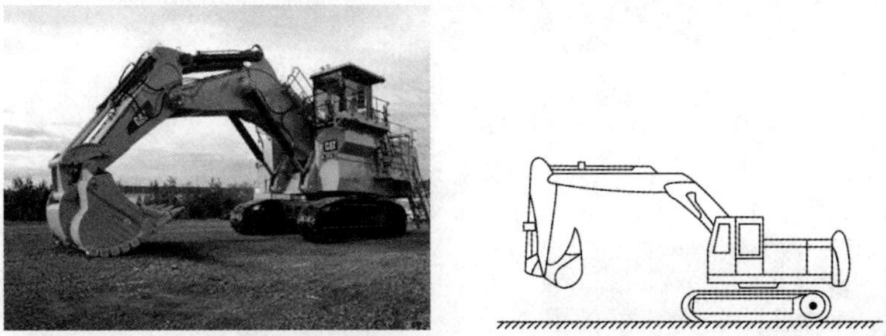

（b）反铲挖掘机

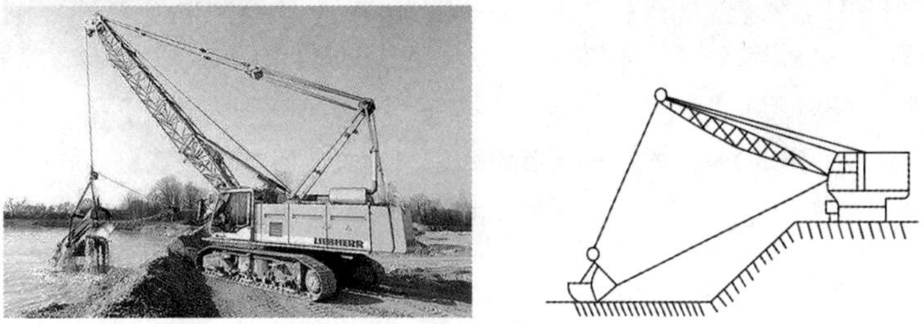

（c）拉铲挖掘机

（d）抓铲挖掘机

图 3-1-3　常见的单斗挖掘机

（三）装运组合机械

常见的装运组合机械是装载机，其分类见表 3-1-7。

表 3-1-7　装载机类型

分类标准	装载机类型
行走装置	轮式和履带式两种
卸载方式（图 3-1-4）	前卸式、后卸式、侧卸式和回转式四种
额定载重量	小型（<1 t）、轻型（1～3 t）、中型（4～8 t）、重型（>10 t）四种

注： 机械载重中重量与质量用法相同，一般采用“重量”一词。

（a）前卸式　（b）后卸式　（c）侧卸式　（d）回转式

图 3-1-4　前卸式、后卸式、侧卸式、回转式装载机

实战演练

［**2014 真题 · 多选**］铲运机按卸土方式可分为（　　）。

A. 回转式　　B. 强制式

C. 半强制式　　D. 自由式

E. 自行式

［**解析**］铲运机按卸土方式可分为强制式、半强制式和自由式三种。

［**答案**］BCD

［**2013 真题 · 案例节选**］

背景资料：

某平原区拦河闸工程，闸室地基为含少量碎石的黏土，自然湿容重为 1 820～1 900 kg/m^3。基坑开挖时，施工单位采用反铲挖掘机配自卸汽车将闸室地基挖至建基面高程，弃土运距为 1 km。

［问题］

1. 根据《土的工程分类标准》（GB/T 50145—2007），依据土的开挖方法和难易程度，土可分为几类？本工程闸室地基土属于哪一类？

2. 背景资料中，施工单位选用的土方开挖机具和开挖方法是否合适？简单说明理由。

［答案］

1.（1）根据《土的工程分类标准》（GB/T 50145—2007），依据土的开挖方法和难易程度，土共分为Ⅰ、Ⅱ、Ⅲ、Ⅳ四类。

（2）本工程闸室地基土属于Ⅲ类土。

2.（1）施工单位选用的土方开挖机具（反铲挖掘机）合适。

理由：反铲挖掘机适用于Ⅰ～Ⅲ类土的开挖，而本题中的土属于Ⅲ类土，故选用反铲挖掘机合适。

（2）施工单位的开挖方法不合适。

理由：临近建基面时，应留出0.2～0.3 m的保护层暂不开挖，不能直接挖至建基面。

考点 3　石方开挖技术

一、水利水电工程中的岩石开挖爆破技术

爆破技术在水利水电工程中应用较为广泛，如水工建筑物岩石基础和高边坡的开挖、定向爆破筑坝、岩塞爆破、面板堆石坝填筑材料开采、围堰和岩坎的爆破等方面。

二、爆破器材与起爆方法

（一）爆破器材

常用的起爆器材包括雷管、用来引爆雷管或传递爆轰波的各种材料。雷管是用来引爆炸药的器材，根据点火装置的不同，分为火雷管和电雷管。导火索用来激发火雷管。水利水电工程中常用露天导爆索，其构造类似于导火索，但其药芯为黑索金，外表涂成红色，以示区别。导爆管用于导爆管起爆网路中冲击波的传递，需用雷管引爆。

（二）起爆方法

不同起爆方法见表3-1-8。（2018年、2014年选择题考点）

表3-1-8　起爆方法

起爆类型	说明
火花起爆	（1）深孔、竖井、倾角大于30°的斜井、有瓦斯和粉尘爆炸危险等工作面的爆破，禁止采用火花起爆； （2）点燃导火索应使用香或专用点火工具，禁止使用火柴、香烟和打火机
电力起爆	（1）用于同一爆破网路内的电雷管，电阻值应相同； （2）网路中的支线、区域线和母线彼此连接之前，各自的两端应短路、绝缘； （3）装炮前，工作面一切电源应切断； （4）雷雨天严禁采用电爆网路

续表

起爆类型	说明
导爆索起爆	(1) 导爆索只准用快刀切割，不得用剪刀剪断； (2) 支线要顺主线传爆方向连接，搭接长度不应少于 15 cm
导爆管起爆	(1) 禁止导爆管打结，禁止在药包上缠绕； (2) 一个 8 号雷管起爆导爆管的数量不宜超过 40 根，层数不宜超过 3 层

三、爆破的基本方法

按照药室的形状不同，工程爆破的基本方法主要可分为钻孔爆破和洞室爆破两大类。爆破方法的选用取决于工程规模、开挖强度和施工条件。另外，在岩体的开挖轮廓线上，为了获得平整的轮廓面、控制超欠挖和减少爆破对保留岩体的损伤，通常采用预裂或光面爆破等轮廓爆破技术。爆破的基本方法见表 3-1-9。

表 3-1-9 爆破的基本方法

方法	定义	特点		适用范围
		优点	缺点	
浅孔爆破法	炮孔直径小于或等于 50 mm、炮孔深度不大于 5 m	控制开挖面的形状和规格，使用的钻孔机具较简单，操作方便	劳动生产率较低	各种地形条件下小规模的开采
深孔爆破法	炮孔直径大于50 mm 并且炮孔深度大于 5 m	劳动生产率高，适用于大规模爆破	技术要求高、钻孔效率低、装药过程易堵孔	大型基坑开挖和大型采石场开采
洞室爆破法（大爆破）	洞室爆破的药室是专门开挖的洞室	洞室爆破大体上可分为松动爆破、抛掷爆破和定向爆破。根据《水工建筑物岩石基础开挖工程施工技术规范》（DL/T 5389—2007）的规定，严禁在设计建基面、设计边坡附近采取洞室爆破法或药壶爆破法施工（2019 年选择题考点）		
预裂爆破法	所谓预裂爆破，即首先起爆布置在设计轮廓线上的预裂爆破孔药包，形成一条沿设计轮廓线贯穿的裂缝，然后在该人工裂缝的屏蔽下进行主体开挖部位的爆破，保证保留岩体免遭破坏，如图 3-1-5 所示	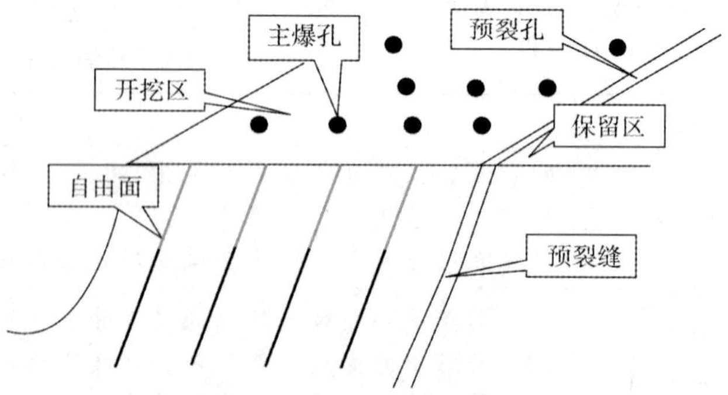 图 3-1-5 预裂爆破示意图		

续表

方法	定义	特点		适用范围
		优点	缺点	
光面爆破法（地下工程）	光面爆破是先爆除主体开挖部位的岩体，然后起爆布置在设计轮廓线上的周边孔药包，将光爆层炸除，形成一个平整的开挖面，如图 3-1-6 所示	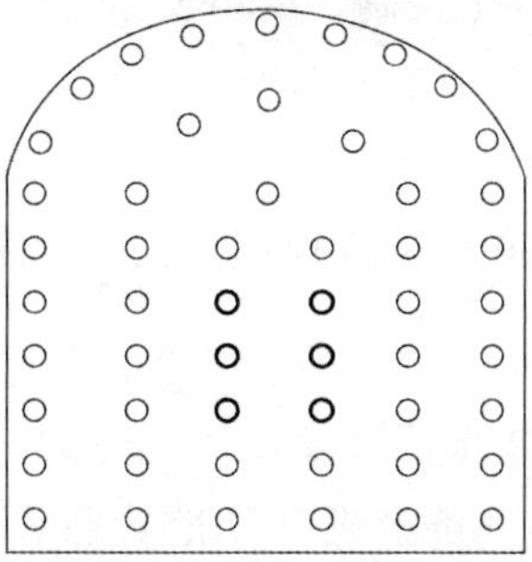 图 3-1-6　光面爆破示意图		

无论是浅孔还是深孔爆破，施工中均须形成台阶状，以合理布置炮孔，钻孔台阶爆破炮孔布置如图 3-1-7 所示。（2011 年案例题考点）

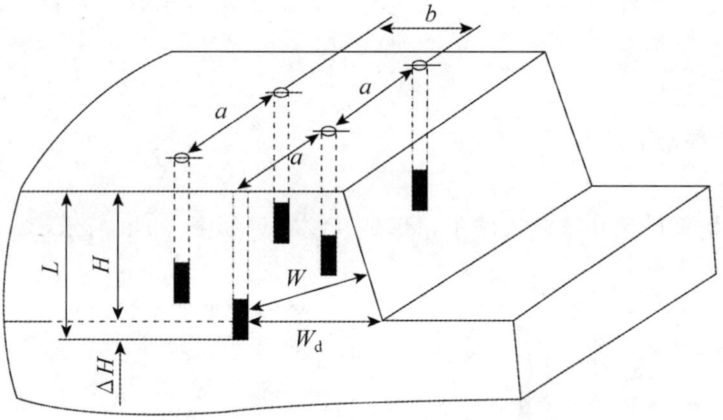

L—钻孔深度；H—梯段高度；W—最小底盘抵抗线；

W_d—底盘抵抗线；a—炮孔间距；b—排距；ΔH—超钻深度。

图 3-1-7　钻孔台阶爆破炮孔布置

四、爆破后检查

《水电水利工程爆破施工技术规范》（DL/T 5135—2013）规定，爆破后检查时应注意：

（1）明挖爆破时，应在爆破后 5 min 进入工作面；当不能确认有无盲炮时，应在爆破后 15 min 进入工作面。

（2）地下洞室爆破应在爆破后 15 min，并经检查确认洞室内空气合格后，方可准许人员进入工作面。

（3）拆除爆破应等待倒塌建（构）筑物和保留建（构）筑物稳定之后，方可准许人员进入现场。

五、爆破公害及安全控制

在完成岩石爆破破碎的同时，爆破作业必然会伴随爆破飞石、地震波、空气冲击波、噪声、粉尘和有毒气体等负面效应，即爆破公害。

爆破公害主要从以下四个方面进行控制与防护：

（1）在爆源上控制，削弱公害强度。

（2）在传播途径上控制，削弱公害强度。如预裂爆破、开挖减震槽、覆盖、设立防波屏等。

（3）在保护对象上进行防护，防止公害损伤（破坏）。如直接防护、防震沟、防护屏、表面覆盖等。

（4）在管理措施上进行控制，防止公害损伤（破坏）。

实战演练

［**经典例题·单选**］沿设计开挖轮廓线钻一排预裂炮孔，在主体开挖部位未爆破之前先行爆破，从而获得一条沿设计开挖轮廓线贯穿裂缝的爆破方法是（　　）。

A. 洞室爆破法　　B. 预裂爆破法

C. 光面爆破法　　D. 深孔爆破法

［**解析**］所谓预裂爆破，即首先起爆布置在设计轮廓线上的预裂爆破孔药包，形成一条沿设计轮廓线贯穿的裂缝，然后在该人工裂缝的屏蔽下进行主体开挖部位的爆破，保证保留岩体免遭破坏。

［**答案**］B

［**经典例题·案例节选**］

背景资料：

岸坡石方开挖采用深孔爆破法施工，爆破开挖布置如图 3-1-8 所示：

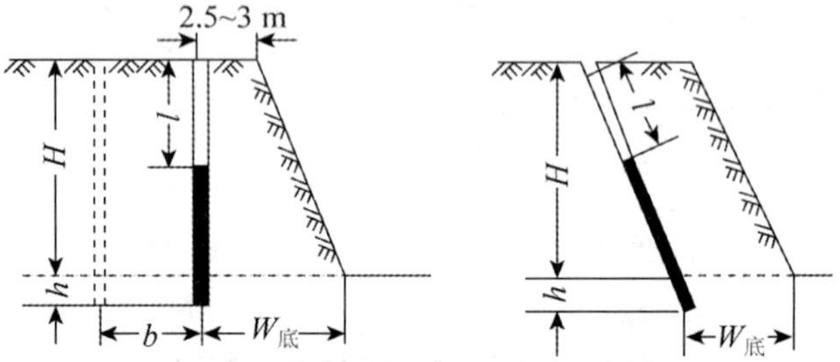

图 3-1-8　爆破开挖布置

［**问题**］

指出图中的 H、l、h、b、$W_{底}$ 分别代表的含义。

［**答案**］

H——梯段高度；l——堵塞长度；h——超钻深度；b——排距；$W_{底}$——底盘抵抗线。

第三章

名师小结

- 土石方开挖工程
  - 土石分级
    - 土+石=4+12=16
    - III类土：黏土、含少量砾石的黏土
    - 火成岩、水成岩（砂、石灰）、变质岩（大片石）
  - 土方开挖
    - 机械：反铲挖掘机（I~III）、推土机（100 m）、铲运机（自行式与拖式、自由与强制式）、装载机（前后侧回）
    - 人工：保护层（0.2~0.3 m）
  - 石方开挖
    - 爆破工序：“孔药爆装卸”
    - 起爆方法：火花、电力、导爆索、导爆管起爆
    - 爆破方法：深孔与浅孔（5 m、开挖布置图）；洞室与药壶（严禁）；预裂（前、防止或减弱）；光面（后、地下工程）

第二节　地基处理工程

考点 1　水工建筑物的地基类型及特点

水工建筑物的地基类型及特点见表 3-2-1。

表 3-2-1　水工建筑物的地基类型及特点

地基分类		组成	特点
硬基	岩基	由岩石构成的地基	—
软基	砂砾石地基	由砂砾石、砂卵石等构成的地基	空隙大，渗透性强
	软土地基	由淤泥、壤土、粉细砂等细微粒子的土质构成的地基	压缩性大、含水量大、渗透系数小、水分不易排出、承载能力差、沉陷大、触变性强

实战演练

[经典例题·多选] 与砂砾石地基相比，软土地基具有的特点有（　　）。

A. 承载能力差

B. 空隙率大

C. 压缩性大

D. 渗透性强

E. 触变性强

[解析] 软土地基具有压缩性大、含水量大、渗透系数小、水分不易排出、承载能力差、沉陷大、触变性强等特点。

[答案] ACE

考点 2　地基开挖与清理

地基开挖与清理包括场地平整和基坑基槽开挖两方面的工作内容。

遵循的原则：清除先表后里，开挖要有保护层，岸坡坡度要注意。不同地基涉及的注意事项不同，具体见表 3-2-2。

表 3-2-2　土坝地基的开挖与清理

地基类型	清理	开挖	
		坡度	保护层
土基	废料	开挖时对于岸坡的要求是：大致平顺，不应成台阶状；当出现上缓下陡时，边坡角应小于20°，岸坡坡度宜小于等于1∶1.5	留有0.2～0.3 m的保护层
	土层		
岩基	表层	岩石岸坡坡度一般宜小于等于1∶0.5	对于风化变质的软岩石，开挖时按“土基”处理，预留保护层

➤ **注意：**混凝土坝一般建立在岩基上，地基处理时要求控制其上下游高差，为了维持稳定性尽量开挖成大台阶状。

考点 3　地基处理的基本方法

➤ **名师点拨：**该考点属于基础知识，要了解这些基本方法，以便于掌握方法的应用。

地基处理的基本方法见表 3-2-3。（2022 年选择题考点）

表 3-2-3　地基处理的基本方法

基本方法	说明
灌浆［图 3-2-1（a）］	达到加固、防渗等工程目的的技术措施
防渗墙［图 3-2-1（b）］	防渗墙一般用于较深的透水地基 黏土截水槽［图 3-2-1（c）］用在较浅的透水地基
置换法［图 3-2-1（d）］	当软弱土地基的承载力和变形满足不了建筑物的要求，而软弱土层的厚度又不是很大时，可将基础底面下处理范围内的软弱土层部分或全部挖去，然后分层换填强度较大的砂、碎石、素土、灰土、高炉干渣、粉煤灰或其他性能稳定、无侵蚀性的材料，并压（夯、振）实至要求的密实度为止，这种地基处理的方法称为置换法
排水法［图 3-2-1（e）］	为了将软基内的水排走，可以在其表层或内部设置水平或垂直排水通道
挤实法［图 3-2-1（f）］	以冲击或振动的方法强力将砂、石等材料挤入软土地基中，形成较大的密实柱体，提高软土地基的整体抗剪强度，减少沉降

续表

基本方法	说明	
灌注桩 （图 3-2-2）	按受力情况分类	摩擦型桩（侧摩擦阻力）：摩擦桩、端承摩擦桩
		端承型桩（桩端阻力）：端承桩、摩擦端承桩
	按功能分类	承受轴向压力
		承受轴向拔力（抗浮桩、塔架锚固桩等）
		承受水平荷载（挡土桩、抗滑桩等）
	按成孔方法分类	机械成孔：挤土成孔灌注桩（如沉管灌注桩） 取土成孔灌注桩（泥浆护壁钻孔灌注桩、干作业成孔灌注桩和全套管法成孔灌注桩）
		人工成孔

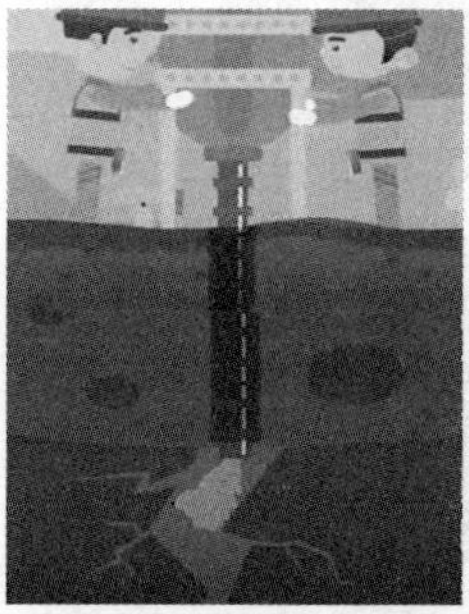

（a）灌浆示意图

（b）防渗墙

（c）截水槽

（d）置换法施工

（e）排水法示意图

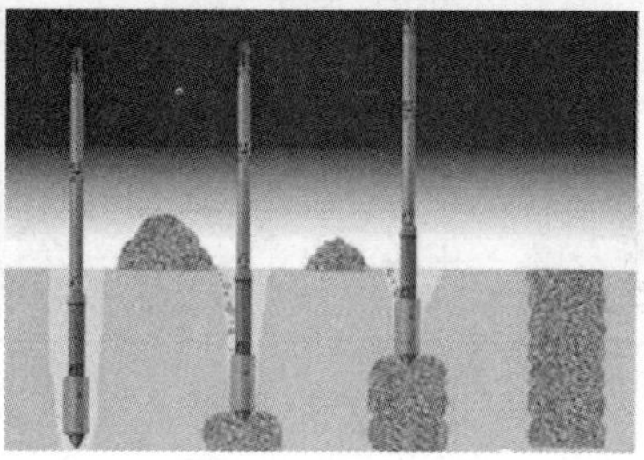

（f）挤实法示意图

图 3-2-1　地基处理的基本方法

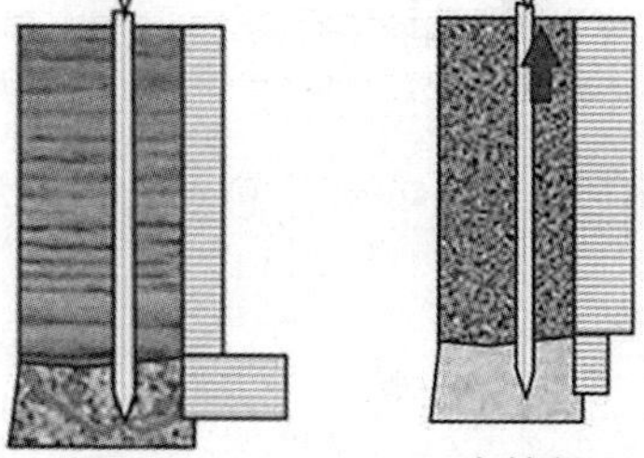

端承桩　　摩擦桩

（a）端承桩和摩擦桩示意图

（b）抗浮桩

（c）塔架锚固桩

（d）挡土桩

（e）抗滑桩

图 3-2-2　地基处理的基本方法——灌注桩

考点 4　常见地基处理的适用方法

常见地基处理的适用方法见表 3-2-4。

表 3-2-4　常见地基处理的适用方法

地基类型	适用方法
岩基	灌浆、局部开挖回填
砂砾石地基	开挖、帷幕灌浆、防渗墙、设水平铺盖（2016 年、2011 年选择题考点）
软土地基	开挖、高压喷射灌浆、桩基础、置换法、排水法、挤实法（2018 年选择题考点）

实战演练

［2018 真题·多选］ 下列地基处理方法中，适用于水利水电工程软土地基处理的方法有（　　）等。

A. 置换法　　B. 排水法

C. 强夯法　　D. 挤实法

E. 预浸法

［解析］ 软土地基处理的适用方法有开挖、高压喷射灌浆、桩基础、置换法、排水法、挤实法等。

［答案］ ABD

考点 5　灌浆技术

扫码听课

一、灌浆技术的概念

灌浆是将某些固化材料，如水泥、石灰或其他化学材料灌入基础下一定范围内的地基岩土中，以填塞岩土中的裂缝和孔隙，防止地基渗漏，提高岩土的整体性、强度和刚度。

二、灌浆的基本分类

根据《水工建筑物水泥灌浆施工技术规范》（SL 62—2020）的规定，灌浆的基本分类见表 3-2-5。

表 3-2-5　灌浆的基本分类

分类标准	灌浆类型	备注
灌浆材料	水泥灌浆	—
	黏土灌浆	—
	化学灌浆	—
灌浆目的	帷幕灌浆（图 3-2-3）	形成防水帷幕，减小渗流量或降低渗透压力
	固结灌浆（图 3-2-3）	面状布孔，灌入裂隙、孔隙；提高岩体的整体性和承载能力
	接触灌浆（图 3-2-3）	加强建筑物与地基或围岩间的结合能力（2020 年选择题考点）
	接缝灌浆	灌入相邻坝块间的缝面，使坝体混凝土连成整体
	回填灌浆	填充混凝土与围岩或混凝土与钢板之间的空隙和孔洞，增强围岩或结构的密实性
灌浆地层	岩石地基灌浆	—
	砂砾石地层灌浆	—
	土层灌浆	—
灌浆压力	常压灌浆	—
	高压灌浆	灌浆压力在 3 MPa 以上的灌浆

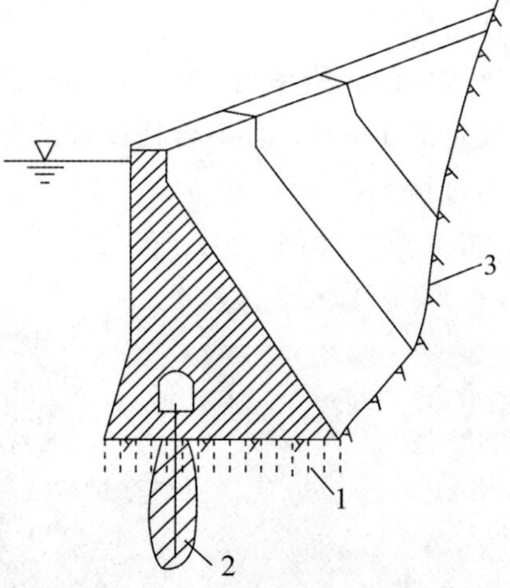

1—固结灌浆；2—帷幕灌浆；3—接触灌浆

图 3-2-3　基岩灌浆示意图

三、常见的灌浆技术

（一）帷幕灌浆（2021 年、2018 年案例题考点）

1. 定义

帷幕灌浆是将浆液灌入岩体或土层的裂隙、孔隙，形成连续的阻水帷幕，以减小渗流量和降低渗透压力的灌浆工程。

2. 工序

帷幕灌浆的工序如图 3-2-4 所示。

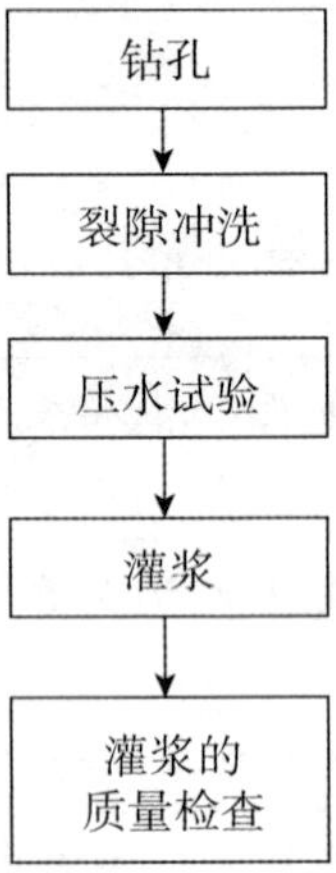

图 3-2-4　帷幕灌浆的工序

3. 注意事项

（1）帷幕灌浆必须按分序加密的原则进行：

①由三排孔组成的帷幕，应先灌注下游排孔，再灌注上游排孔，然后进行中排孔的灌浆，每排分为二序施工。

②由两排孔组成的帷幕，先灌注下游排，后灌注上游排，每排可分为二序或三序。

③单排孔帷幕应分为三序帷幕。

（2）帷幕灌浆工程质量的评定标准。

坝体混凝土与基岩接触段透水率的合格率为 100%，其余各段的合格率不小于 90%，不合格试段的透水率不超过设计规定的 150%，且不合格试段的分布不集中；其他施工或测试资料基本合理，灌浆质量可评为合格。

分序加密如图 3-2-5 所示，灌浆顺序如图 3-2-6 所示。

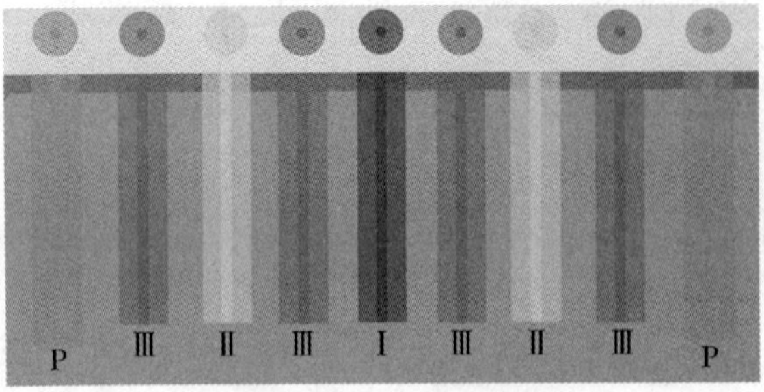

图 3-2-5　分序加密示意图

图 3-2-6　灌浆顺序示意图

（二）固结灌浆

1. 定义

固结灌浆是用浆液灌入岩体裂隙或破碎带，以提高岩体的整体性和抗变形能力为主要目的的灌浆工程。

2. 工序

固结灌浆的工序如图 3-2-7 所示。

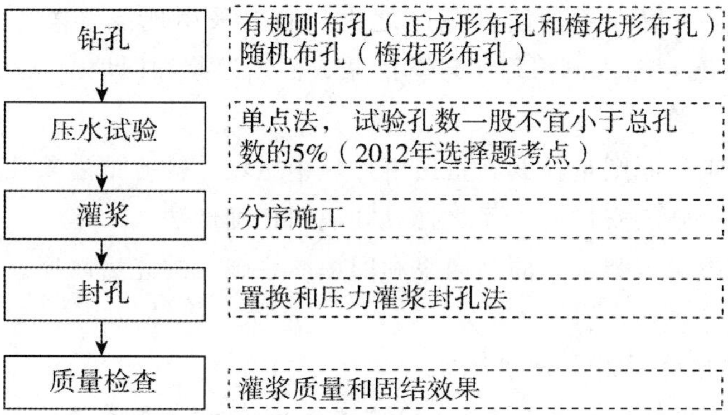

图 3-2-7　固结灌浆的工序

3. 注意事项

（1）固结灌浆孔应按分序加密，浆液应按先稀后浓的原则进行。

（2）岩基灌浆时，一般先进行固结灌浆，后进行帷幕灌浆，可以抑制帷幕灌浆时地表抗动和冒浆。

（3）水工隧洞灌浆时，一般先进行回填灌浆，后进行固结灌浆，再进行接缝灌浆。（2018 年案例题、2017 年选择题考点）

（4）质量合格标准：

单元工程内检查孔各段的合格率应达到 85%以上，不合格孔段的透水率值不超过设计规定值的 150%，且不集中分布；其他施工或测试资料基本合理，灌浆质量可评为合格。

（三）化学灌浆

化学灌浆是将一定的化学材料（无机或有机材料）配制成溶液，用化学灌浆泵等压送设备将其灌入地层或缝隙内，使其渗透、扩散、胶凝或固化，以增加地层强度、降低地层渗透性、防止地层变形和进行混凝土建筑物裂缝修补的一项加固基础、防水堵漏和混凝土缺陷补强技术。一般其溶液有低毒性，因此在灌浆过程中注意封闭，采取纯压式进行灌浆。

（四）高压喷射灌浆

高压喷射灌浆（简称高喷灌浆或高喷）是采用钻孔，将装有特制合金喷嘴的注浆管下到预定位置，然后用高压水泵或高压泥浆泵（20～40 MPa）将水或浆液通过喷嘴喷射出来，冲击破坏土体，使土粒在喷射流束的冲击力、离心力和重力等综合作用下，冲击、切割、破碎地层土体，并以水泥基质浆液充填、掺混其中，形成桩柱或板墙状的凝结体，用以提高地基防渗或承载能力的施工技术。

实战演练

[经典例题·案例节选]

背景资料：

事件一：主坝帷幕由三排灌浆孔组成，分别为上游排孔、中间排孔和下游排孔。各排孔均按二序进行灌浆施工；主坝帷幕后布置排水孔和扬压力观测孔。施工单位计划安排排水孔和扬压力观测孔与帷幕灌浆同期施工。

事件二：输水洞布置在主坝防渗范围之内，洞内采用现浇混凝土衬砌，衬砌厚度为0.5 m。根据设计方案，输水洞采取了帷幕灌浆、固结灌浆和回填灌浆的综合措施。

[问题]

1. 帷幕灌浆施工的原则是什么？指出事件一中主坝三排帷幕灌浆孔施工的先后顺序。

2. 指出事件一中施工安排的不妥之处，并说明正确做法。

3. 指出事件二中帷幕灌浆、固结灌浆和回填灌浆施工的先后顺序。

[答案]

1. (1) 帷幕灌浆的原则是分序加密。

(2) 事件一中主坝三排帷幕灌浆孔施工的先后顺序：应先灌注下游排孔，再灌注上游排孔，然后进行中间排孔的灌浆。

2. 不妥之处：施工单位计划安排排水孔和扬压力观测孔与帷幕灌浆同期施工。

正确做法：帷幕后的排水孔和扬压力观测孔必须在相应部位的帷幕灌浆完成并检查合格后，方可钻进。

3. 事件二中，宜按照先回填灌浆、后固结灌浆、再帷幕灌浆的顺序进行。

考点 6 防渗墙施工技术

一、防渗墙的作用及结构特点

防渗墙是一种由混凝土材料浇筑形成的防渗结构，但因其材质与结构的特性，防渗墙实际的应用已远远超出了防渗的范围，其还可用来解决防冲、加固、承重及地下截流等工程问题。

混凝土防渗墙的类型较多，但依据其构造特点主要有两类：槽孔（板）型防渗墙和桩柱型防渗墙。前者是我国水利水电工程中混凝土防渗墙的主要形式。

防渗墙是垂直防渗措施，其立面布置有两种形式：封闭式与悬挂式。封闭式防渗墙，墙体插入到基岩或相对不透水层一定深度，以实现全面截断渗流的目的。而悬挂式防渗墙，墙体只深入地层一定深度，仅能加长渗径，无法完全封闭渗流。

二、防渗墙的墙体材料

防渗墙的墙体材料，按其抗压强度和弹性模量，一般分为刚性材料和柔性材料。可根据工程性质及技术经济比较后，选择合适的墙体材料。刚性材料包括普通混凝土、黏土混凝土和掺粉煤灰混凝土等。

第三章

三、施工工艺

水利水电工程中的混凝土防渗墙，以槽孔型为主，是由一段段槽孔套接而成的地下连续墙。尽管在应用范围、构造形式和墙体材料等方面存在各种类型的防渗墙，但其施工程序与工艺是基本类似的，主要包括：(2021 年案例题考点)

第一步：平整场地（造孔前的准备工作）。

第二步：为了准确定位，需要挖导槽、做导墙。

第三步：安装挖槽机械设备。

第四步：该防渗墙采取泥浆固壁法施工，因此该步骤需要制备泥浆注入导槽，造孔成槽。

第五步：混凝土浇筑成墙。

第六步：质量检查。

四、防渗墙的质量检查（2022 年案例题考点）

根据《水利水电工程混凝土防渗墙施工技术规范》（SL 174—2014）的规定，防渗墙的质量检查包括工序质量检查和墙体质量检查，见表 3-2-6。

表 3-2-6　防渗墙的质量检查

质量检查	内容
工序质量检查	各个工序均需质量检查，如和钻孔相关的工序：造孔、终孔、清孔等，还包括混凝土浇筑、预埋件检查等
墙体质量检查	时间：成墙 28 天后进行
	方法：钻孔取芯、注水试验或其他检测等

实战演练

[经典例题·多选] 混凝土防渗墙的检查方法包括（　　）。

A. 开挖检测

B. 取芯试验

C. 注水试验

D. 光照试验

E. 无损检验

[解析] 混凝土防渗墙的检查可采用钻孔取芯、注水试验或其他检测等方法。

[答案] BC

[2021 真题·案例分析]

背景资料：

某小型水库枢纽工程由均质土坝、溢洪道、左岸输水涵和右岸输水涵等建筑物组成，帷幕位于防渗墙底部。土坝横剖面示意图如图 3-2-8 所示。

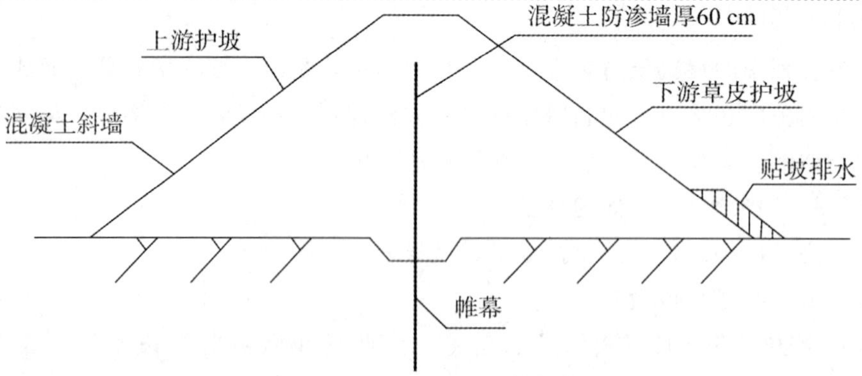

图 3-2-8　土坝横剖面示意图

[问题]

本工程混凝土防渗墙成槽施工前，需做哪些准备工作？

[答案]

本工程混凝土防渗墙成槽施工前需做平整场地、挖导槽、做导墙、安装挖槽机械设备、制备泥浆注入导槽等准备工作。

名师小结

- 地基处理工程
  - 地基特点
    - 砂砾石地基：空隙大、渗透性强
    - 软土地基：含水量大、承载能力差
  - 开挖与清理
    - 土坝地基：土基（1∶1.5、平顺无台阶、0.2~0.3 m）、岩基（1∶0.5）
  - 处理方法
    - 岩基：开挖、灌浆
    - 砂砾石：开挖、帷幕、防渗墙、铺盖
    - 软基：开挖、高压喷、桩、置换、排水、挤实
  - 灌浆技术
    - 固结：钻孔、压水试验（5%）、灌浆（分序加密、先稀后浓）、封孔、质检；先固结后帷幕、回填固结接缝
    - 帷幕：先下后上，最后中间
  - 防渗墙
    - 施工程序：平整场地→导槽→导墙→机械设备→制备泥浆注入→成槽→成墙
    - 质量检查：28 d，钻孔取芯、注水试验

第三节　土石方填筑工程

考点 1　土坝的压实试验★★

一、压实试验的目的

（1）核查土料压实后是否能够达到设计压实干密度值。

（2）检查压实机具的性能是否满足施工要求。

（3）选定合理的施工压实参数。

（4）确定有关质量控制的技术要求和检测方法，为填筑施工提供依据。

二、压实机械的分类与选择

一般情况下，土料不同其物理力学性质也不同，因此使之密实需作用的外力也不同。黏性土料黏结力是主要的，要求压实作用外力能克服黏结力；非黏性土料（砂性土料、石渣料、砾石料）内摩擦力是主要的，要求压实作用外力能克服颗粒间的内摩擦力。不同的压实机械产生的压实作用外力不同，大体可分为静压、夯击和振动三种基本类型，如图 3-3-1 所示。

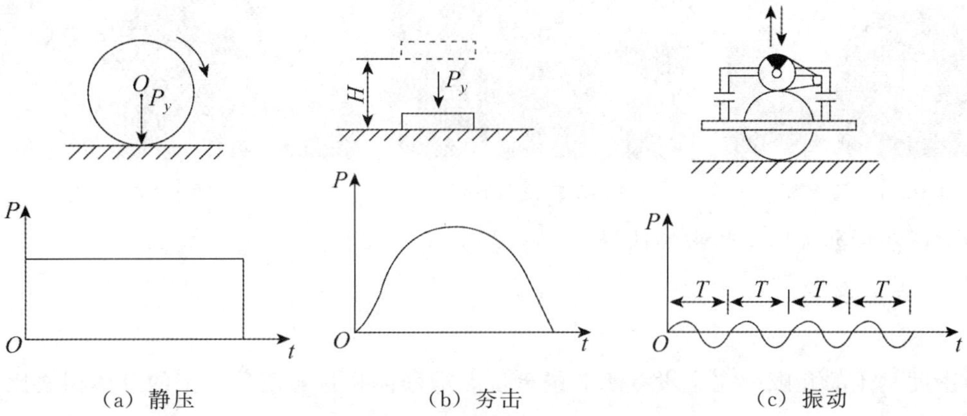

图 3-3-1 土料压实作用外力示意图

常见的压实机械有以下几种：

（一）静压碾压机械

常见的静压碾压机械有羊脚碾、气胎碾等。（2021 年选择题考点）

羊脚碾如图 3-3-2 和图 3-3-3 所示，它适用于黏性土料的压实。在压实过程中，羊脚对表层土有翻松作用，无须刨毛就能保证土料良好的层间结合。

图 3-3-2 羊脚碾

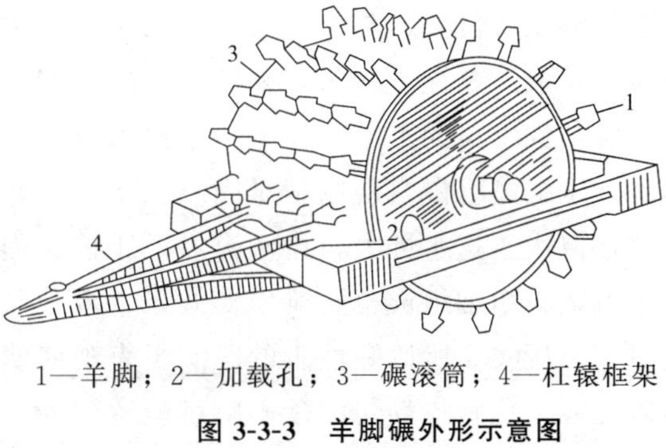

1—羊脚；2—加载孔；3—碾滚筒；4—杠辕框架

图 3-3-3 羊脚碾外形示意图

气胎碾如图 3-3-4 所示，它既适用于黏性土料的压实，又适用于非黏性土料的压实。

（二）振动碾压机械

振动碾是常见的振动碾压机械（图 3-3-5），它是一种振动和碾压相结合的压实机械，是压实非黏性土石料的高效压实机械。

第三章

（三）夯击碾压机械

夯板是常见的夯击碾压机械（图 3-3-6），它生产效率较高，破碎率比用碾压机械压实大得多，对于大颗粒填料可用夯板夯实。

图 3-3-4　气胎碾

图 3-3-5　振动碾

图 3-3-6　夯板

三、压实标准及压实参数的选择

（一）专业名词

1. 干密度

干密度是土的孔隙中完全没有水时的密度，即固体颗粒的质量与土的总体积之比值。

2. 孔隙比

孔隙比是土体中的孔隙体积与其固体颗粒体积之比，一般以 e 表示，它是说明土体结构特征的指标。

3. 相对密度

相对密度表示砂土的密实状态，可综合反映土粒级配、形状和结构等因素的影响。

4. 孔隙率

孔隙率是指块状材料中孔隙体积与材料在自然状态下总体积的百分比。

（二）压实特性

土石料压实特性，与土石料本身的性质、颗粒组成情况、级配特点、含水量大小以及压实功能等有关。黏性土料与非黏性土料的压实有着显著的差别。

一般黏性土料的黏结力较大，摩擦力较小，具有较大的压缩性，但由于其透水性小，排水困难，压缩过程慢，所以很难固结压实。而非黏性土料黏结力小，摩擦力大，具有较小的压缩性，但由于透水性大，排水容易，压缩过程快，能很快达到密实状态。

土料颗粒粗细组成也影响压实效果。颗粒越细，孔隙比就越大，所含矿物分散度越高，就越不容易压实。所以黏性土的压实干表观密度低于非黏性土的压实干表观密度。颗粒不均匀的砂砾料，比颗粒均匀的砂砾料可能达到的干表观密度大一些。

（三）压实标准

不同土料类型的压实标准见表 3-3-1。

表 3-3-1　不同土料类型的压实标准

土料类型	压实标准
黏性土	干密度 ρ_d 和施工含水量
非黏性土	相对密度 Dr
石渣和堆石体	孔隙率

特殊情况：现场土料无论是黏性土还是非黏性土，其压实标准均通过干密度 ρ_d 确定。(2011 年选择题考点)

(四) 压实参数

1. 土料填筑压实参数

土料填筑压实参数的确定主要从机械和施工两个角度考虑，机械参数主要包括碾压机具的重量，如果是振动碾还包括振动频率和行走速率；施工参数包括含水量、碾压遍数及铺土厚度。(2016 年选择题考点)

2. 黏性土料压实含水量

可取三种不同的临界含水量进行试验，分别为：$\omega_1=\omega_p+2\%$、$\omega_2=\omega_p$、$\omega_3=\omega_p-2\%$。其中，ω_p 为土料塑限。

土的不同状态示意图如图 3-3-7 所示。

图 3-3-7　土的不同状态示意图

3. 碾压试验关系曲线参数 (2017 年选择题考点)

为了确定铺土厚度和压实遍数，首先要区分黏性土与非黏性土。非黏性土料的透水性大，排水容易，压缩过程快，能够很快达到密实状态，不存在最优含水量，含水量不作专门控制。这是非黏性土料与黏性土料压实特性的根本区别。

黏性土的关系曲线确定如下：试验测定不同压实遍数土料相应的含水量和干密度，对应的关系曲线如图3-3-8所示。根据上述关系，再做出铺土厚度、压实遍数与最大干密度、最优含水量关系曲线，如图 3-3-9 所示。

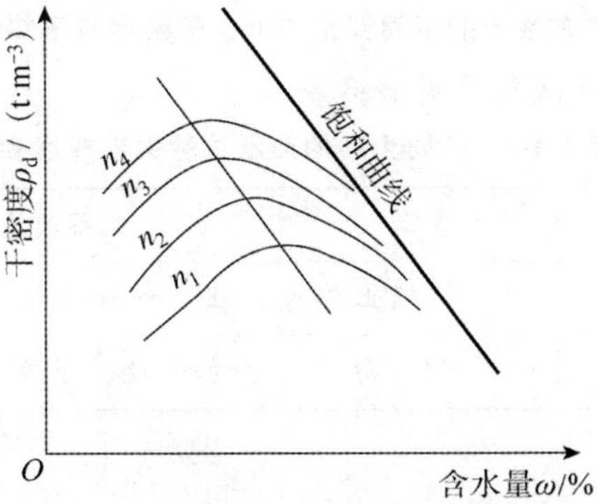

图 3-3-8　不同压实遍数土料含水量和干密度的关系曲线

第三章

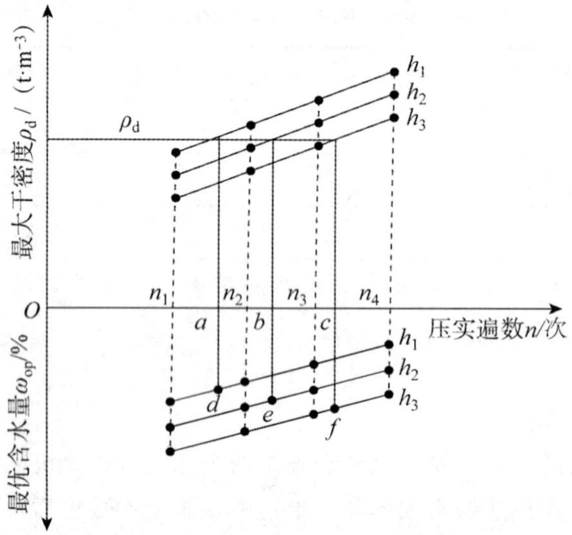

图 3-3-9　铺土厚度、压实遍数、最优含水量和最大干密度的关系曲线

从曲线中，根据设计干密度 ρ_d，可分别查出不同铺土厚度所需的压实遍数 a、b、c 及相应的最优含水量 d、e、f，然后再以单位压实遍数的压实厚度进行比较，即比较 h_1/a、h_2/b、h_3/c，其中单位压实遍数的压实厚度最大者为最经济合理。

非黏性土的关系曲线确定如图 3-3-10 所示，求出单位压实遍数的压实厚度进行比较，选出非黏性土单位压实遍数的压实厚度最大者为最经济合理。

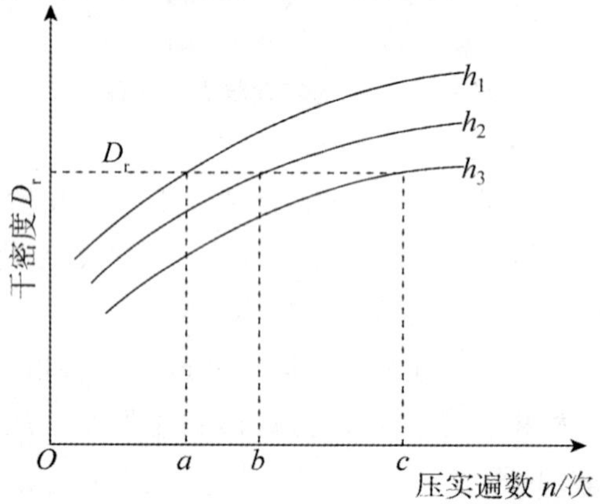

图 3-3-10　非黏性土的不同铺土厚度、干密度与压实遍数关系曲线

综上所述，两者的关系曲线参数见表 3-3-2。

表 3-3-2　不同土料的碾压试验关系曲线参数

土料类型	关系曲线参数
黏性土	铺土厚度、压实遍数、最优含水量、最大干密度
非黏性土	铺土厚度、压实遍数、干密度（2017 年选择题考点）

实战演练

[**2021 真题·单选**] 下列土方填筑碾压类型中，属于静压碾压的是（　　）。

A. 羊脚碾碾压　　B. 夯击碾压

C. 振动碾碾压　　D. 撞击碾压

[**解析**] 土方填筑压实机械分为静压碾压（如羊脚碾、气胎碾等）、振动碾压、夯击（如夯板）三种基本类型。

[**答案**] A

[**2016 真题·多选**] 土石坝土料填筑压实参数主要包括（　　）。

A. 碾压机具重量　　B. 相对密度

C. 铺土厚度　　D. 碾压遍数

E. 含水率

[**解析**] 土料填筑压实参数主要包括碾压机具的重量、含水率、碾压遍数及铺土厚度等。

[**答案**] ACD

[**经典例题·案例节选**]

背景资料：

在土石坝施工中，取土区设计干密度为 1.71 g/cm^3。施工单位采用 22 t 振动碾，选取的试验铺土厚度为 35 cm、40 cm、45 cm，碾压遍数为 4 遍、5 遍、6 遍，碾压试验结果见表 3-3-3。

表 3-3-3　碾压试验结果

铺土厚度	碾压遍数	平均干密度
35 cm	4	1.70
	5	1.73
	6	1.74
40 cm	4	1.69
	5	1.72
	6	1.73
45 cm	4	1.67
	5	1.70
	6	1.71

[**问题**]

说明碾压试验中符合要求的方案，并为施工单位选出其中最经济合理的一个方案作为最终碾压的方案。

［答案］

（1）当干密度大于或等于设计干密度时是符合要求的，故从表格中选出平均干密度大于或等于 1.71 g/cm^3 的方案。即铺土厚度 35 cm，碾压遍数分别为 5、6 遍；铺土厚度 40 cm，碾压遍数分别为 5、6 遍；铺土厚度 45 cm，碾压遍数为 6 遍的方案均满足压实度要求。

（2）最经济合理的方案是单位压实遍数的压实厚度最大者，即铺土厚度 40 cm，碾压遍数为 5 遍的方案。

考点 2 碾压式土石坝坝体填筑施工★★★

土石坝的特点有：筑坝材料来源直接、方便，能就地取材；适应地基变形的能力强；构造简单，施工技术容易掌握，便于组织机械化施工；运用管理方便，工作可靠，寿命长。

一、基本作业内容

碾压式土石坝的施工，包括准备作业、基本作业、辅助作业和附加作业。具体作业内容见表 3-3-4。

表 3-3-4 碾压式土石坝坝体填筑施工基本作业内容

施工作业	具体工作
准备作业	“四通一平”（通车、通水、通电、通信、平整场地）、修建临时建筑房屋（如生产、生活福利、行政办公用房）以及排水清基等
基本作业	土石料的开采，挖、装、运、卸以及坝面作业（铺平、压实、质检）等
辅助作业	主要是清杂（如清除覆盖层，包括施工场地及料场上的剔除土石料中的超径石块、杂物），对水的处理（坝面排水、加水）以及层间刨毛等
附加作业	对坝坡的修整以及对护面的保护（如砌块石、植草皮）等

二、坝面作业

坝面作业包括很多常规工序，其中主要的三个工序是：铺料、整平和压实。（2020 年案例题、2019 年选择题考点）

（一）铺料与整平

（1）土石坝铺料时，应平行坝轴线进行。

防渗体土料的铺筑，一般采用进占法卸料铺土，汽车不应在已经压实的土料面上行驶，且严格控制铺土厚度。从受力角度描述其作用是：汽车始终保持行驶在松土上，避免行驶在压实土层上以造成过多的压力，引起剪力破坏。

（2）不同材料含水量偏低时的加水场所不同，具体见表 3-3-5。

表 3-3-5 不同材料的加水场所

材料	加水场所
黏性土料	料场
非黏性土料	坝面
石渣料和砂砾料	压实前应充分加水

（二）压实

坝体压实是填筑的最关键工序，压实设备应根据砂石土料的性质选择。碾压遍数和碾压速度应根据碾压试验确定。碾压方法应便于施工，便于质量控制，避免或减少欠碾和超碾，一般采用进退错距法和圈转套压法，如图 3-3-11 所示。其中错距宽度 b 按下式计算：

$$b=B/n$$

式中　B——碾滚净宽（m）；

n——设计碾压遍数。

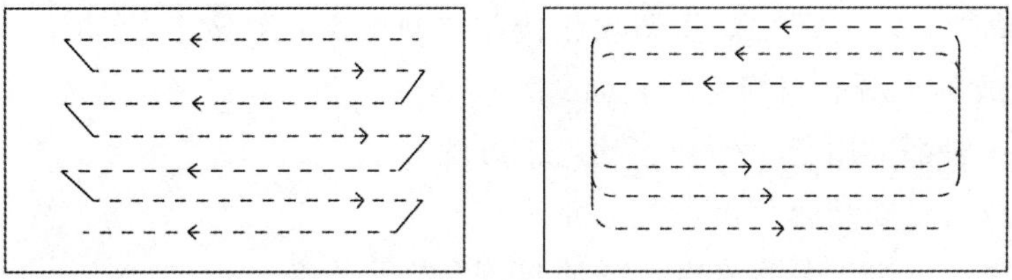

（a）进退错距法　　（b）圈转套压法

图 3-3-11　碾压机械开行方式

（三）结合部位处理

土石坝施工中，坝体的防渗土料不可避免地要与地基、岸坡、周围其他建筑的边界相结合，所有这些结合部位都是影响坝体整体性和质量的关键部位，也是施工中的薄弱环节，质量不易控制。接坡、接缝过多，还会影响坝体填筑速度，特别是影响机械化施工。对结合部位的施工，必须采取可靠的技术措施，加强质量控制和管理，确保坝体的填筑质量满足设计要求。

1. 坝基结合面

对于基础部位的填土，一般用薄层、轻碾的方法，不允许用重型碾或重型夯，以免破坏基础，造成渗漏。不同坝基的处理方法不同，具体措施见表 3-3-6。

表 3-3-6　坝基结合面处理方法

坝基	处理方法
黏性土、砾质土坝基	将其表层含水量调节至施工含水量的上限范围，采用与防渗体土料相同的碾压参数压实，然后刨毛 3～5 cm，再铺土压实
非黏性土地基	先压实，再铺第一层土料，其表层含水量为施工含水量的上限，采用轻型机械压实，压实干密度可略低于设计值
岩基	先把局部凹凸不平的岩石进行整平，封闭岩石表面节理、裂隙，防止渗水冲蚀防渗体。若岩基干燥可适当洒水，并使用含水量略高的土料

无论什么样的坝基，其填筑厚度只有达到 2 m 以上才可以使用重型压实机械碾压。

2. 坝身与混凝土结构物（涵管、侧墙）的结合面

填土前，先将结合面的污物冲洗干净，清除松动岩石，在结合面上洒水湿润，涂刷一层厚约 5 mm 的浓黏土浆或浓水泥黏土浆或水泥砂浆，目的是提高浆体凝固后的强度，防止产生危险的接触冲刷和渗透。涂刷浆体时，应边涂刷、边铺土、边碾压，涂刷高度与铺土厚度一致，注意涂刷层之间的搭接，避免漏涂。要严格防止泥浆干固（或凝固）后再铺土，因为这对结合非常不利。

防渗体与岸坡结合处，宽度1.5～2.0 m范围内或边角处，不得使用羊脚碾、夯板等重型机具，应以轻型机具压实，并保证与坝体碾压搭接宽度在1 m以上。结构物两侧进行压实时，应注意两侧均衡，避免产生过大的侧向压力。

3. 层与层（段与段）之间结合面

碾压式土石坝在分层填筑过程中，为了保证质量要求，避免引起裂缝等质量问题，层与层之间分段接头应错开一定距离。

碾压式土石分段施工时，要注意分段条带的划分，一般条带布置应与坝轴线平行，各分段之间应控制其高差，段与段之间用斜坡相接，控制坡比一般缓于1∶3。

4. 黏土心墙或黏土斜墙与坝壳结合面

（1）方法：一般都采用土、砂平起的施工方法。

（2）压实机械：土砂结合部可用气胎碾进行压实。

（3）压实顺序：土边一侧宜先夯，反滤料等合格后再夯。

实战演练

[经典例题·单选] 某堤防施工过程中采用进退错距法进行碾压，其堤顶宽为4 m，碾压施工设计碾压遍数为5遍，碾滚净宽为3 m，实际碾压遍数为4遍，则错距宽度为（　　）m。

A. 0.8　　B. 0.6

C. 1.0　　D. 0.75

[解析] 根据公式 $b=B/n$，错距宽度 $b=3/5=0.6$（m）。

[答案] B

考点3 碾压式土石坝施工质量控制★★★

在施工过程中，质量检查与控制是重要的也是不可或缺的一个步骤，碾压式土石坝的质量检查与控制涉及施工的各个过程，以下主要介绍料场和坝面两个方面的质量控制与检查。

一、质量控制检查项目

不同部位的质量控制检查项目有所不同，以下主要从土料场、坝面和反滤层三个角度说明其质量控制检查项目，具体见表3-3-7。

表3-3-7　质量控制检查项目

部位	检查四项			
土料场	土质情况	土块大小	含水量	杂质含量
坝面	铺土厚度	土块大小	含水量	压实后的干密度
反滤层	铺填的厚度	颗粒级配	填料的质量	是否混有杂物

二、重要质量控制检查项目的测定

（一）含水量

对于土这种材料来说，无论是在料场还是坝面，最重要的质量控制检查项目是含水量。

其检测方法有两种：一种是使用较为精准的含水量测定仪；一种是简单的“手检”：手握土料能成团，手指搓可成碎块，则含水量合适。土料含水量控制的具体措施见表 3-3-8。(2022 年、2020 年案例题考点)

表 3-3-8　土料含水量控制的具体措施

土料含水量	采取措施
偏高	改善料场的排水条件和采取防雨措施
	进行翻晒处理，或采取轮换掌子面（图 3-3-12）的方法
偏低	对于黏性土料应考虑在料场加水
	对于非黏性土料可用洒水车在坝面喷洒加水
不均匀	堆筑“土牛”，即大土堆（图 3-3-13）

图 3-3-12　掌子面

图 3-3-13　“土牛”

（二）压实后的干密度

不同材料干密度的测定方法见表 3-3-9。

表 3-3-9　不同材料干密度的测定方法

材料	测定方法
黏性土	环刀测定（200～500 cm^3）
砂	环刀测定（500 cm^3）
砾质土、砂砾料、反滤料	灌水法或灌砂法测定（2010 年选择题考点）
堆石	灌水法
砂砾料 （因缺乏细料而架空时）	

（三）反滤层的取样与测定

取样：当反滤层为条形时，取样断面一般每隔 50 m 设一个，在每个取样断面的每层取样不得少于 4 个。(2012 年、2010 年选择题考点)

结果分析：鉴于反滤层的作用是“滤土排水”，因此需要分析两个参数是否满足设计要求，分别是层间系数（$D50/d50$）和每层颗粒不均匀系数（$d60/d10$）。

（四）其他

土层层间结合面的处理十分关键，尤其要注意检查光面和剪力破坏两个方面。

实战演练

[2012 真题 · 单选] 对土坝条形反滤层进行质量检查时，每个取样断面每层取样个数最少需要（　　）个。

A. 2　　B. 4　　C. 6　　D. 8

[解析] 当反滤层为条形时，取样断面一般每隔 50 m 设一个，每个取样断面每层取样不得少于 4 个。

[答案] B

[2020 真题 · 案例节选]

背景资料：

某小型排涝枢纽工程，由排涝泵站、自排涵闸和支沟口主河道堤防等建筑物组成。根据工程施工进度安排，本工程利用 10 月至次年 4 月一个非汛期完成施工，次年汛期投入使用。支沟口主河道堤防采用黏性土填筑，料场复勘时发现料场土料含水量偏大，不满足堤防填筑要求。

[问题]

1. 写出堤防填筑面作业的主要工序。
2. 提出本工程料场土料含水量偏大的主要处理措施。

[答案]

1. 堤防填筑面作业的主要工序包括铺料、整平、压实。
2. 主要处理措施：①改善料场的排水条件，采取防雨措施；②将含水量偏高的土料进行翻晒处理或采取轮换掌子面的方法。

第三章

考点 4　混凝土面板堆石坝坝体分区★★★

扫码听课

➤ 名师点拨： 该考点是典型的识图题目，识图一定要精准！

面板堆石坝上游面有薄层面板，面板可以是刚性钢筋混凝土，也可以是柔性沥青混凝土；坝体主要是堆石结构。良好的堆石材料可减少堆石体的变形，为面板正常工作创造条件，是坝体安全运行的基础。

坝体部位不同，受力状况不同，对填筑材料的要求也不同，所以应对坝体进行分区。具体分区如图 3-3-14 所示。

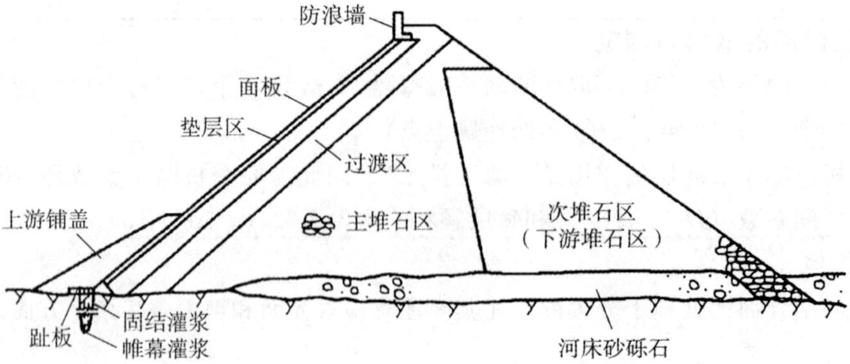

图 3-3-14　坝体分区

坝体的主要分区包括垫层区、过渡区、主堆石区和次堆石区（下游堆石区）。（2019 年案例题考点）

面板下垫层区的主要作用在于为面板提供平整、密实的基础，将面板承受的水压力均匀传递给主堆石体。过渡区位于垫层区与主堆石区之间，主要作用是保护垫层区在高水头作用下不被破坏，其粒径、级配要符合垫层料与主堆石料间的反滤要求。主堆石区是坝体维持稳定的主体，其石质好坏、密度与沉降量大小，直接影响面板的安危。次堆石区（下游堆石区）起保护主堆石体及下游边坡稳定的作用，要求采用较大石料填筑，由于该区的沉降变形对面板的影响甚微，故对其石质及密度的要求有所放宽。

实战演练

［2019 真题·案例节选］

背景资料：

某水库工程由混凝土面板堆石坝、溢洪道和输水隧洞等主要建筑物组成。大坝材料分区包括石渣压重（1B）区、黏土铺盖（1A）区、混凝土趾板、混凝土面板及下游块石护坡等，混凝土面板堆石坝材料分区如图 3-3-15 所示。

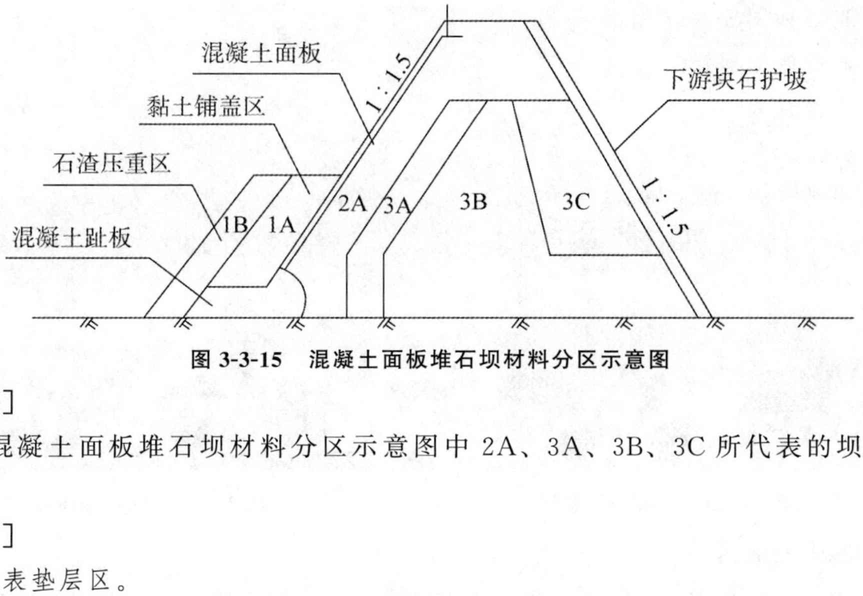

图 3-3-15　混凝土面板堆石坝材料分区示意图

［问题］

指出混凝土面板堆石坝材料分区示意图中 2A、3A、3B、3C 所代表的坝体材料分区名称。

［答案］

2A 代表垫层区。

3A 代表过渡区。

3B 代表主堆石区。

3C 代表次堆石区（下游堆石区）。

考点 5　混凝土面板堆石坝施工技术★★

混凝土面板堆石坝由两大部分构成，起支撑作用的是堆石坝坝体，起防渗作用的是混凝土面板。

一、堆石坝坝体填筑施工

（一）压实参数

堆石坝的坝体压实参数主要包括机械参数（碾重、行车速率等）和施工参数（铺料厚度、碾压遍数、加水量等）。（2019 年案例题考点）

（二）堆石料填筑

堆石料的填筑和碾压式土石坝施工工序相似，遵循从下至上、分层铺料碾压的施工原则。为了减轻其平摊量，一般采取进占法卸料，推土机摊平。

（三）垫层料与过渡料的填筑

垫层料、过渡料和主堆石料填筑宜平起施工，均衡上升。鉴于垫层料、过渡料相较于堆石料量小，其卸料采用后退法可以减少物料分离；两者施工属于斜坡施工，故采取砂浆固坡斜坡碾压方式。（2016 年选择题考点）

➢ **补充：**（1）进占法如图 3-3-16 所示。

优点：减轻平摊量。

缺点：轮胎磨损严重。

（2）后退法如图 3-3-17 所示。

优点：减轻轮胎磨损。

缺点：平摊量大。

（3）混合法。

先后退再进占。

图 3-3-16　进占法示意图

图 3-3-17　后退法示意图

二、混凝土面板施工

钢筋混凝土面板是刚性面板堆石坝的主要防渗结构，厚度薄、面积大，在满足抗渗性和耐久性条件下，要求具有一定的柔性，以适应堆石体的变形。面板的施工主要包括混凝土面板的分块（垂直缝分块）、垂直缝砂浆条铺设、钢筋架立、面板混凝土浇筑（滑模浇筑）、面板养护等作业内容。

混凝土面板如图 3-3-18 所示，滑动模板施工如图 3-3-19 所示。

图 3-3-18 混凝土面板

图 3-3-19 滑动模板施工

实战演练

[**2016 真题·单选**] 堆石坝垫层填筑施工中，当压实层厚度较小时，为减轻物料的分离，铺料宜采用（ ）。

A. 进占卸料、进占铺平法　　B. 后退法

C. 进占法　　D. 进占卸料、后退铺平法

[**解析**] 垫层料的摊铺多用后退法，以减少物料的分离。

[**答案**] B

[**2019 真题·案例节选**]

背景资料：

某水库工程由混凝土面板堆石坝、溢洪道和输水隧洞等主要建筑物组成，施工单位在坝体填筑前，按照设计要求对堆石料进行了现场碾压试验，通过试验确定了振动碾的激振力、振幅、频率、行走速率和坝料加水量等碾压参数。

[**问题**]

除背景资料所述内容外，碾压参数还包括哪些内容？

[**答案**]

除给出的碾压参数外，堆石料的碾压参数还包括碾重、铺层厚、碾压遍数。

考点 6 堆石坝的施工质量控制★★

根据《水电水利工程砾石土心墙堆石坝施工规范》（DL/T 5269—2012）的规定，在施工过程中，堆石坝质量控制与检查是重要的且不可或缺的一个步骤。以下主要介绍坝料和坝体两个方面的质量控制与检查。

一、坝料质量控制

（1）标准：坝料质量控制应以料场控制为主。

（2）方法：鉴别坝料质量，一是试验验证，二是用目测方法现场鉴别坝料质量（黏性土、砾质土→含水率；其他→级配、含泥量）。

二、坝体填筑质量控制

压实控制指标及检测项目见表 3-3-10。（2014 年、2012 年选择题考点）

表 3-3-10 压实控制指标及检测项目

坝料类型	压实控制指标	检测项目
防渗体 （黏性土、砾质土）	干密度、含水率或压实度	干密度、含水率
反滤料、过渡料 垫层料、砂砾料	干密度或相对密度	干密度、颗粒级配 （反滤料还应检测含泥量）
堆石料	孔隙率	干密度、颗粒级配

干密度的检测方法见表 3-3-11。（2022 年选择题考点）

表 3-3-11 干密度的检测方法

坝料类型	方法	备注
堆石料 过渡料	挖坑灌水（砂）法	（1）试坑直径≥2～3 d，且＜2 m；d 为最大粒径； （2）试坑深度为碾压层厚； （3）应挖至层间结合面
黏性土	环刀法	应取压实层的下部

实战演练

[经典例题·单选] 根据《碾压式土石坝施工规范》（DL/T 5129—2013），坝体反滤料压实检测项目中不包括（　　）。

A. 干密度　　B. 含水率

C. 含泥量　　D. 颗粒级配

[解析] 坝体反滤料压实检测项目包括干密度、颗粒级配、含泥量。

[答案] B

[经典例题·案例节选]

背景资料：

某大（2）型水库枢纽工程，由混凝土面板堆石坝、泄洪洞、电站等建筑物组成。

堆石坝施工前，施工单位编制了施工方案，部分内容如下：

（1）堆石坝主堆石区堆石料最大粒径控制在 350 mm 以下，根据碾压试验结果确定的有关碾压施工参数有：15 t 振动平碾，行车速率控制在 3 km/h 以内，铺料厚度 0.8 m 等。

（2）堆石料密度检测采用环刀法，试坑深度为 0.6 m。

[问题]

改正坝料压实质量检查工作的错误之处。

[答案]

堆石料密度的检测方法应该用挖坑灌（砂）水法或辅助其他成熟的方法，试坑深度应该为碾压层厚度。

考点 7 雨期和负温施工★

➤ **名师点拨**：特殊环境下的施工一定要注意施工措施，一般此类知识在考试中出现的概率小，一旦出现就属于实操类考题。

一、雨期施工

根据《水电水利工程砾石土心墙堆石坝施工规范》（DL/T 5269—2012）的规定，雨期施工，应检查施工措施落实情况。雨前，应检查防渗体表面松土是否已平整和压实、压光；雨后复工前应检查填筑面土料是否合格。

二、负温施工

寒冬土料冻结会给施工造成极大困难，因此，当日平均气温低于 0 ℃时，黏性土料应按低温季节标准施工；当日平均气温低于－10 ℃时，一般不宜填筑土料，否则应进行技术论证。

（一）负温下的土料填筑

负温下的土料填筑要求黏性土含水量略低于塑限，防渗体土料含水量不应大于塑限的 90%。

铺料、碾压、取样等应快速作业，压实土料温度必须在－1 ℃以上。土料填筑应加大压实功能，宜采用重型碾压机械。严禁在坝体分段结合处有冻土层、冰块存在，应将已填好的土层按规定削成斜坡相接，接坡处应做成梳齿形样槽，用不含冻土的暖料填筑。

（二）负温下的砂砾料填筑

负温下的砂砾料填筑要求砂砾料的含水量应小于 4%，不得加水。最好采用地下水位以上或较高气温季节堆存的砂砾料填筑，再利用重型振动碾和夯板压实。

（三）暖棚法施工

当日最低气温低于－10 ℃时，多采用简易结构暖棚和保温材料，将需要填筑的坝面临时封闭起来。

名师小结

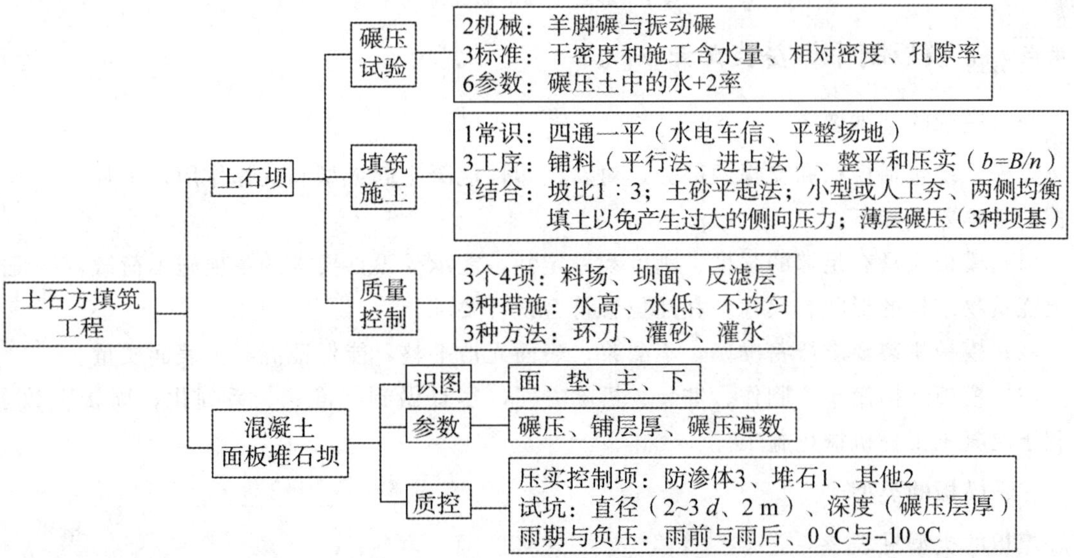

第四节 混凝土工程

混凝土工程施工在水利水电建设中占有重要的地位，特别是以混凝土坝为主体的枢纽工程，其施工速度直接影响整个工程的建设工期，施工质量直接关系到工程的安危，关系着国家和人民生命财产的安全。

在混凝土坝施工中，大量砂石骨料的采集、加工，水泥和各种掺合料、外加剂的供应是基础，混凝土制备、运输和浇筑是施工的主体，模板、钢筋作业是必要的辅助。混凝土坝的施工工艺流程如图 3-4-1 所示。

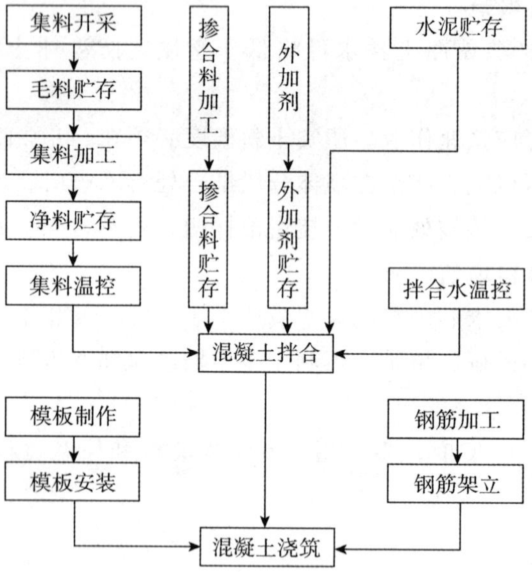

图 3-4-1 混凝土坝的施工工艺流程

考点 1 模板制作与安装★★

一、模板的基本要求

模板系统包括模板和支撑两部分，对新浇塑性混凝土起成型和支撑作用，工程中一般对模板的基本要求如下：

（1）模板应具有足够的强度、刚度和稳定性，能承受设计要求的各项施工荷载，保证混凝土浇筑物结构的形状、尺寸与相互位置符合设计要求。

（2）模板拼装要求严密准确，不漏浆，表面光洁平整，能保证混凝土表面质量。

（3）模板结构简单，制作、安装、拆除方便，尽量做到标准化、系列化，周转次数多，有利于混凝土工程机械化施工。

二、模板的类型

模板的类型见表 3-4-1。

表 3-4-1　模板的类型

分类标准	模板类型	备注
制作材料	木模板、钢模板、混凝土和钢筋混凝土预制模板	—
模板形状	平面模板和曲面模板	—
受力条件	承重模板和侧面模板	侧模从受力角度出发，可分为简支模板、悬臂模板和半悬臂模板
架立和工作特征	固定式、拆移式、移动式和滑动式	起伏多变的基础部位或特殊异形结构（蜗壳等）多用固定式；拆移式、移动式和滑动式可重复使用，有利于达到标准化和系列化（图 3-4-2）

(a) 蜗壳　(b) 滑动式模板　(c) 移动式模板

图 3-4-2　蜗壳、滑动式模板和移动式模板

三、模板的设计荷载

根据《水工混凝土施工规范》(SL 677—2014) 的规定，模板的设计荷载分荷载和抗倾稳定性两个方面。

(一) 荷载

模板及其支架承受的荷载分基本荷载和特殊荷载两类。基本荷载是指所有部件在任何规定期间不发生破坏而承受的荷载；特殊荷载是指出现概率极小的荷载，如船只和排筏承受撞击力、地震力以及仅在某一段时间才出现的荷载。具体分类见表 3-4-2。

表 3-4-2　模板荷载的分类

类型	内容
基本荷载	根据《混凝土结构工程施工规范》(GB 50666—2011) 的规定，基本荷载分为： (1) 3 静：模板及其支架自重 G_1，新浇混凝土自重 G_2，钢筋自重 G_3； (2) 3 动：工作人员及浇筑设备、工具等荷载 Q_1，振捣混凝土产生的荷载 Q_2，混凝土拌合物入仓所产生的冲击荷载 Q_3； (3) 3 力：新浇混凝土的侧压力 F_1，新浇混凝土的浮托力 F_2，混凝土与滑动模板之间的摩阻力 F_3 (2013 年案例题考点)
特殊荷载	风荷载等 (2017 年、2014 年选择题考点)

(二) 抗倾稳定性

承重模板及支架的抗倾稳定性包括对倾覆力矩、稳定力矩和抗倾稳定系数的验算以及取值，其中抗倾稳定系数、稳定力矩和倾覆力矩，其数值越大代表稳定性越好，一般要求数值大于 1.4。

对跨度较大的现浇混凝土梁、板，考虑到自重的影响，适度起拱有利于保证构件的形状和尺寸。当跨度大于 4 m 时，应设计起拱值起到预消力的作用，一般取跨度的 0.3%左右，如跨度为 10 m 时，设计起拱值为 30 mm。(2013 年案例题考点)

四、模板拆除

(一) 拆除时间

1. 非承重侧面模板

根据《水工混凝土施工规范》(SL 677—2014) 的规定，混凝土强度应达到 25×10^5 Pa 以上，其表面和棱角不因拆模而损坏时方可拆除。(2010 年选择题考点)

2. 承重模板

承重模板拆模时混凝土的强度要求见表 3-4-3。(2013 年案例题、2012 年选择题考点)

表 3-4-3　承重模板拆模时混凝土的强度要求

悬臂板、梁		其他梁、板、拱		
跨度不大于 2 m	跨度大于 2 m	跨度不大于 2 m	跨度 2～8 m	跨度大于 8 m
75%	100%	50%	75%	100%

(二) 拆除程序

拆除时要遵循“先装的后拆，后装的先拆”的原则，保证构件的质量与安全。

实战演练

[2017 真题·单选] 下列模板荷载中，属于特殊荷载的是（　　）。

A. 风荷载　　B. 模板自重

C. 振捣混凝土产生的荷载　　D. 新浇混凝土的侧压力

[解析] 特殊荷载有风荷载等，其他均属于基本荷载。

[答案] A

[2013 真题·案例节选]

背景资料：

某寒冷地区水闸工程共 18 孔，每孔净宽 10.0 m，其中闸室为两孔一联，每联底板顺水流方向的长与垂直水流方向的宽均为 22.7 m，底板厚 1.8 m。交通桥采用预制“T”形梁板结构；检修桥为现浇板式结构，板厚 0.35 m。

[问题]

检修桥模板设计强度计算时，除模板和支架自重外还应考虑哪些基本荷载？该部位模板安装时起拱值的控制标准是多少？拆除时对混凝土强度有什么要求？

[答案]

(1) 检修桥模板设计强度计算时，除模板和支架自重外还应考虑的基本荷载有：①新浇混凝土自重；②钢筋和预埋件自重；③工作人员及浇筑设备、工具等荷载；④振捣混凝土产生的荷载；⑤新浇混凝土的侧压力。

（2）检修桥模板为承重模板，其跨度大于 4 m（10.0 m），其设计起拱值通常取跨度的 0.3%左右（30 mm）。

（3）检修桥属于简支梁，其跨度大于 8 m，混凝土强度应达到 100%混凝土设计强度等级。

考点 2　钢筋制作与安装★★

➤ **名师点拨：** 该考点包括的内容较多，在学习过程中应注意内容的取舍和时间的分配。比如，钢筋图的相关知识是常识，且考题简单，以理解为主；钢筋代换知识较难，要注重对原理的掌握。

一、钢筋的制作（2022 年选择题考点）

（一）钢筋的识别

根据《建筑结构制图标准》（GB/T 50105—2010）的规定，钢筋的识别从以下几个方面介绍。

1. 普通钢筋图

普通钢筋的表示方法见表 3-4-4。

表 3-4-4　普通钢筋的表示方法

序号	名称	图例	说明
1	钢筋横断面		—
2	无弯钩的钢筋端部		下图表示长、短钢筋投影重叠时，短钢筋的端部用 45°斜画线表示
3	带半圆形弯钩的钢筋端部		—
4	带直钩的钢筋端部		—
5	带丝扣的钢筋端部		—
6	无弯钩的钢筋搭接		—
7	带半圆形弯钩的钢筋搭接		—
8	带直钩的钢筋搭接		—
9	花篮螺丝钢筋接头	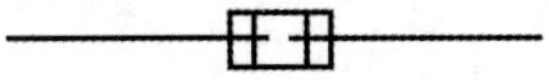	—
10	机械连接的钢筋接头		用文字说明机械连接的方式（如冷挤压或直螺纹等）

2. 钢筋弯钩的画法

钢筋弯钩的画法见表 3-4-5。

表 3-4-5　钢筋弯钩的画法

序号	说明	图例
1	在结构模板中配置双层钢筋时，底层钢筋的弯钩应向上或向左，顶层钢筋的弯钩则向下或向右	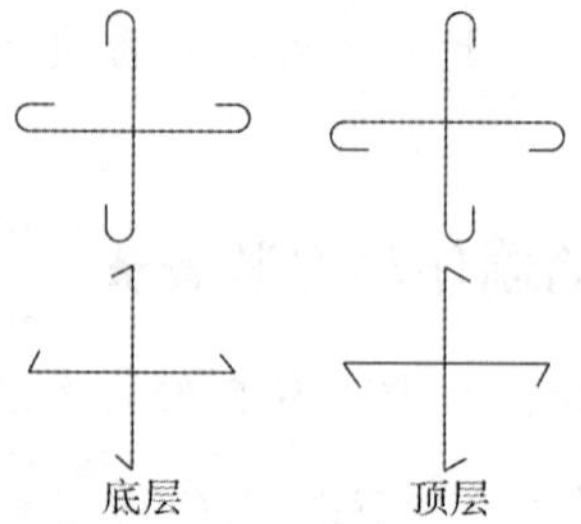
2	钢筋混凝土墙体配双层钢筋时，在配筋立面图中，远面钢筋的弯钩应向上或向左，近面钢筋的弯钩向下或向右（JM 近面，YM 远面）	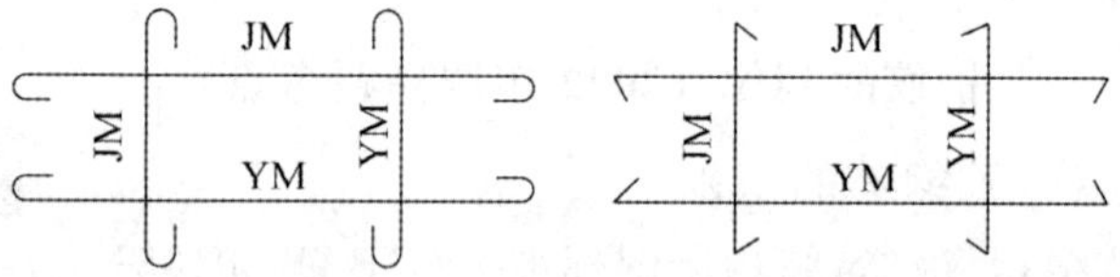

3. 钢筋的表示方法

钢筋编号在圆圈内填写；根数用 n 表示；种类代号用Φ表示；直径数值用 d 表示；间距代号用@表示；间距数值用 s 表示。(2017 年选择题考点)

4. 钢筋的尺寸标注

钢筋构件配筋图中，箍筋长度的尺寸是指箍筋的内皮尺寸，弯起钢筋的弯起高度是指钢筋的外皮尺寸，如图 3-4-3 所示。

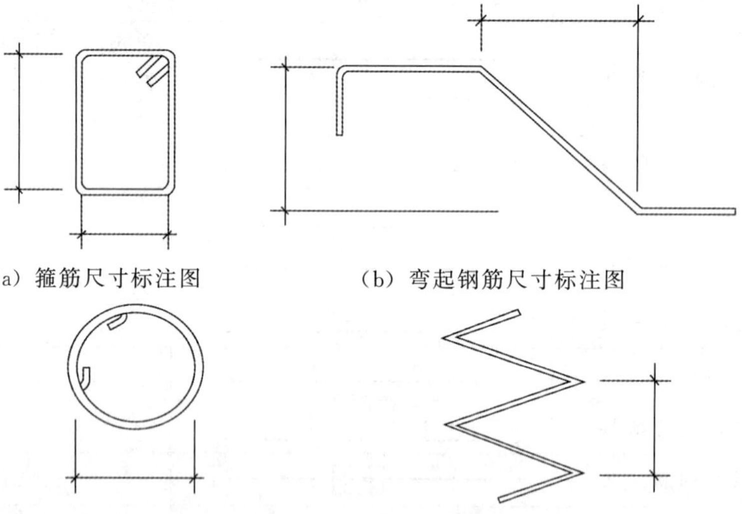

(a) 箍筋尺寸标注图　　(b) 弯起钢筋尺寸标注图

(c) 环形钢筋尺寸标注图　　(d) 螺旋钢筋尺寸标注图

图 3-4-3　钢筋尺寸标注

(二) 下料长度的计算

钢筋作为一种具有良好变形性能的建筑材料，其弯曲的特点是在弯曲处内皮缩短，外包尺寸伸长，而中心线尺寸不变（图 3-4-4），所以我们只要把握住中心线尺寸，就可以得到钢筋的下料长度，计算公式如下：

直线钢筋下料长度＝构件长度－保护层厚度＋钢筋弯钩增加长度＋钢筋搭接长度

弯起钢筋下料长度＝直段长度＋斜段长度－弯曲调整值＋弯钩增加长度＋钢筋搭接长度

箍筋下料长度＝箍筋周长＋箍筋调整值

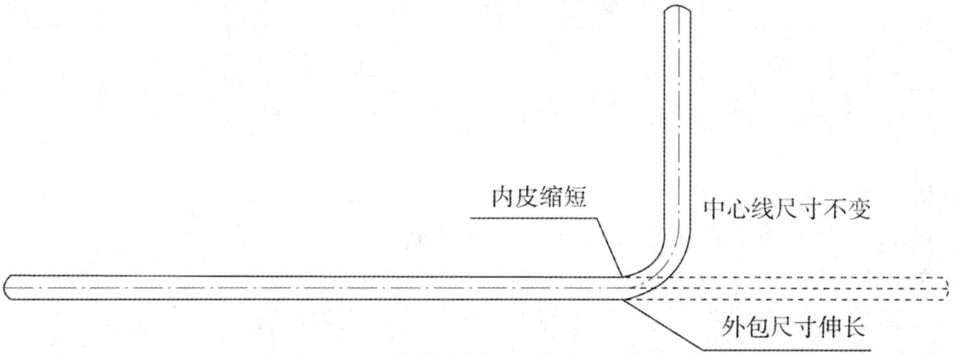

图 3-4-4　下料长度

（三）钢筋的代换

根据《混凝土结构设计规范》（GB 50010—2010）、《建筑抗震设计规范》（GB 50011—2010）和《水闸施工规范》（SL 27—2014）的规定，当进行钢筋代换时，除应符合设计要求的构件承载力、最大力下的总伸长率、裂缝宽度验算以及抗震规定以外，尚应满足最小配筋率、钢筋间距、保护层厚度、钢筋锚固长度、接头面积百分率及搭接长度等构造要求。在施工中，当需要以强度等级较高的钢筋替代原设计中的纵向受力钢筋时，应按照钢筋受拉承载力设计值相等的原则换算，并应满足最小配筋率要求。

➢ **注意**：不管何种代换方式，都要征得设计单位的同意。

1. 承载力控制

不同钢筋种类代换时，按承载力相等的原则进行代换，称为等承载力代换。

（1）代换钢筋的总承载力等于原设计钢筋的总承载力，即 $\pi d_1^2/4\times P_1\times n_1=\pi d_2^2/4\times P_2\times n_2$，当 P_2 大于 P_1，也就是高一级钢筋代替低一级钢筋时，宜采用改变 d（直径）的方法减少钢筋截面面积。

（2）当用同牌号钢筋代换时，应限制其直径和代换后的总截面面积。一般直径不宜超过 4 mm，总截面面积与设计截面面积之比控制在［98%，103%］，即（≥98%，≤103%）。

2. 最小配筋率

当构件出现按最小配筋率配筋控制时，可按钢筋面积相等原则进行代换。用同种类钢筋代换时，可按钢筋截面积相等的原则进行代换，称为等面积代换。

实战演练

［经典例题・单选］下列关于立面图中的双层钢筋的表示中，正确的是（　　）。

A.
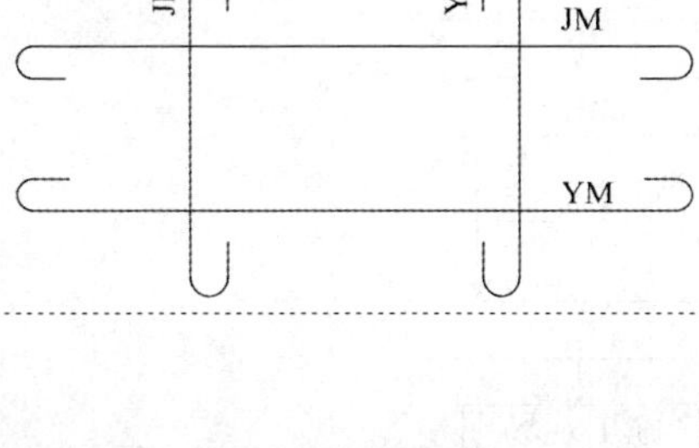

B.
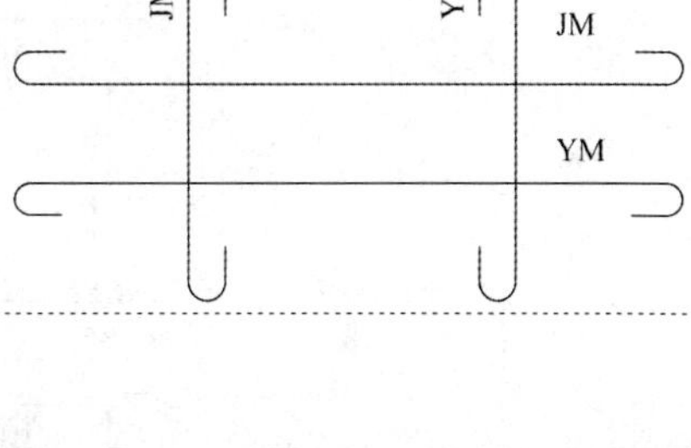

C. 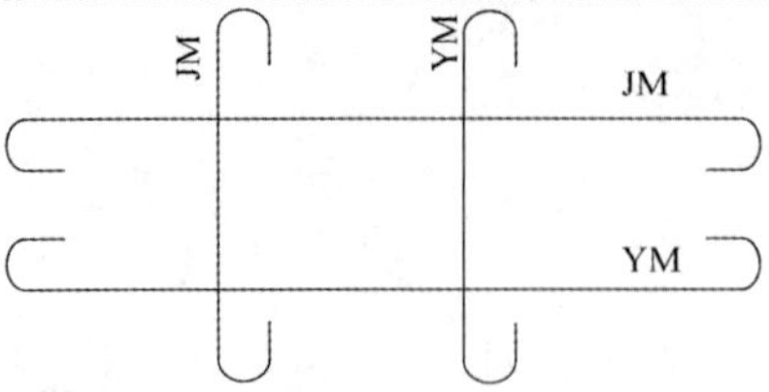

D. 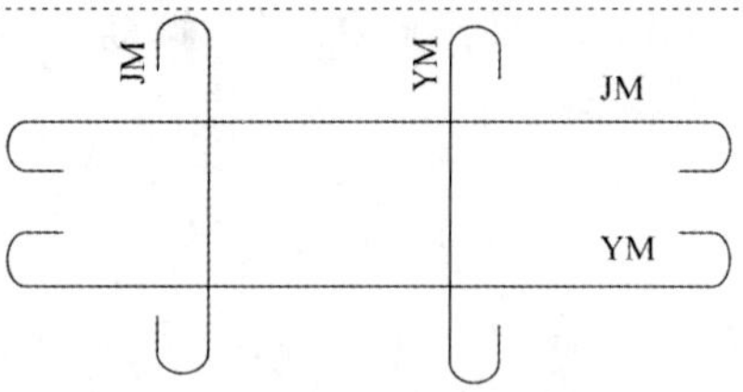

[**解析**] 钢筋混凝土墙体配双层钢筋时，在配筋立面图中，远面钢筋的弯钩应向上或向左，近面钢筋的弯钩向下或向右（JM 近面，YM 远面）。

[**答案**] A

[**2022 真题 · 多选**] 关于钢筋制作与安装的说法，正确的有（　　）。

A. 钢筋图中，“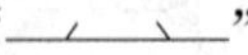”表示无弯钩的钢筋搭接

B. 钢筋图中，“”表示双层钢筋的底层钢筋

C. 钢筋检验时，用一根钢筋截取两段分别进行拉伸试验

D. 钢筋直径大于 12 mm 的叫重筋

E. 用同牌号钢筋代换时，其直径变化幅度不宜超过 5 mm

[**解析**] 从每批钢筋中任选两根钢筋，每根取两个试件分别进行拉伸试验，选项 C 错误。用同牌号钢筋代换时，其直径变化范围不宜超过 4 mm，选项 E 错误。

[**答案**] ABD

第三章

二、钢筋的加工

（一）加工流程

钢筋的加工流程如图 3-4-5 所示。

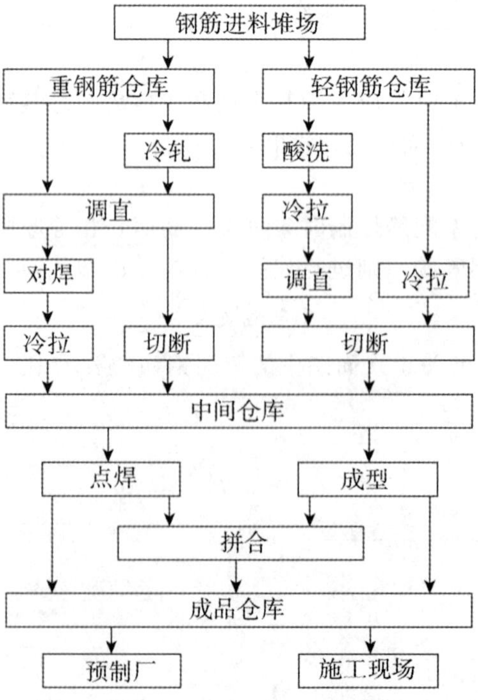

图 3-4-5　钢筋的加工流程

（二）加工程序及其注意事项

钢筋的加工程序及其注意事项如图 3-4-6 所示。

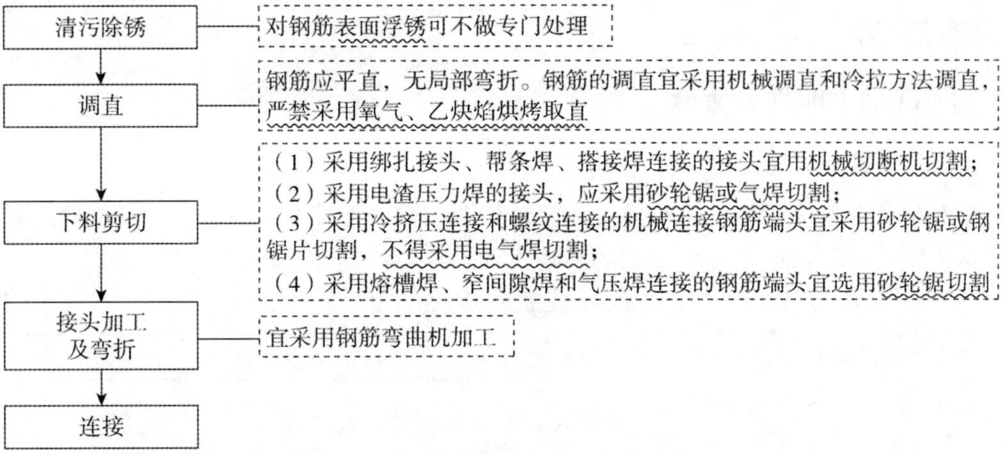

图 3-4-6　钢筋的加工程序及其注意事项

根据《水闸施工规范》（SL 27—2014）的规定，钢筋加工中不同连接方法的注意事项和接头要求见表 3-4-6。

表 3-4-6　钢筋加工中不同连接方法的注意事项和接头要求

连接方法	注意事项	接头要求	
		整体控制	面积控制（2016 年、2012 年选择题考点）
绑扎	根据绑扎连接的技术及质量控制要求，对其适用范围进行控制： （1）直径控制，可采用绑扎连接的范围是受拉钢筋≤22 mm，受压钢筋≤32 mm，其他钢筋直径≤25 mm； （2）特殊受力的构件不得采用绑扎，如直接承受动力荷载的构件纵向受力的钢筋及轴心受拉、小偏心受拉的钢筋	根据接头的承受能力，应分散布置，在受力较小处，接头宜相互错开	受拉区：不宜超过 25% 受压区：不宜超过 50%
焊接	—		受拉区：不宜超过 50% 受压区：不受限制
机械	—		

实战演练

［**2016 真题·单选**］某钢筋混凝土构件，钢筋采用机械连接，同一截面受拉区钢筋接头的截面面积最多不宜超过受力钢筋总截面面积的（　　）。

A. 50%　　　　B. 20%

C. 30%　　　　D. 40%

［解析］机械连接接头，其接头分布应按设计规定执行，当设计没有要求时，钢筋接头的截面面积在受拉区不宜超过受力钢筋总截面面积的50%。

［答案］A

考点 3 混凝土的拌合★★

一、混凝土拌合设备

混凝土制备是保证混凝土工程质量的关键作业步骤，而拌合设备又是保证混凝土拌制质量的主要手段。水利水电工程中常见的混凝土拌合设备见表3-4-7。

表 3-4-7 混凝土拌合设备

拌合设备		形式及布置
单一	拌合机：制备混凝土的主要设备（图3-4-7）	强制式、自落式和涡流式三种
综合	拌合站	（1）一字形排列（台阶地形）； （2）双排相向布置（沟槽路堑地形，拌合机数量多）
	拌合楼：集中布置的混凝土工厂（图3-4-8）	按工艺流程分层布置，分为进料层、贮料层、配料层、拌合层、出料层五层，其中配料层是全楼的控制中心，设有主操纵台

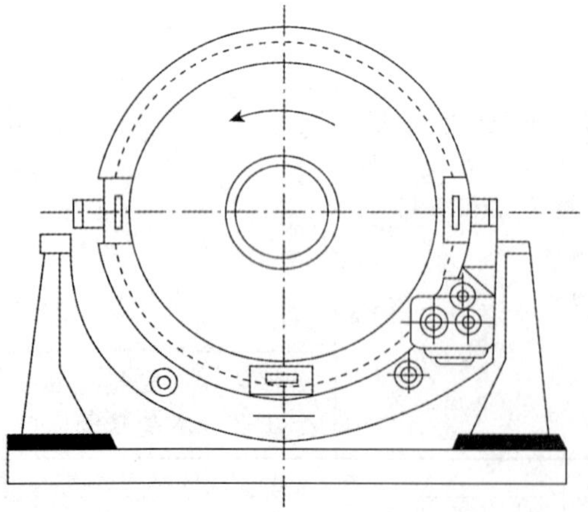

图 3-4-7 拌合机

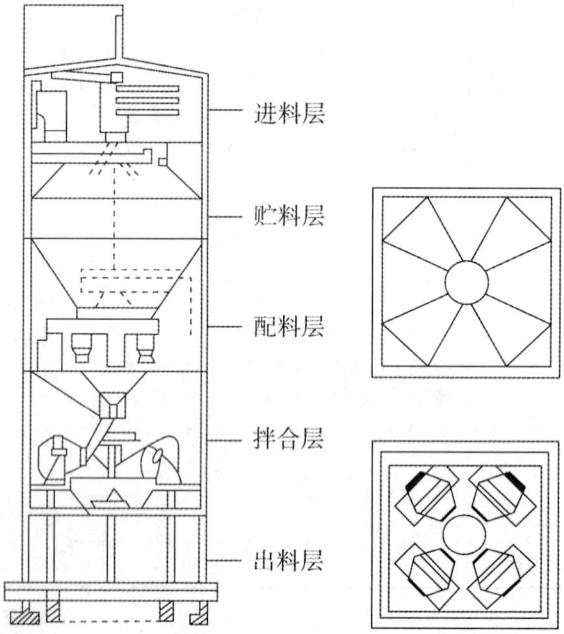

图 3-4-8 拌合楼

二、混凝土拌合方式

（一）拌合量

根据《水工混凝土施工规范》（SL 677—2014）的规定，混凝土拌合物应严格控制质量，不同材料称量的允许偏差不一样，具体见表3-4-8。

表 3-4-8　混凝土拌合量的允许偏差

材料名称	称量的允许偏差
水泥、掺合料、水、冰、外加剂溶液（2022 年选择题考点）	±1%
集料（2018 年选择题考点）	±2%

（二）拌合方式

不同的拌合方式对混凝土强度、水泥用量有着不同的影响，具体见表 3-4-9。

表 3-4-9　混凝土拌合方式

拌合方式		定义	特点
一次投料法		砂、石、水、水泥同时加入、搅拌	常用方法
二次投料法（2015 年选择题考点）	预拌水泥砂浆	第一次：水泥、砂、水； 第二次：石	混凝土强度提高 15%，水泥节约 15%～20%
	预拌水泥净浆	第一次：水泥、水； 第二次：砂、石	
水泥裹砂法		第一次：砂、石、部分水； 第二次：水泥； 第三次：剩余水	强度提高 20%～30%，混凝土工作性好，泌水少，不易产生离析现象

（三）不合格料处理

《水工混凝土施工规范》（SL 677—2014）规定，混凝土拌合物出现下列任一情况，按不合格料处理：

（1）错用配料单。

（2）混凝土任意一种材料计量失控或漏配。

（3）出机口拌合物拌合不均匀或夹带生料。

（4）混凝土温度和坍落度不符合要求，超过最大允许值。

实战演练

［2018 真题·单选］水工混凝土配料中，砂的称量允许偏差为（　　）%。

A. ±1.0　　B. ±1.5　　C. ±2.0　　D. ±2.5

［解析］砂属于集料，称量允许偏差为±2.0%。

［答案］C

三、混凝土拌合设备生产能力的确定（2022 年案例题考点）

影响混凝土拌合系统生产能力的因素有设备容量、台数与生产率等。

（1）根据《水工混凝土施工规范》（SL 677—2014）的规定，混凝土拌合系统小时生产能力计算公式为：

$$Q_h = K_h Q_m / (m \cdot n)$$

式中　Q_h——小时生产能力（m^3/h）；

K_h——小时不均匀系数，可取 1.3～1.5；

Q_m——混凝土高峰浇筑强度（m^3/月）；

m——每月工作天数（天），一般取 25 天；

n——每天工作小时数（h），一般取 20 h。

（2）按施工分块仓面强度计算法对混凝土生产系统规模进行核算时，计算公式为：

$$P \geqslant K\sum(F\delta)_{max}/(t_1-t_2)$$

$$t_2=L_{max}/v+t_3$$

$$\sum(F\delta)_{max}=(F_1\delta_1+F_2\delta_2+\cdots+F_n\delta_n)_{max}$$

式中 K——浇筑生产不均匀系数，一般取 1.1～1.2；

$F_{1\cdots}$——同时开仓浇筑的各块面积（m^2）；

$\delta_{1\cdots}$——同时开仓浇筑的各块浇筑层厚度（m）；

t_1——混凝土初凝时间（h）；

t_2——混凝土从拌合楼至最远浇筑点的运输时间（h）；

L_{max}——混凝土从拌合楼到浇筑点最长运距（km）；

v——混凝土运输工具的平均行驶速度（km/h）；

t_3——从运输工具吊运混凝土料罐到浇筑地点的时间（h）。

（3）规模划分。

根据《水工混凝土施工规范》（SL 677—2014）的规定，混凝土生产系统生产规模划分标准见表 3-4-10。（2021 年选择题考点）

第三章

表 3-4-10 混凝土生产系统生产规模划分标准

类型	小时设计生产能力/（$m^3\cdot h^{-1}$）	月设计生产能力/（万 $m^3\cdot$月$^{-1}$）
特大型	≥480	≥16
大型	180（含）～480	6（含）～16
中型	45（含）～180	1.5（含）～6
小型	<45	<1.5

实战演练

［2022 真题 · 案例节选］现浇混凝土采用自建拌合站供应。施工单位根据施工进度安排，计算确定高峰月混凝土浇筑强度为 12 000 m^3，并按每天生产 20 h，每月生产 25 天计算拌合站所需生产能力，计算公式为 $P=K_hQ_m/(m\cdot n)$，$K_h=1.5$。

［问题］

指出公式中 P、K_h、Q_m 所代表的含义；计算拌合站所需的生产能力，并判别拌合站的规模。

［答案］

（1）P：混凝土系统所需小时生产能力（m^3/h）；

Q_m：高峰月混凝土浇筑强度（m^3/月）；

K_h：时不均匀系数，一般取 1.5。

（2）拌合站所需的生产能力 $P=1.5\times12\ 000/(20\times25)=36$（$m^3$/h），拌合站规模为小型。

［经典例题·案例节选］

背景资料：

某混凝土重力坝工程，坝基为岩基，大坝上游坝体分缝处设置紫铜止水片。

施工中发生如下事件：

事件一：工程开工前，施工单位编制了常态混凝土施工方案。根据施工方案及进度计划安排，确定高峰月混凝土浇筑强度为 25 000 m^3。施工单位采用《水利水电工程施工组织设计规范》有关公式对混凝土拌合系统的小时生产能力进行计算，有关计算参数如下：小时不均匀系数 $K_h=1.5$，月工作天数 $m=25$ 天，日工作小时数 $n=20$ h。经计算，拟选用生产率为 35 m^3/h 的 JS750 型拌合机 2 台。

［问题］

根据事件一，计算该工程需要的混凝土拌合系统小时生产能力，并判断拟选用拌合设备的生产能力是否满足要求；指出影响混凝土拌合系统生产能力的因素有哪些。

［答案］

(1) 该工程需要的混凝土拌合系统小时生产能力为：

$Q_h=K_hQ_m/(m\cdot n)=1.5\times 25\,000/(25\times 20)=75\ (m^3/h)$。

选用的拌合设备生产率为：$35\times 2=70\ (m^3/h)<75\ (m^3/h)$。

故拟选用拌合设备的生产能力不能够满足要求。

(2) 影响混凝土拌合系统生产能力的因素有设备容量、台数与生产率等。

考点 4　混凝土的运输★

➤ **名师点拨：**该考点内容较少，考频低，了解即可。

一、运输过程中的注意事项

根据《水电工程混凝土生产系统设计规范》(NB/T 35005—2013) 的规定，混凝土的运输要注意以下事项：

(1) 选用的运输设备，应使混凝土在运输过程中不发生泄漏、分离、漏浆、严重泌水，并减少温度回升和坍落度损失等。

(2) 混凝土运输过程中，应缩短运输时间，减少转运次数，不应在运输途中和卸料过程中加水。

(3) 混凝土运输设备，必要时应设置遮盖或保温设施。

(4) 因故停歇过久，混凝土拌合物出现下列任一情况，应按不合格料处理：

①混凝土产生初凝。

②混凝土塑性降低较多，已无法振捣。

③混凝土被雨水严重淋湿或混凝土失水过多。

④混凝土中含有冻块或遭受冰冻，严重影响混凝土质量。

(5) 无论采用何种运输设备，混凝土自由下落高度不宜大于 2 m，超过时，应采取缓降或其他措施，防止骨料分离。

二、混凝土的水平运输与垂直运输设备

（1）水平运输设备主要包括有轨运输和无轨运输两种。（出机口到浇筑仓前）

（2）垂直运输设备（图 3-4-9）主要有门式起重机、塔式起重机、缆式起重机、履带式起重机。（浇筑仓前到仓内）

（a）门式起重机　　（b）塔式起重机

（c）缆式起重机　　（d）履带式起重机

图 3-4-9　垂直运输设备

考点 5　混凝土的浇筑方式★★

一、分缝分块浇筑方式

（一）一般规定

由于建筑物结构、混凝土材料、施工强度等条件的限制，不可能将整个坝体连续不断地一次浇筑完毕，需要采取分缝分块的方式，将坝体划分成许多浇筑块进行混凝土浇筑。为了减小温度应力，适应地基不均匀沉降，满足混凝土浇筑能力和对温度的控制，需设置垂直于坝轴线的横缝；为了适应混凝土浇筑能力，减小施工温度应力，需设置平行于坝轴线的纵缝。（2020 年选择题考点）

（二）混凝土坝分缝（2017 年选择题考点）

（1）混凝土坝分缝见表 3-4-11，如图 3-4-10 所示。

表 3-4-11　混凝土坝分缝

分缝类型	分缝形式	分缝特点
横缝（永久＋临时）	不设键槽、不灌浆	将整个坝分成若干个坝段，每个坝段的长度范围是15～24 m
	设键槽、不灌浆	
	设键槽、灌浆	

续表

分缝类型	分缝形式	分缝特点
纵缝	竖缝分块（柱状分块应用最广泛）	（1）设键槽，接缝灌浆处理； （2）浇筑块的高度一般控制在 3 m 以内
	斜缝分块	（1）可以不进行接缝灌浆； （2）浇筑顺序有规定：必须是先浇上游块，后浇下游块
	错缝分块	不灌浆，必要时设键槽
通仓浇筑	不设纵缝，一个坝段一个仓	

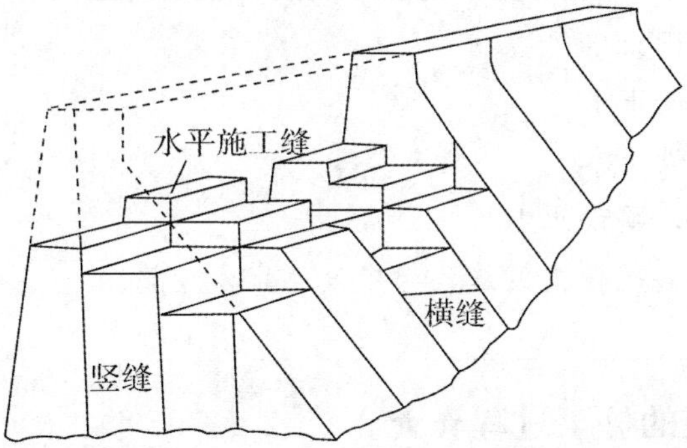

图 3-4-10　混凝土坝分缝示意图

（2）分缝分块形式如图 3-4-11 所示。

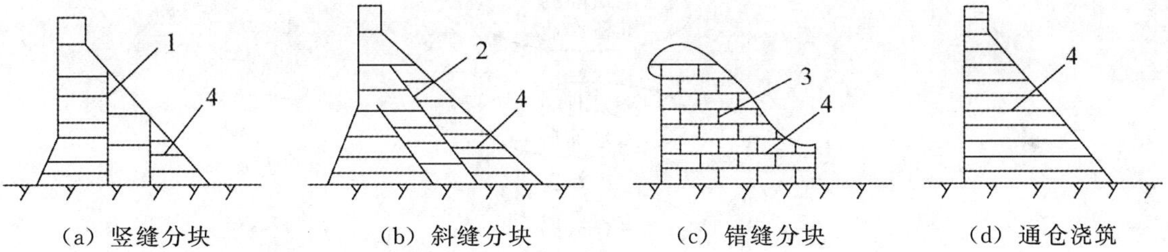

1—竖缝；2—斜缝；3—错缝；4—水平施工缝

图 3-4-11　分缝分块形式

➢ **注意**：根据《水闸施工规范》（SL 27—2014）的规定，施工缝的位置应设在结构受力较小的部位，易于凿毛和清理，并需考虑对外观质量的影响。施工缝的处理应符合下列规定：

（1）可采用凿毛、冲毛或刷毛等方法处理、清除表层的水泥浆薄膜和松散软弱层，并冲洗干净，排除积水。

（2）混凝土强度达到 2.5 MPa 后，方可进行浇筑上层混凝土的准备工作；浇筑前，水平缝应铺厚 10～20 mm 的同配合比的水泥砂浆，垂直缝应随浇筑层刷水泥浆或界面剂。

二、止水施工要求

《水闸施工规范》（SL 27—2014）规定，混凝土坝在施工过程中会留有温度缝、沉降缝等，对于防渗范围内的缝，都应该设有止水设施。浇筑止水缝部位混凝土应注意以下事项：（2021 年案例题考点）

（1）水平止水片应设置在浇筑层的中间。在止水片高程处，不得设置施工缝。

（2）浇筑混凝土时，不得冲撞止水片，当混凝土将要淹没止水片时，应再次清除其表面污垢。

（3）振捣器不得触及止水片。

（4）应适当推迟嵌固止水片模板的拆除时间。

➤ **记忆方法：**三不得，在中间，一推迟。

实战演练

［2021 真题·单选］关于水闸止水设置的说法，正确的是（　　）。

A. 所有水平缝均要设止水

B. 所有沉陷缝均要设止水

C. 所有垂直缝均要设止水

D. 铺盖与底板接缝处要设止水

［解析］凡是位于防渗范围内的缝，都应设有止水设施。

［答案］D

考点 6　混凝土浇筑的施工过程★★★

混凝土浇筑的施工过程如图 3-4-12 所示。

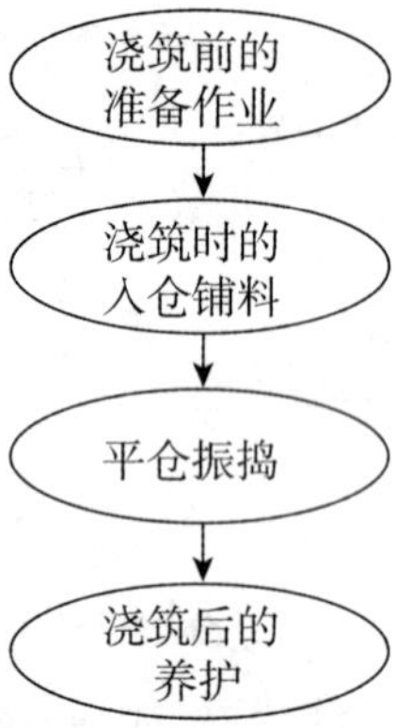

图 3-4-12　混凝土浇筑的施工过程

一、浇筑前的准备作业（2022 年选择题考点）

（1）基础面处理。不同种类基础面的处理措施见表 3-4-12。

表 3-4-12　基础面的处理

基础面类型	处理措施
砂砾地基	应先清除杂物，整平建基面，再浇低强度等级混凝土作垫层，以防漏浆
土基	应先铺碎石，盖上湿砂，压实后，再浇混凝土
岩基	爆破后用人工清除表面松软岩石、棱角和反坡，并用高压水枪冲洗，若粘有油污和杂物，可用金属刷刷洗，直至洁净为止。最后，再用高压风吹至岩面无积水，经质检合格，才能开仓浇筑

（2）施工缝处理。

（3）模板、钢筋及预埋件安设。

（4）开仓前全面检查。

二、入仓铺料

（1）混凝土一般多采用平浇法进行入仓铺料，如图 3-4-13 所示。

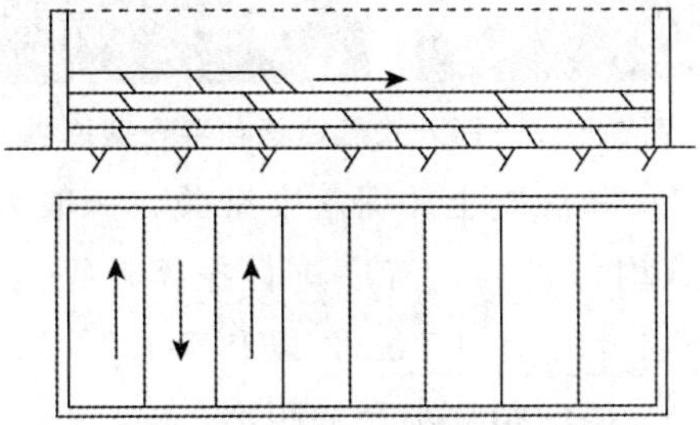

图 3-4-13　平浇法示意图

（2）需要特别控制层间间歇时间，当超过混凝土初凝时间时，会出现冷缝（2020 年考点）。冷缝是由施工工艺不当引起的，当出现冷缝时，会降低层间的抗渗、抗剪和抗拉能力。如气温一定，仓面尺寸和浇筑铺层厚度应与混凝土运输浇筑能力相适应。

显然，分块尺寸和铺层厚度受混凝土运输浇筑能力的限制（2015 年考点）。在两者相互配合过程中会出现两种情况，相关的处理措施有：

①假如分块尺寸和铺层厚度已经确定，一般采取增大运输浇筑能力的措施，保证层间不出现冷缝。

②若设备能力难以增大，可以考虑改变浇筑方法，避免出现冷缝，可以将平铺法改为斜层浇筑法或台阶（阶梯）浇筑法（图 3-4-14）。需要注意的是，当采用这两种浇筑方法时，宜采用低坍落度混凝土，这样可以避免出现砂浆流失、集料分离现象。

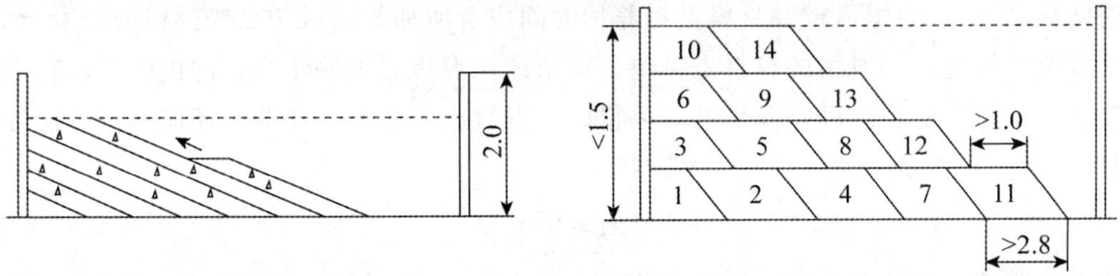

（a）斜层浇筑法　　（b）阶梯浇筑法

1，2，…，14——阶梯浇筑顺序

图 3-4-14　斜层浇筑法和阶梯浇筑法（尺寸单位：m）

三、平仓振捣

混凝土平仓时，可以使用插入式振捣器或者平仓振捣机，如图 3-4-15 所示。

图 3-4-15　插入式振捣器和平仓振捣机

振动影响半径与振动力大小和混凝土的坍落度有关，一般为 30～50 cm，须通过试振确定。为了避免漏振，应使振点均匀排列，有序进行振捣。振点间距为振动影响半径的 1～1.5 倍，并应使振捣器插入下层混凝土约 5 cm，以利于上下层结合。振动过程中不应使振捣器碰钢筋，还应与模板保持 1/2 振动影响半径的距离。

混凝土振实应根据以下现象判断：混凝土表层不再显著下沉；不再出现气泡；表面出现一层薄而均匀的水泥浆。

若过振则混凝土出现集料下沉、砂浆上翻的离析现象。

四、混凝土检查与养护

（一）检查

混凝土外观质量常见的问题：蜂窝、麻面、孔洞、露筋、烂根、错台、裂缝、缺棱掉角和模板走样等。检测时一般采用无损检测、钻孔取芯、压水试验等方法。（2021 年案例题考点）

（二）养护

养护是保证混凝土强度增长，不发生开裂的必要措施。通常采用的洒水养护或安管喷雾方法的效果更好。模板对混凝土表面有保护作用，故确定拆模时间应考虑养护的要求。正常养护时间约 28 天，根据需求及材料类型养护时间应有所加长。对于已经拆模的混凝土表面，可以采取覆盖措施，一般用的材料是草垫、锯末或保温板。近些年来，国内外采用在混凝土表面喷洒一层化学防护膜进行养护的效果很好。混凝土的冬夏季作业，还应制定专门的养护措施计划。（2020 年选择题考点）

实战演练

［2015 真题 · 单选］确定大体积混凝土浇筑的分块尺寸和铺层厚度的主要因素是混凝土（　　）。

A. 运输浇筑能力

B. 施工人员数量

C. 施工现场环境

D. 温度控制措施

［解析］大体积混凝土分块尺寸和铺层厚度受混凝土运输浇筑能力的限制。

［答案］A

［经典例题・案例节选］

背景资料：

某混凝土重力坝工程，坝基为岩基。岩基爆破后，施工单位在混凝土浇筑前对基础面进行处理。监理单位在首仓混凝土浇筑前进行开仓检查。

［问题］

岩基基础面需要做哪些处理？大坝首仓混凝土浇筑前除检查基础面处理外，还要检查的内容有哪些？

［答案］

(1) 岩基基础面需要做如下处理：在爆破后，用人工清除表面松软岩石、棱角和反坡，并用高压水枪冲洗，若粘有油污和杂物，可用金属丝刷洗，直至洁净为止。最后，再用高压风吹至岩面无积水，经质检合格，才能开仓浇筑。

(2) 大坝首仓混凝土浇筑前除检查基础面处理外，还要检查的内容有施工缝处理，模板、钢筋、预埋件安设以及开仓前全面检查。

［经典例题・案例节选］

背景资料：

某工程混凝土施工工艺流程图如图 3-4-16 所示。

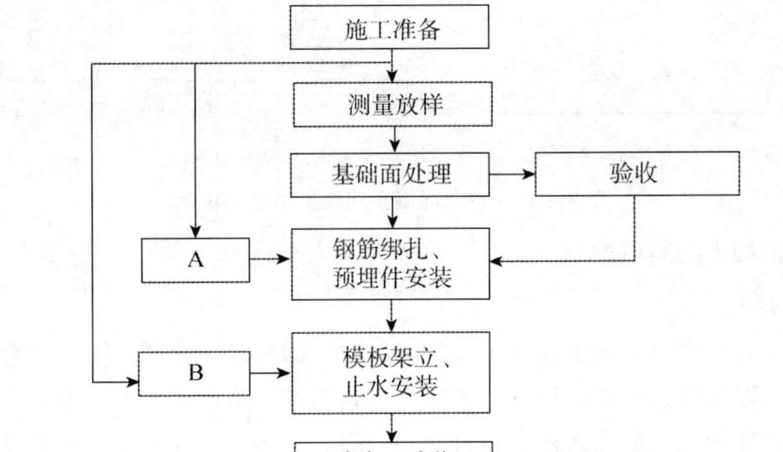

图 3-4-16　混凝土施工工艺流程图

［问题］

指出图中 A、B、C、D、E 分别代表的工序名称。

[答案]

A：钢筋加工。

B：模板制作。

C：混凝土制备（拌合）。

D：混凝土运输。

E：混凝土养护。

考点 7 碾压混凝土施工★★

一、碾压混凝土坝的施工特点

采用碾压土坝的施工方法修建混凝土坝，是混凝土坝施工技术的重大变革。碾压混凝土坝通常的施工程序是：在下层块铺砂浆→汽车运输入仓→平仓机平仓→振动压实机压实→在拟切缝位置拉线→机械对位→在振动切缝机的刀片上装铁皮并切缝至设计深度→拔出刀片，铁皮则留在混凝土中→切完缝再沿缝无振碾压两遍。这种施工工艺在国内具有普遍性，其主要过程如图 3-4-17 所示。

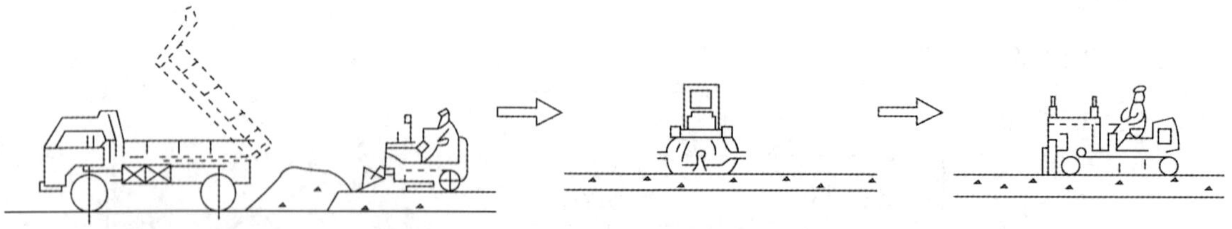

(a) 自卸汽车供料　(b) 平仓机平仓　(c) 振动压实机压实　(d) 切缝机切缝

图 3-4-17　碾压混凝土坝施工工艺流程图

二、碾压混凝土的质量控制

(一) 材料控制

根据《水工碾压混凝土施工规范》(SL 53—94) 的规定，碾压混凝土配合比控制是材料控制的关键，其配合比包括水胶比、砂率、掺合料掺量、单位用水量、外加剂。其中，最佳砂率的控制有相应规定，使用天然砂石料时，三级配为 28%～32%，二级配为 32%～37%。

(二) 施工质量控制的要求

1. 指标

(1) 拌合物质量。

VC 值、含气量、温度、抗压强度是评价拌合物质量的指标。

(2) 铺筑质量。

相对压实度是评价碾压混凝土压实质量的指标。对于建筑物的外部混凝土，相对压实度不得小于 98%；对于内部混凝土，相对压实度不得小于 97%。

2. 方法

《水工碾压混凝土施工规范》(SL 53—94) 规定，钻孔取样是评定碾压混凝土质量的综合方法。钻孔取样评定的内容见表 3-4-13。

表 3-4-13　钻孔取样评定的内容

序号	检验项目	评价内容
1	芯样获得率	评价碾压混凝土的均质性
2	压水试验	评定碾压混凝土的抗渗性
3	芯样的物理力学性能试验	评价碾压混凝土的均质性和力学性能
4	芯样断面位置及形态描述	评价碾压混凝土层间结合是否符合设计要求
5	芯样外观描述	评定碾压混凝土的均质性和密实性

实战演练

[经典例题·多选] 碾压混凝土配合比应满足工程设计的各项技术指标及施工工艺要求，其配合比参数包括（　　）。

A. 砂率　　B. 水胶比

C. 单位用水量　　D. 掺合料掺量

E. 最大粒径

[解析] 碾压混凝土配合比参数包括水胶比、砂率、掺合料掺量、单位用水量、外加剂。

[答案] ABCD

[经典例题·案例节选]

背景资料：

某水电站工程主要工程内容包括碾压混凝土坝、电站厂房、溢洪道等，工程规模为中型。

碾压混凝土坝施工中，采取了仓面保持湿润等养护措施。2016 年 9 月，现场对已施工完成的碾压混凝土坝体钻孔取芯，钻孔取芯检验项目及评价内容见表 3-4-14。

表 3-4-14　钻孔取芯检验项目及评价内容

序号	检验项目	评价内容
1	芯样获得率	E
2	压水试验	F
3	芯样的物理力学性能试验	评价碾压混凝土的均质性和力学性能
4	芯样断面位置及形态描述	评价碾压混凝土层间结合是否符合设计要求
5	芯样外观描述	G

[问题]

表中，E、F、G 所代表的评价内容分别是什么？

[答案]

E：评价碾压混凝土的均质性；

F：评定碾压混凝土的抗渗性；

G：评定碾压混凝土的均质性和密实性。

第三章

考点 8 大体积混凝土的温度控制★★★

扫码听课

➤ **名师点拨：**该考点内容需要全面掌握，以应对选择题或案例题。

混凝土结构物实体最小几何尺寸不小于 1 m 的大体量混凝土，或预计会因混凝土中胶凝材料水化引起的温度变化和收缩而导致有害裂缝产生的混凝土，称为大体积混凝土。

一、大体积混凝土的温度变化过程

大体积混凝土温度变化过程可以分为温升期、冷却期、稳定期三个阶段，如图 3-4-18 所示。

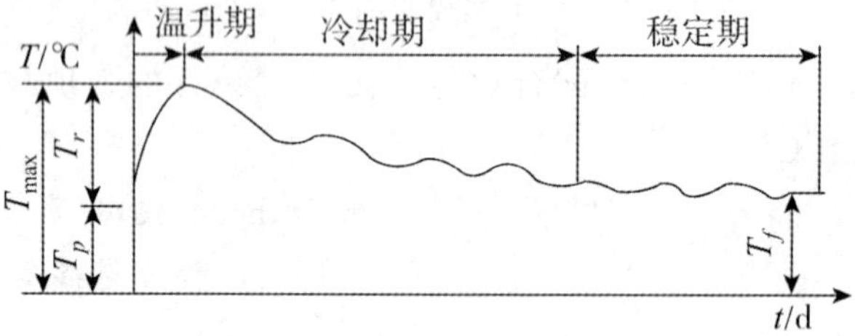

图 3-4-18 大体积混凝土的温度变化过程线

二、混凝土温控术语

根据《混凝土坝温度控制设计规范》（NB/T 35092—2017）的规定，混凝土温控术语见表 3-4-15。

表 3-4-15 混凝土温控术语

术语	解释
绝热温升	混凝土在绝热条件下由混凝土中胶凝材料水化释放出的热量引起的温升值
稳定温度场	大体积混凝土建成多年水化热影响消除后，其内部温度不随外界环境温度变化的温度场
准稳定温度场	大体积混凝土建成多年水化热影响消除后，其内部温度随外界环境温度周期性变化的温度场
基础约束区	基础面以上 0～0.4 *L* 的高度范围，其中 0～0.2 *L* 称为强约束区，0.2～0.4 *L* 称为弱约束区。*L* 指混凝土浇筑块长边的长度
基础温差	基础约束区内，混凝土最高温度与稳定温度之差
新老混凝土温差	龄期超过 28 天的老混凝土面上新浇筑混凝土的最高温度与新混凝土开始浇筑时下层老混凝土的平均温度之差
内外温差	混凝土内部最高温度与混凝土表面温度之差
出机口温度	在拌合设施出料口测得的混凝土拌合物深 3～5 cm 处的温度
入仓温度	混凝土下料后平仓前测得的深 5～10 cm 处的温度
浇筑温度	混凝土经平仓振捣或碾压后、覆盖上坯混凝土前，本坯混凝土面以下 5～10 cm处的温度

三、大体积混凝土温度控制标准

根据《混凝土坝温度控制设计规范》（NB/T 35092—2017）的规定，大体积混凝土温度控制标准见表 3-4-16。

表 3-4-16　大体积混凝土温度控制标准

项目		具体要求
过程控制		施工期应对混凝土原材料、混凝土生产过程、混凝土运输和浇筑过程及浇筑后的温度进行全过程控制
指标控制		主要温度控制指标：出机口温度、浇筑温度、浇筑层厚度、间歇期、表面冷却、通水冷却和表面保护等
浇筑	时间	气候温和地区宜在气温较低月份浇筑基础混凝土；高温季节宜利用早晚或夜间气温低的时段浇筑混凝土
	方法	常态混凝土浇筑应采取短间歇均匀上升、分层浇筑的方法 碾压混凝土宜薄层浇筑连续上升

四、大体积混凝土温度控制措施

大体积混凝土各阶段温度控制措施如图 3-4-19 所示。

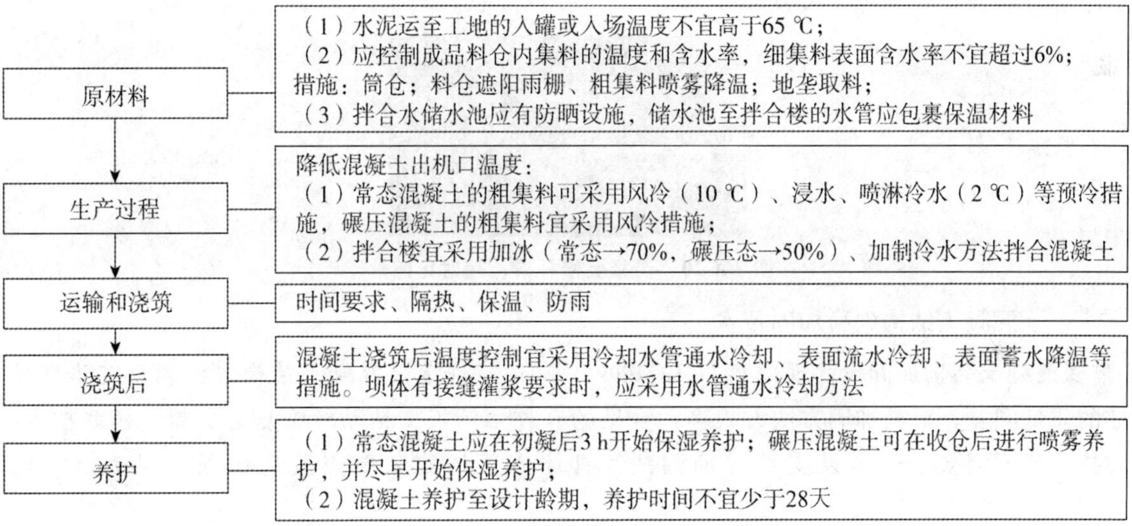

图 3-4-19　大体积混凝土温度控制措施

五、混凝土温度监测

（1）至少每 4 h 测量 1 次：原材料、出机口、入仓等处的温度。

（2）每 6～12 h 测量 1 次：通水冷却温度监测。

实战演练

［经典例题·单选］入仓温度是指混凝土下料后平仓前测得的深（　　）cm 处的温度。

A. 5～10　　B. 3～5

C. 2～3　　D. 1～2

［解析］入仓温度是指混凝土下料后平仓前测得的深 5～10 cm 处的温度。

［答案］A

[经典例题·案例节选]

背景资料：

混凝土重力坝施工中，早期施工时坝体出现少量裂缝，经分析裂缝是由温度应力所致。施工单位编制了温度控制技术方案，提出了相关温度控制措施，并提出出机口温度、表面保护等主要温度控制指标。

[问题]

除出机口温度、表面保护外，主要温度控制指标还应包括哪些？

[答案]

主要温度控制指标还应包括浇筑温度、浇筑层厚度、间歇期、表面冷却、通水冷却等。

考点 9 混凝土工程加固技术★★

混凝土工程在施工及使用过程中会出现一些普遍存在的质量问题，从其影响程度角度可以分为结构失稳、裂缝、表层损坏等问题。对于这些质量问题要及时进行分析，并采取有效措施进行修补，如图 3-4-20 所示。

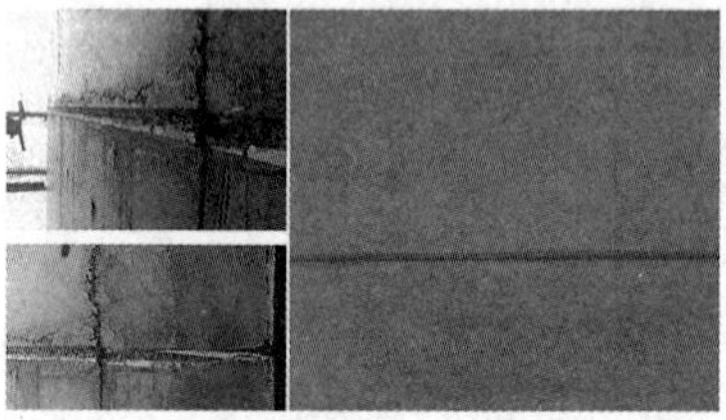

图 3-4-20 混凝土修补前、后对比照片

一、混凝土结构失稳加固技术

《混凝土结构加固设计规范》（GB 50367—2013）规定，混凝土结构失稳属于灾难性破坏的质量问题，对其加固方法有很多，常见的有外粘钢板、粘贴纤维复合材料、植筋技术、锚拴、置换混凝土、增设支点等加固法。具体方法的施工要点及适用条件见表3-4-17。（2017 年选择题考点）

表 3-4-17 混凝土结构失稳的加固方法

加固方法	施工要点	适用条件
外粘钢板加固法	(1)“两垂直”：混凝土粘合面上胶前，糙化或打磨的纹路应均匀，且应尽量垂直于受力方向；钢板粘合面上胶前，糙化的纹路应尽量垂直于钢板受力方向； (2)“一厚一薄”：俯贴时，胶层宜中间厚、边缘薄；竖贴时，胶层宜上厚下薄；仰贴时，胶液的下垂度不应大于 3 mm； (3)“一不得”：钢板粘贴应均匀加压，不得由钢板两端向中间加压	适用于对钢筋混凝土受弯、大偏心受压和受拉构件的加固。这两种方法不适用于素混凝土构件的加固
粘贴纤维复合材料加固法	鉴于纤维复合材料对温度的要求，严禁在粘贴表面焊接施工	

续表

加固方法	施工要点	适用条件
植筋技术	植筋应在胶黏剂初凝前完成	适用于钢筋混凝土结构构件以结构胶种植带肋钢筋和全螺纹螺杆的后锚固设计
锚栓	化学锚栓固化后不得进行焊接	适用于普通混凝土承重结构的加固
置换混凝土加固法	采用该方法加固混凝土结构构件时，非置换部分的原构件混凝土强度等级，按现场检测结果不应低于该混凝土结构建造时规定的强度等级确定	适用于承重构件受压区混凝土强度偏低或有严重缺陷的局部加固
增设支点加固法	—	该方法适用于梁、板、桁架等结构的加固

二、混凝土裂缝加固法

混凝土裂缝的出现会对整体性、强度、耐久性和抗渗性造成一定影响，为了保证其质量满足要求，针对不同的裂缝要采取适用的修补方法，选择适当的时间进行加固。

（一）修补时间（2022 年选择题考点）

（1）一般裂缝修补须在干燥环境下进行，如果在低水头或地下水位较低处修补，要注意材料和方法的选择。

（2）当裂缝受气温影响时，宜选择在低温季节裂缝开度较大时修补。（2015 年选择题考点）

（二）裂缝修补的方法

表面凿槽嵌补是裂缝修补最常见且通用的修补方法，可适用于开度小的裂缝、渗漏、沉降、温度以及施工冷缝等；钻孔灌浆一般不适用于开度小的裂缝以及龟裂缝，而其他裂缝都适用。表面涂抹环氧砂浆或表面贴条状砂浆适用于开度小的裂缝以及龟裂缝。（2013 年选择题考点）

三、混凝土表层加固

混凝土表层损坏是较为常见的混凝土质量问题，主要是由混凝土本身的质量缺陷造成的，如蜂窝、麻面、碳化、腐蚀等。表层的损坏会引起混凝土强度的降低，钢筋裸露锈蚀，甚至可以继续发展为更严重的内部质量问题，因此要及时加固。常见的加固方法主要有以下 7 种，包括了砂浆、混凝土及环氧材料的应用等，具体见表 3-4-18。（2018 年、2012 年选择题考点）

表 3-4-18　混凝土表层加固几种常用方法

常用方法	特点
水泥砂浆修补法	水泥砂浆强度不得低于原混凝土强度
预缩砂浆修补法	适用于高流速区的表层缺陷
喷浆修补法	易产生裂缝
喷混凝土修补法	不用模板、省工序，因此得到广泛应用
钢纤维喷射混凝土修补法	投料顺序：砂、石、钢纤维、水泥、外加剂、水

续表

常用方法	特点
压浆混凝土修补法	可用于水下加固、不易振捣的部位
环氧材料修补法	新型材料，性能较好

实战演练

[**2022 真题 · 单选**] 关于混凝土裂缝处理的说法，不恰当的是（　　）。

A. 在低温季节修补裂缝　　B. 在地下水位较低时修补裂缝

C. 采用外粘钢板修补裂缝　　D. 在低水头下修补裂缝

[**解析**] 外粘钢板是混凝土结构失稳的加固方法。

[**答案**] C

[**2018 真题 · 单选**] 下列关于混凝土表层加固的方法中，适用于水下加固的是（　　）修补法。

A. 预缩砂浆　　B. 喷浆

C. 喷混凝土　　D. 压浆混凝土

[**解析**] 压浆混凝土修补法适用于水下加固，具有收缩变形小等特点。

[**答案**] D

名师小结

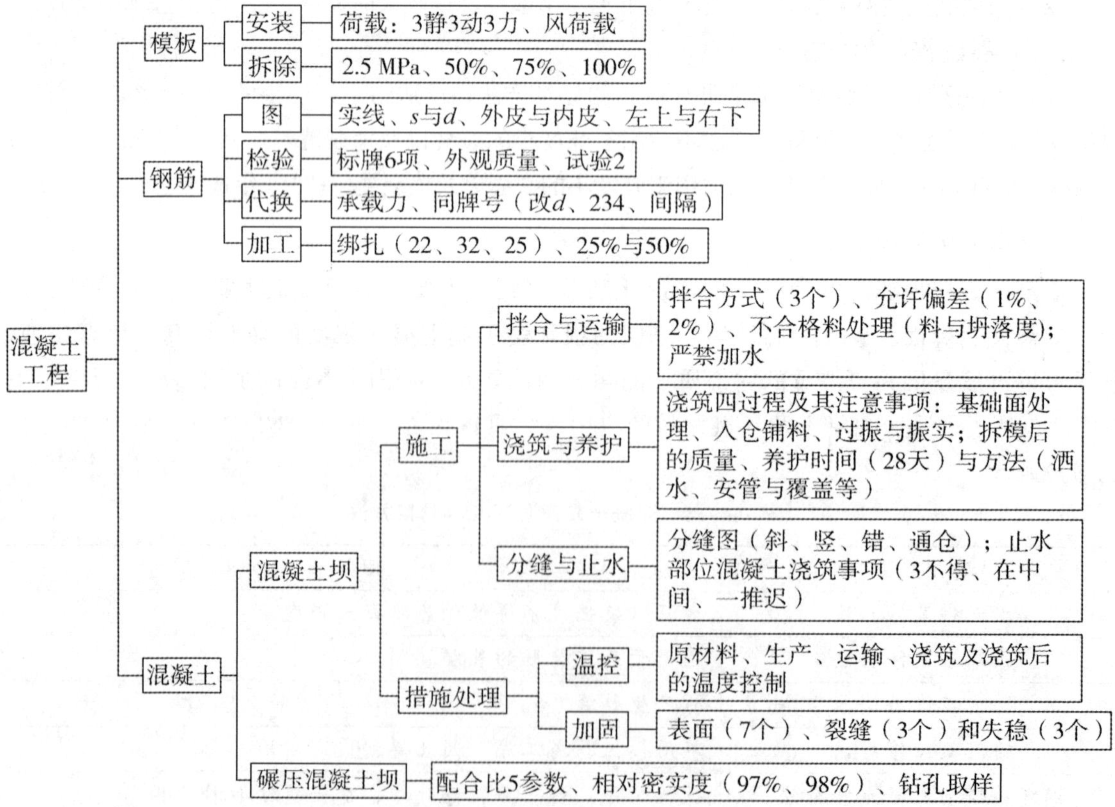

第五节　水利水电工程机电设备及金属结构安装工程

➢ **名师点拨：** 本节内容知识点较少，但难度较大且考频低，在学习时一定要抓住重点，理解掌握相关内容。

考点 1　机电设备与金属结构的分类★

机电设备一般指机械、电器及电气自动化设备，在建筑中多指除土工、木工、钢筋、泥水之外的机械、管道设备的统称。它不同于五金，多指能实现一定功能的成品。水泵及其动力设备、水轮发电机组及接力器是水利水电工程中常见的机电设备，关于其分类在第一章第一节中已经涉及，故在此不再重复呈现。

一般地，金属结构的主体结构为金属。闸门与启闭机、拦污栅与清污机、压力钢管与阀门是水利水电工程中常见的金属结构，如图 3-5-1 所示。

(a) 闸门与启闭机

(b) 拦污栅与清污机

(c) 压力钢管与阀门

图 3-5-1　金属结构示意图

关于闸门、启闭机、清污机的具体分类见表 3-5-1。

表 3-5-1　闸门、启闭机、清污机的具体分类

金属结构	分类标准	常见设备名称
闸门	作用	(1) 工作闸门：是指完成过水孔口功能的闸门，经常用来调节孔口流量，承担主要工作并能在动水中启闭； (2) 事故闸门：是指能在动水中截断水流以便处理或遏止水道下游发生事故的闸门； (3) 检修闸门：供检修水工建筑物或工作闸门及其门槽时临时挡水用的闸门，一般设于工作闸门前； (4) 露顶闸门与潜孔闸门
	结构形式	平面闸门、弧形闸门等
启闭机	结构形式	有固定卷扬式启闭机、液压式启闭机、螺杆式启闭机等，具体选型时应根据图 3-5-2 进行辨识（2018 年、2017 年选择题考点）
清污机	结构形式	有耙斗式清污机（多用于水电站进水口拦污栅的清污）、回转式清污机（多用于泵站进水口的清污）、抓斗式清污机等，如图 3-5-3所示

根据《水利水电工程启闭机设计规范》（SL 41—2018）的规定，各种类型启闭机的型号表示方法如图 3-5-2 所示。

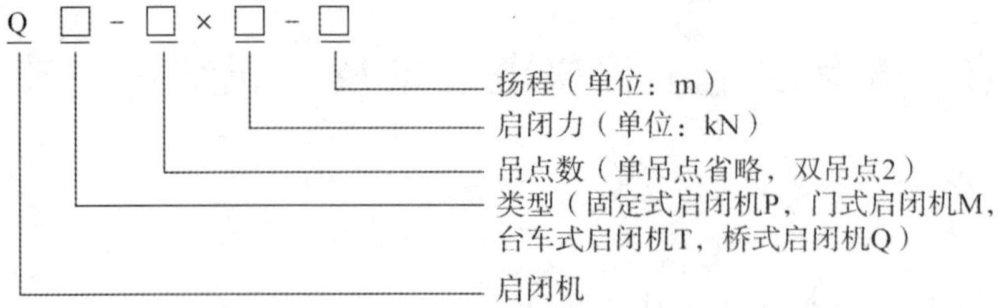

（a）固定卷扬式启闭机

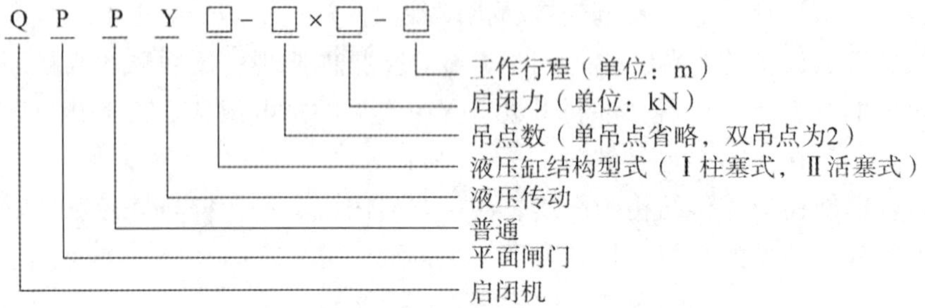

（b）液压启闭机—普通

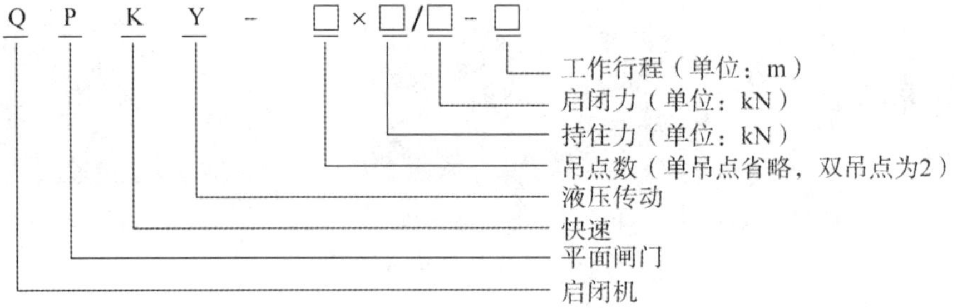

（c）液压启闭机—快速

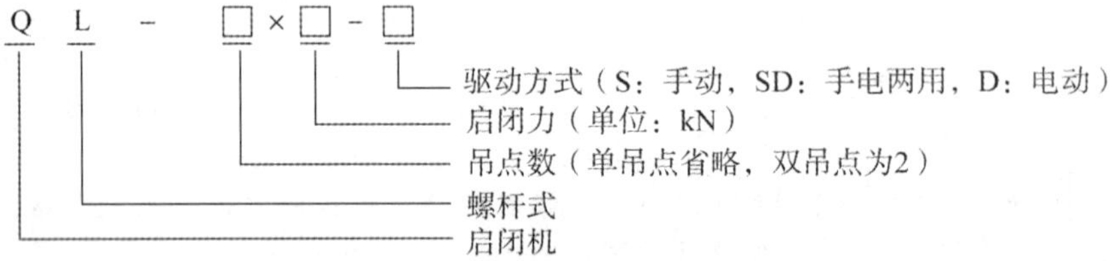

（d）螺杆式启闭机

图 3-5-2 启闭机的型号表示方法

耙斗式

回转式

抓斗式

图 3-5-3 清污机分类

实战演练

[2018 真题·单选] 根据启闭机结构形式分类，型号“QP－□×□－□/□”表示的是（　　）启闭机。

A. 卷扬式　　B. 螺杆式

C. 液压式　　D. 移动式

[解析] 本题考查卷扬式启闭机的表示方法。根据型号中“QP”两个字母判定该启闭机为卷扬式启闭机。

[答案] A

考点 2　金属结构的安装★★

一、闸门安装

根据《水利水电工程钢闸门制造、安装及验收规范》（GB/T 14173—2008）的规定，闸门安装包括安装前应具备的资料、标志、二期混凝土浇筑和安装试验。

（一）闸门及埋件安装前应具备的资料

（1）设计图样、施工图样和技术文件。

（2）闸门出厂合格证。

（3）闸门制造验收资料和出厂检验资料。

（4）闸门制造竣工图或能反映闸门出厂时实际结构尺寸的图样。

（5）发货清单、到货验收文件及装配编号图。

（6）安装用控制点位置图。

（二）闸门标志

闸门应有对应的标志，标志内容包括产品名称、制造日期、制造厂名、生产许可证标志及编号、闸门中心位置和总重量。

（三）埋件二期混凝土浇筑

（1）时间：埋件安装完经相关人员检查合格后，在5～7天内浇筑二期混凝土。

（2）材料：应采用较细集料混凝土（补偿收缩细石混凝土）。

（3）施工：要控制下料高度，减少物料分离，一次浇筑高度控制在5 m。因此当门槽高度较高时，不能直接下料，一般采取分段安装和浇筑。

浇筑振捣时，为了保护埋件不被破坏，应细心捣固，不要振动已装好的金属构件。

（4）拆模：拆模时应注意混凝土强度，当埋件二期混凝土强度达到70%以后才可以进行拆模。

（四）闸门安装试验

闸门安装合格后，应在无水情况下做全行程启闭试验。有条件时，工作闸门应做动水启闭试验，事故闸门应做动水关闭试验。

试验前应检查自动挂脱梁挂钩脱钩是否灵活可靠；充水阀在行程范围内的升降是否自如，在最低位置时止水是否严密；同时还须清除门叶上和门槽内所有杂物，并检查吊杆的连接情况。启闭时，应在止水橡皮处浇水润滑。

二、启闭机的安装

启闭机是用来开启与关闭闸门、拦污栅等的起重设备，其安装程序如下：

（1）埋设基础螺栓及支撑垫板等构件。

（2）安装机架。

（3）浇筑基础二期混凝土。

（4）安装提升机构、电气设备和保护元件。

（5）联结闸门做启闭机操作试验，使各项技术参数和继电保护值达到设计要求。

实战演练

［**2021真题·多选**］闸门的标志内容包括（　　）等。

A. 产品名称　　B. 挡水水头

C. 制造日期　　D. 闸口中心位置

E. 监造单位

［**解析**］闸门应有对应的标志，标志内容包括产品名称、制造日期、制造厂名称、生产许可证标志及编号、闸门中心位置和总重量。

［**答案**］ACD

［**经典例题·案例节选**］

背景资料：

某水利施工单位承担工程土建施工及金属结构、机电设备安装任务，闸门槽采用留槽后浇二期混凝土的方法施工。

［问题］

1. 结合背景资料说明门槽二期混凝土应采用具有什么性能特点的混凝土；指出门槽二期混凝土在入仓、振捣时的注意事项。

2. 根据《水闸施工规范》（SL 27—2014）的规定，闸门安装完毕后水闸蓄水前需做什么启闭试验？指出该试验目的。

［答案］

1.（1）浇筑二期混凝土时，应采用较细集料（补偿收缩细石）混凝土。

（2）门槽二期混凝土在入仓、振捣时的注意事项：

入仓：门槽较高时，不要直接从高处下料，可以分段安装和浇筑。

振捣：细心捣固，不要振动已装好的金属构件。

2.（1）闸门安装完毕后，需做全行程启闭试验。有条件时，工作闸门应做动水启闭试验，事故闸门应做动水关闭试验。

（2）试验目的：检查闸门是否能够正常工作。

第三章

名师小结

- 机电设备及金属结构安装工程
  - 分类
    - 闸门：作用与结构形式
    - 启闭机：固定卷扬（QP）、螺杆式（QL）、液压式（QPPY）
    - 清污机：耙斗、抓斗、回转
  - 闸门安装
    - 闸门标志：产品名称、制造厂名、制造日期、生产许可证标志及编号、闸门中心位置和总重量
    - 安装实验：全行程启闭、动水启闭、动水关闭
    - 二期混凝土：
      - 材料：较细集料混凝土
      - 施工：细心捣固、分段安装和浇筑
      - 拆模：70%

第六节　渠道施工技术

➢ **名师点拨：**本节内容是在考试大纲的基础上总结出来的，知识点较少，抓住关键点即可。

考点 1　渠道开挖★

渠道开挖与土石方开挖方法有很多相同的地方，主要都有人工开挖、机械开挖方法。需要注意的是，渠道开挖出的多余土方一般堆在渠道的两侧用作渠堤。

一、人工开挖

人工开挖时要注意是否有水的存在。当在无水环境即干地施工时，一般自中心向外，分层下挖，边坡做成台阶状。当有水存在时，一般要设置排水沟。

二、机械开挖

渠道开挖的机械一般选用推土机和铲运机。

当使用推土机时，要特别注意开挖深度和两侧填筑的渠堤坡度。开挖深度一般控制在1.5～2.0 m范围内，填筑渠堤坡度一般不宜陡于1∶2。（2020年选择题考点）

渠道分为全填、全挖及半挖半填渠道。当渠道为全挖及半挖半填时，采用的最为有利的机械是铲运机。

考点 2　渠道施工★★

一、渠道断面施工

（一）改建渠道

渠道是输水建筑物，在基槽填筑时，需要注意水的控制，一般提前停止通水，保持干燥的施工环境，再进行清杂工作，如清除杂草、淤积泥沙等。

（二）新建渠道

新建渠道常见的分为全填、全挖以及半挖半填渠道。以半挖半填渠道为例，施工过程中

一般先挖基槽，再填筑，最后整修渠槽。

二、浆砌石防渗结构砌筑顺序

（1）梯形类：对于梯形类渠道，其渠坡一般满足施工工作面及安全的要求，因此在砌筑过程中，应该先渠底后渠坡。渠底在砌筑时，一般从中线开始，向两边对称砌筑。渠坡在砌筑时，一般从坡脚自下而上分层砌筑。

（2）矩形类：对于矩形类渠道，其侧墙不满足施工工作面及安全的要求，因此在砌筑过程中，应该先两边侧墙后渠底；对于暗渠，先进行侧墙和渠底的砌筑，后砌顶拱或加盖板。

实战演练

[经典例题·多选] 下列不同形式的渠道断面中，有关浆砌石防渗结构的砌筑顺序，说法正确的有（　　）。

A. 梯形明渠宜先砌筑渠底后砌渠坡

B. 矩形明渠宜先砌两边侧墙后砌渠底

C. 拱形暗渠，可先砌侧墙和渠底，后砌顶拱

D. 当砌渠坡时，从坡脚开始，自上而下分层砌筑

E. 弧形底梯形明渠从两边开始，向渠底中线对称砌筑

[解析] 当砌渠坡时，从坡脚开始，自下而上分层砌筑，选项 D 错误。弧形底梯形明渠从渠底中线开始，向两边对称砌筑，选项 E 错误。

[答案] ABC

名师小结

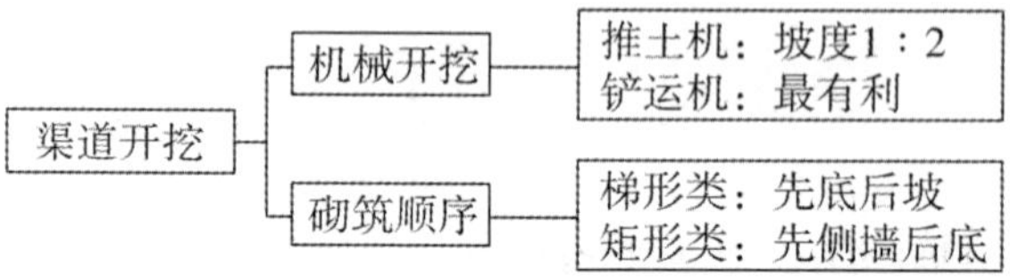

第七节　水利水电工程施工安全技术

➤ **名师点拨：** 施工安全技术在整个第三章中属于关联性最弱的一节内容，在学习过程中要注意“舍、得”，抓住核心考点即可。

考点 1　施工现场安全管理★★

根据《水电水利工程施工通用安全技术规程》（DL/T 5370—2017）的规定，施工道路的设置、职业健康、消防的安全距离和防汛应符合以下规定。

一、施工道路的设置

（1）施工生产区内机动车辆临时道路应符合以下规定：

①道路纵坡不宜大于8%，进入基坑等特殊部位的个别短距离地段最大纵坡不得大

于 15%。

②道路最小转弯半径不得小于 15 m。

③路面宽度不得小于施工车辆宽度的 1.5 倍。

(2) 施工现场的轨道机车道路应遵守以下规定：

①基础稳固、边坡稳定。

②纵坡应小于 3%。

③机车轨道的端部应设有钢轨车挡，其高度不低于机车轮的半径，并设有红色警示灯。

④机车轨道的外侧应设有宽度不小于 0.7 m 的人行通道。

(3) 施工现场临时性桥梁，应根据桥梁的用途、承重荷载和相应技术规范进行设计修建，并符合以下要求：

①宽度应不小于施工车辆最大宽度的 1.5 倍。

②人行道宽度应不小于 1.0 m，并应设置防护栏杆。

(4) 施工现场架设临时性跨越沟槽的便桥和边坡栈桥应符合以下要求：

①人行便桥宽度不得小于 1.2 m。

②手推车便桥宽度不得小于 1.5 m。

二、职业健康

(1) 非施工区噪声允许标准见表 3-7-1。

表 3-7-1　非施工区噪声允许标准

地点名称	等效声级/dB (A)	
	昼间	夜间
以居住、文教机关为主的区域	55	45
居住、商业、工业混杂区及商业中心区	60	50
工业区	65	55
交通干线道路两侧	70	55

(2) 特殊区域的检测频次。

①粉尘作业区至少每季度测定一次粉尘浓度，浓度超标时应增加监测次数。

②毒物作业点至少每半年测定一次，浓度超过最高允许浓度的测点，应增加监测次数。

③噪声作业点至少每季度测定一次 A 声级，每半年进行一次频谱分析。

④辐射每半年监测一次，特殊情况增加监测次数。

(3) 工程建设单位应建立职业健康管理规章制度和施工人员职业健康档案（一年一次体检），对从事尘、毒、噪声等职业危害的人员应进行岗前、在岗期间、离岗及应急后的职业健康检查，对确认患职业病的职工应及时给予治疗，并调离工作岗位。

实战演练

[**2019 真题·单选**] 夜间施工时，施工作业噪声传至以居住为主区域的等效声级限值不允许超过（　　）dB（A）。

A. 45　　B. 50

C. 55　　D. 60

[**解析**] 根据相关规定，居住区夜间噪声应低于 45 dB（A）。

[**答案**] A

三、消防的安全距离

（1）合理布设消防通道和消防警示标志，消防通道应保持畅通，其宽度不得小于4.0 m。（2015 年、2014 年选择题考点）

➤ **注意：** 关于消防通道宽度，依据最新规范已经更改为 4.0 m。

（2）挥发性的易燃品应存放于危险化学品仓库，不得用开口容器存放，使用过的空容器应及时退库并按规定处置。

（3）闪点在 45 ℃以下的桶装、罐装易燃液体不得露天存放，存放仓库应通风良好。

（4）施工生产作业区与建筑物之间的防火安全距离，应遵守下列规定：

①仓库区、易燃可燃材料堆集场距所建的建筑物和其他区域不得小于 20 m。

②用火作业区距所建的建筑物和其他区域不得小于 25 m。

③易燃品集中站距所建的建筑物和其他区域不得小于 30 m。

实战演练

[**经典例题·多选**] 根据水利水电工程施工安全有关规定，下列施工现场各作业区与建筑物之间的防火安全距离符合要求的有（　　）。

A. 用火作业区距所建的建筑物和其他区域不小于 25 m

B. 用火作业区距生活区不小于 15 m

C. 仓库区、易燃可燃材料堆集场距所建的建筑物和其他区域不小于 20 m

D. 易燃废品集中站距所建的建筑物和其他区域不小于 20 m

E. 易燃废品集中站距所建的建筑物和其他区域不小于 30 m

[**解析**] 用火作业区距所建的建筑物和其他区域不得小于 25 m，选项 B 错误。易燃废品集中站距所建的建筑物和其他区域不小于 30 m，选项 D 错误。

[**答案**] ACE

四、季节施工

根据《水工混凝土施工规范》（SL 677—2014）的规定，日平均气温连续 5 天稳定在 5 ℃以下或最低气温连续 5 天稳定在 −3 ℃以下时，应按低温季节施工。制定防寒、防煤气中毒、防滑、防冻、防火等安全措施。

五、防汛

（1）当超标洪水来临前，淹没危险区的所有人员及重要物资设备，应撤离到安全地点。

（2）汛期应加强与上级主管部门和地方政府防汛部门的联系，服从防汛指挥。

（3）堤防工程防汛抢险，应遵循“前堵后导、强身固脚、减载平压、缓流消浪”的原则。

考点 2　施工用电要求★★

扫码听课

一、施工用电安全距离

根据《水电水利工程施工通用安全技术规程》（DL/T 5370—2017）的规定，施工用电安全距离应满足以下要求。

（1）现场施工用电设施，除经常性维护外，每年检修不宜少于 2 次，时间应安排在雨季和冬季到来之前，保证其绝缘电阻等符合要求。

（2）在建工程（含脚手架）的外侧边缘与外电架空线路的边线之间应保持安全操作距离。最小安全操作距离应不小于表 3-7-2 的规定。

表 3-7-2　在建工程（含脚手架）的外侧边缘与外电架空线路的边线之间的最小安全操作距离

外电架空线路电压/kV	＜1	1～10	35～110	154～220	330～500
最小安全操作距离/m	4	6	8	10	15

注：上、下脚手架的斜道不得搭设在有外电架空线路的一侧。

（3）机械如在高压线下进行工作或通过时，其最高点与高压线间的最小垂直距离不得小于表 3-7-3 的规定。（2017 年选择题考点）

表 3-7-3　机械最高点与高压线间的最小垂直距离

线路电压/kV	＜1	1～10	35～110	154	220	330
机械最高点与线路间的垂直距离/m	1.5	2.0	4.0	5.0	6.0	7.0

（4）旋转臂架式起重机的任何部位或被吊物的边缘与 10 kV 以下的架空线路边线最小水平距离不得小于 2 m。

（5）人员触电时，首先应切断电源，或用绝缘材料使触电者脱离电源，然后立即采用人工呼吸等急救方法进行抢救。

（6）用电场所电器灭火应选择适用于电气的灭火器材，不得使用泡沫灭火器。

二、现场临时变压器安装

根据《水电水利工程施工通用安全技术规程》（DL/T 5370—2017）的规定，地面上的变压器应有 0.5 m 的高台，高台周围有不低于 1.8 m 的栅栏，栅栏与变压器外廓的距离不得小于 1 m；杆上变压器安装的高度应不低于 2.5 m。

现场临时变压器上应挂“止步、高压危险”的警示标志。变压器的引线应采用绝缘导线。

现场临时变压器如图 3-7-1 所示。

图 3-7-1　现场临时变压器

三、施工照明电压限值

根据《水电水利工程施工通用安全技术规程》(DL/T 5370—2017) 的规定，施工照明电压限值应符合以下要求。

(1) 一般场所宜选用额定电压为 220V 的照明器。对下列特殊场所应使用安全电压照明器：

①地下工程，有高温、导电灰尘，且灯具离地面高度低于 2.5 m 等场所的照明，电源电压应不大于 36 V。

②在潮湿和易触及带电体场所的照明电源电压不得大于 24 V。

③在特别潮湿的场所、导电良好的地面、锅炉或金属容器内工作的照明电源电压不宜大于 12 V。

(2) 使用行灯电源电压不超过 36 V。(2015 年选择题考点)

(3) 照明变压器应使用双绕组型，不得使用自耦变压器。

实战演练

[2017 真题 · 单选] 水利工程中，起重机械从 220 kV 高压线通过时，其最高点与高压线之间的最小垂直距离不得小于（　　）m。

A. 4　　B. 5　　C. 6　　D. 7

[解析] 机械如在高压线下进行工作或通过时，当线路电压为 220 kV 时，其最高点与高压线之间的最小垂直距离不得小于 6 m。

[答案] C

[2015 真题 · 单选] 水利水电工程施工现场照明使用的行灯电源电压最高为（　　）V。

A. 6　　B. 12

C. 24　　D. 36

[解析] 使用行灯电源应遵守电源电压不超过 36 V 的规定。

[答案] D

考点 3　高处作业要求★★★

扫码听课

➤ **名师点拨：** 该考点属于高频考点，选择题、案例题均在考试中出现，要进行全方位学习与掌握。

一、高处作业的概念

根据《高处作业分级》（GB/T 3608—2008）规定，高处作业是指在距坠落高度基准面2 m或2 m以上有可能坠落的高处进行的作业。（2021年、2019年选择题，2020年案例题考点）

二、高处作业的分级和分类（2020年案例题考点）

（一）高处作业的分级

高处作业的分级见表3-7-4。

表3-7-4 高处作业的级别

高处作业级别	作业高度/*H*
一级高处作业	2～5 m
二级高处作业	5～15 m
三级高处作业	15～30 m
特级高处作业	30 m以上

（二）高处作业的分类

高处作业分为一般高处作业和特殊高处作业。常见的八大特殊高处作业如下：（2015年选择题考点）

（1）在阵风风力为6级（风速10.8 m/s）及以上情况下进行的强风高处作业。

（2）在高温或低温环境下进行的异温高处作业。

（3）在降雪时进行的雪天高处作业。

（4）在降雨时进行的雨天高处作业。

（5）在室外完全采用人工照明进行的夜间高处作业。

（6）在接近或接触带电体条件下进行的带电高处作业。

（7）在无立足点或无牢靠立足点的条件下进行的悬空高处作业。

（8）在紧急情况进行的抢救高处作业。

上述特殊高处作业以外的作业称为一般高处作业。

➤ **记忆方法：**“双11购物节”：无论刮风下雨，还是夜间飘雪，一（异）店（电）抢空。

在高处作业的级别和类别中，有些需要事先制定专项安全技术措施，并向所有施工人员进行技术交底，保证其安全，该类高处作业是三级、特级、悬空高处作业。

实战演练

[**2012真题·单选**] 下列关于高处作业的说法，错误的是（ ）。

A. 在坠落高度基准面2 m处有可能坠落的高处进行的作业属于高处作业

B. 高处作业分为一级高处作业、二级高处作业、三级高处作业、四级高处作业

C. 强风高处作业、雪天高处作业、带电高处作业均属于特殊高处作业

D. 进行三级高处作业时，应事先制定专项安全技术措施

第三章

［解析］高处作业的级别：高度在 2～5 m（含 2 m、5 m）时，称为一级高处作业；高度在5～15 m（含 15 m）时，称为二级高处作业；高度在 15～30 m（含 30 m）时，称为三级高处作业；高度在 30 m 以上时，称为特级高处作业。

［答案］B

［2020 真题·案例节选］

背景资料：

某施工单位承担江北取水口加压泵站工程，泵站纵剖面如图 3-7-2 所示。在进行屋面施工时，泵室四周土方已回填至 28.00 m 高程。某天夜间在进行屋面混凝土浇筑施工时，1 名工人不慎从脚手架顶部坠地死亡，发生高处坠落事故。

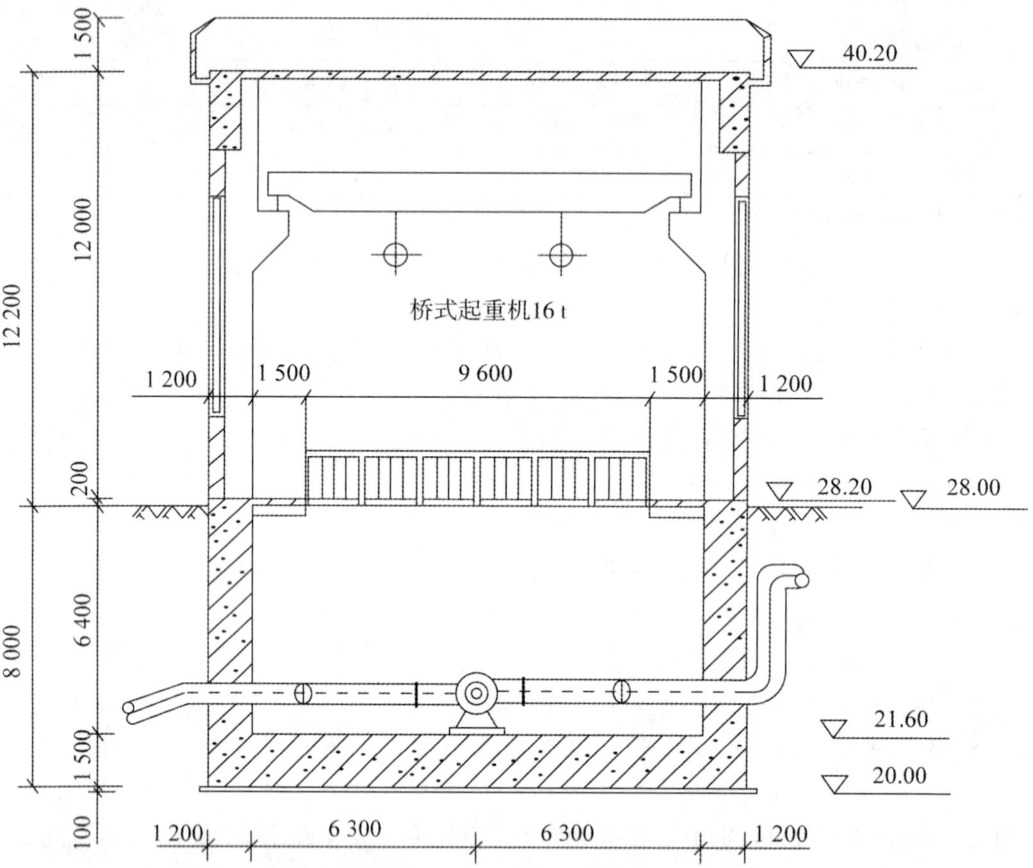

图 3-7-2 泵站纵剖面图（高程以 m 计，尺寸以 mm 计）

［问题］

什么是高处作业？说明背景资料中高处作业的级别和种类。

［答案］

（1）在距坠落高度基准面 2 m 或 2 m 以上有可能坠落的高处进行的作业，称为高处作业。

（2）屋面顶高程＝40.20＋1.50＝41.70（m），屋面顶距基准面距离为 41.70－28.00＝13.70（m）。故该高处作业属于二级高处作业，种类是特殊高处作业中的夜间高处作业。

考点 4　安全检查评定的其他常见项目★★

根据《水电水利工程施工通用安全技术规程》（DL/T 5370—2017）的规定，安全检查评定的其他常见项目如下。

一、“三宝”与“四口”

（一）“三宝”

1. 三宝、三证

三宝：安全帽、安全带、安全网。

三证：厂家安全生产许可证、产品合格证和安全鉴定合格证书。（2014 年案例题考点）

2. 检查周期

塑料安全帽、安全网一年检查一次，新安全带使用一年后抽样试验，旧安全带每隔 6 个月抽查试验一次。每次使用前都应该进行常规的外表检查。（2016 年选择题考点）

（二）“四口”

“四口”指楼梯口、电梯井口、预留洞口、通道口。这些地方应设置明显标志或采取相应的保护措施。

实战演练

［2016 真题·单选］ 施工现场工人佩戴的塑料安全帽的检查试验周期为（　　）一次。

A. 三年　　B. 三个月

C. 六个月　　D. 一年

［解析］ 塑料安全帽检查试验周期为一年一次。

［答案］ D

二、落地式钢管脚手架（主要涉及扣件式）

脚手架安装搭设应严格按照设计图纸实施，遵循自下而上、逐层搭设、逐层加固、逐层上升的原则，并应符合下列要求：

（1）脚手架底脚扫地杆、水平横杆距离地面 20～30 cm。

（2）脚手架各接点连接可靠、拧紧，各杆件连接处相互伸出的端头长度要大于 10 cm，以防止杆件滑脱。

（3）外侧及 2～3 道横杆设置剪刀撑，排架基础以上 12 m 范围内每排横杆均应设置剪刀撑。

（4）剪刀撑、斜撑等整体拉结件和连墙件与脚手架同步设置，剪刀撑的斜杆与水平面的交角宜为 45°～60°，水平投影宽度应为 2～4 跨或 4～8 m。

落地式钢管脚手架示意图如图 3-7-3 所示。

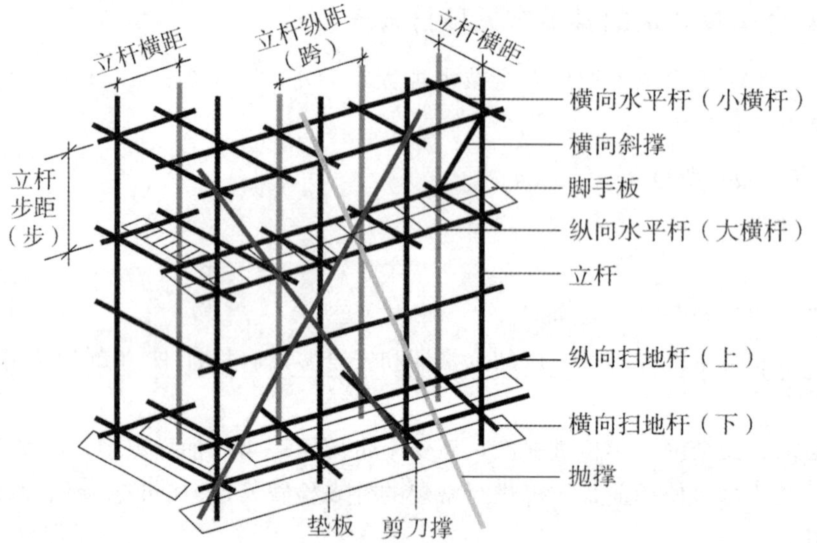

图 3-7-3 落地式钢管脚手架示意图

考点 5 爆破作业其他相关要求★★

关于爆破作业的相关内容在第三章第一节土石方开挖技术中已经详细介绍，故在此补充一些其他和安全相关的要求。

一、装药

根据《爆破安全规程》（GB 6722—2014）的规定，爆破作业装药时应注意：

（1）搬运爆破器材应轻拿轻放，装药时不应冲撞起爆药包。

（2）爆破装药现场不得用明火照明。

（3）炮孔装药应使用木质或竹制炮棍。

二、爆破信号

预告信号：鸣 30 s、停、鸣 30 s、停、鸣 30 s。

准备信号（等待 20 min）：鸣 20 s、鸣 10 s、停、鸣 20 s、鸣 10 s、停、鸣 20 s、鸣 10 s。

起爆信号（等待 10 min）：鸣 10 s、停、鸣 10 s、停、鸣 10 s。

解除信号为一次长声：鸣 60 s。

三、地下爆破

《水工建筑物岩石基础开挖工程施工技术规范》（DL/T 5389—2007）规定，当地下工程进行相向开挖时，需要控制 *AB* 两端的距离。当 *AB* 两端相距 30 m 以内时，装炮前为了保证安全，应通知另一端暂停工作，退到安全地点。当 *AB* 两端相距 15 m 时，为了保证安全，一端应该停止掘进、停止工作，单头贯通即可。（2018 年案例题考点）

实战演练

［2018 真题 · 案例节选］

背景资料：

某大（2）型水库枢纽工程，总库容为 $5.84\times10^{8}\ m^{3}$，水库枢纽主要由主坝、副坝、溢洪道、电站及输水洞组成。

输水洞开挖采用爆破法施工，施工分甲、乙两组从输水洞两端相向进行。当两个开挖工作面相距 25 m 时，乙组爆破，甲组在进行出渣作业；当两个开挖工作面相距 10 m 时，甲组爆破，导致乙组正在作业的 3 名工人死亡。事故发生后，现场有关人员立即向本单位负责人进行了电话报告。

［问题］

指出施工方法的不妥之处，并说明正确做法。

［答案］

（1）不妥之处一：施工分甲、乙两组从输水洞两端相向进行。当两个开挖工作面相距 25 m 时，乙组爆破，甲组在进行出渣作业。

正确做法：地下相向开挖的两端在相距 30 m 以内时，装炮前应通知另一端暂停工作，退到安全地点。

（2）不妥之处二：当两个开挖工作面相距 10 m 时，甲组爆破，导致乙组正在作业的 3 名工人死亡。

正确做法：当相向开挖的两端相距 15 m 时，一端应停止掘进，单头贯通。

名师小结

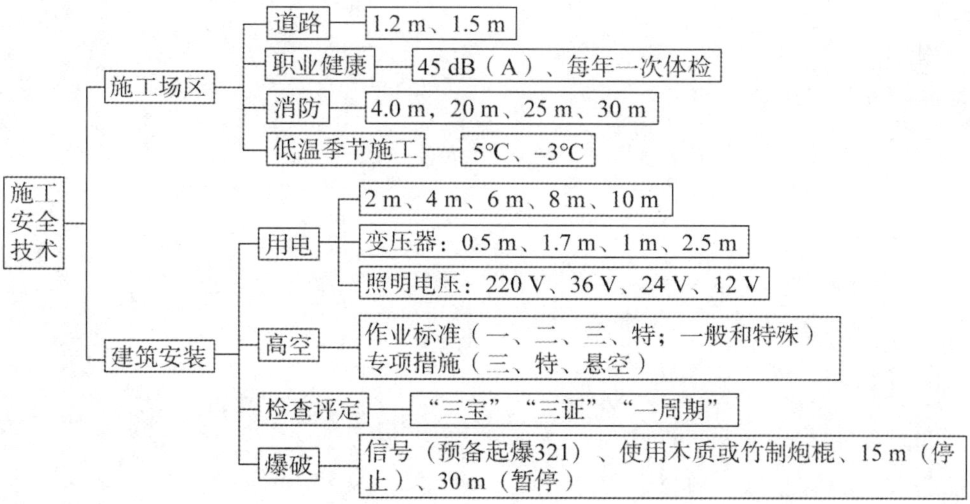

第二篇

水利水电工程项目施工管理

一、水利水电工程项目施工管理

水利水电工程项目施工管理包括水利建设程序、施工组织设计、合同管理、质量管理与评定、安全管理、工程验收及监理等内容。

二、“施工管理”的内容特点与备考建议

水利水电工程施工管理内容多，是考试的重点。该篇知识是在大方向的“管理”和“法规”基础上发展而来的，所以在学习过程中发现知识间有冲突时，学哪个科目以哪个科目为主。考虑到施工管理这部分知识间的独立性，以及出现实务操作与案例分析题的概率，这部分内容以“专题”形式进行呈现。为更好地结合考试形式，在每个“专题”中设置三个方面：一是该专题的简介及其学习方法等；二是案例引入，让考生知道怎么考，学起来更有方向；三是该专题知识的精讲。

第四章

水利水电工程项目施工管理

名师导学

本章内容以“专题”形式进行呈现，共包括四个专题，分布在四节中，分别是“水利水电工程施工组织设计与合同管理专题”“水利水电工程施工招标投标与成本管理专题”“水利水电工程质量管理与安全生产管理专题”“水利水电工程施工质量评定与验收专题”。“水利工程建设程序”单独作为一节，来引入水利水电工程项目施工管理。

考情分析

近四年考试真题分值统计表（单位：分）

节序	节名	2022年			2021年			2020年			2019年		
		单选	多选	案例	单选	多选	案例	单选	多选	案例	单选	多选	案例
第一节	水利工程建设程序	3	0	0	2	4	0	2	6	0	4	2	0
第二节	水利水电工程施工组织设计与合同管理专题	0	0	30	2	0	32	1	0	27	1	0	45
第三节	水利水电工程施工招标投标与成本管理专题	1	0	16	2	0	17	0	0	16	2	0	11
第四节	水利水电工程质量管理与安全生产管理专题	3	4	8	3	2	0	0	0	4	1	2	0

续表

节序	节名	2022年			2021年			2020年			2019年		
		单选	多选	案例	单选	多选	案例	单选	多选	案例	单选	多选	案例
第五节	水利水电工程施工质量评定与验收专题	2	0	0	2	0	0	0	0	0	0	0	4
合计		9	4	54	11	6	49	3	6	47	8	4	60

第一节　水利工程建设程序

➢ **名师点拨**：建设程序是水利工程管理部分的开篇内容，该节知识多而琐碎，且考试中以选择题为主，学习建议是"懂逻辑、知关键"。

考点 1　水利工程建设项目的类型和建设阶段划分★★

扫码听课

一、水利工程建设项目的类型

水利工程建设项目的类型见表 4-1-1。

表 4-1-1　水利工程建设项目的类型

划分标准	项目类型
功能和作用（2013 年选择题考点）	公益性、准公益性和经营性项目
对社会和国民经济发展的影响	中央项目和地方项目
建设规模和投资额	大中型和小型项目

二、水利工程建设阶段的划分及其注意事项

根据《水利工程建设程序管理暂行规定》（2019 年修正）和《水利工程建设项目管理规定（试行）》（2016 年修正），水利工程建设阶段的划分及其注意事项如下。（2014 年、2012 年选择题考点）

（一）水利工程建设阶段的划分

水利工程包括八大建设阶段，如图 4-1-1 所示。

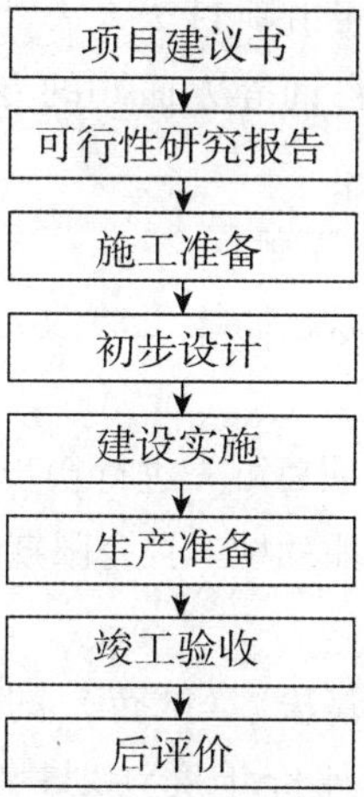

图 4-1-1　水利工程建设阶段

水利工程项目法人对建设项目的立项、筹资、建设、生产经营、还本付息及资产保值增值的全过程负责，并承担投资风险。其中，立项过程包括八大阶段中的项目建议书和可行性研究报告两个阶段。

建设前期根据国家总体规划及流域综合规划，开展前期工作，包括提出项目建议书、可

行性研究报告和初步设计三个阶段。

（二）各个阶段的注意事项

1. 项目建议书阶段

项目建议书阶段是对拟进行建设项目的初步说明。

2. 可行性研究报告阶段（2018 年选择题考点）

可行性研究应对项目进行方案比较，在技术上是否可行和经济上是否合理，以及环境和社会的影响，进行科学的分析和论证。

经过批准的可行性研究报告，是项目决策和进行初步设计的依据。

可行性研究报告经批准后，不得随意修改和变更，在主要内容上有重要变动，应经原批准机关复审同意。项目可行性报告批准后，应正式成立项目法人，并按项目法人责任制实行项目管理。

3. 初步设计阶段

初步设计是水利水电工程建设程序中的一个重要阶段。经批准的初步设计是编制开工报告、招标设计、施工详图设计和控制投资的依据。

（1）初步设计是根据批准的可行性研究报告和必要而准确的设计资料，对设计对象进行通盘研究，阐明拟建工程在技术上的可行性和经济上的合理性，规定项目的各项基本技术参数，编制项目的总概算。

（2）初步设计编制的总概算一般不得突破可行性研究报告中编制的总估算。一旦超过，应依据超过的范围做出对应的措施，该临界控制点是 15%。在 15%以下时，提出专题分析报告；在 15%及 15%以上时，重编可行性研究报告并进行报批（按原程序）。（2019 年选择题考点）

（3）初步设计文件报批前，一般需由项目法人委托有相应资格的工程咨询机构或组织行业各方面（包括管理、设计、施工、咨询等方面）的专家，对初步设计中的重大问题，进行咨询论证。

4. 竣工验收阶段（2009 年选择题考点）

竣工验收是工程完成建设目标的标志。竣工验收合格的工程建设项目即可以从基本建设转入生产（运行）。

工程规模较大、技术较复杂的建设项目可先进行初步验收。不合格的工程不予验收；有遗留问题的项目，对遗留问题必须有具体处理意见，且有限期处理的明确要求，并落实责任人。

5. 后评价阶段

根据《水利建设项目后评价管理办法》（试行）的规定，水利部每年研究确定需要开展后评价工作的项目名单，制定项目后评价年度计划，印送有关项目主管部门或项目管理单位。具体内容见表4-1-2。

表 4-1-2　后评价阶段内容

"4"原则	独立、公正、客观、科学

续表

"6"内容	过程评价（2021年、2020年选择题考点）	前期工作、建设实施、运行管理等
	经济评价	财务评价、国民经济评价等
	社会影响及移民安置评价	社会影响和移民安置规划实施及效果等
	环境影响及水土保持评价	工程影响区主要生态环境、水土流失问题，环境保护、水土保持措施执行情况，环境影响情况等
	目标和可持续性评价	项目目标的实现程度及可持续性评价等
	综合评价	对项目实施成功程度的综合评价

实战演练

[**经典例题·单选**] 下列水利工程建设程序中，不属于前期工作的是（　　）。

A. 项目建议书　　B. 可行性研究报告

C. 招标设计　　D. 初步设计

[**解析**] 前期工作包括项目建议书、可行性研究报告、初步设计三个阶段。

[**答案**] C

[**2021真题·多选**] 根据《水利建设项目后评价管理办法（试行）》，过程评价的内容包括（　　）等。

A. 财务评价　　B. 国民经济评价

C. 综合评价　　D. 前期工作

E. 运行管理

[**解析**] 过程评价内容包括前期工作、建设实施、运行管理等。

[**答案**] DE

考点 2　施工准备阶段的工作内容★

一、施工准备的开工条件

根据水利部《关于调整水利工程建设项目施工准备开工条件的通知》的规定，施工准备的开工条件为：（2019年选择题考点）

（1）项目可行性研究报告已经批准。

（2）环境影响评价文件等已经批准。

（3）年度投资计划已下达或建设资金已落实。

达到上述开工条件，项目法人即可开展施工准备，开工建设。

二、施工准备阶段的工作内容

根据《水利工程建设程序管理暂行规定》，项目可行性研究报告已经批准，年度水利投资计划下达后，项目法人即可开展施工准备工作，其主要内容包括：

（1）施工现场的征地、拆迁。

（2）完成施工用水、电、通信、路和场地平整等工程。

（3）必需的生产、生活临时建筑工程。

（4）实施经批准的应急工程、试验工程等专项工程。

（5）组织招标设计、咨询、设备和物资采购等服务。

（6）组织相关监理招标，组织主体工程招标准备工作。

➤ **记忆方法：**3工程（四通一平、临时建筑、专项）、2服务（采购与招标）、1征地。

实战演练

［2019真题·多选］根据水利部《关于调整水利工程建设项目施工准备开工条件的通知》（水建管〔2017〕177号），项目施工准备开工应满足的条件包括（　　）。

A. 项目可行性研究报告已经批准　　B. 环境影响评价文件已批准

C. 年度投资计划已下达　　D. 初步设计报告已批复

E. 建设资金已落实

［解析］水利工程建设项目施工准备的开工条件为：①项目可行性研究报告已经批准；②环境影响评价文件等已经批准；③年度投资计划已下达或建设资金已落实。达到上述开工条件，项目法人即可开展施工准备，开工建设。

［答案］ABCE

考点3 建设实施阶段的工作内容★★

一、建设实施阶段

根据《水利工程建设程序管理暂行规定》，建设实施阶段是指主体工程的建设实施，项目法人按照批准的建设文件，组织工程建设，保证项目建设目标的实现。

二、建设实施阶段的主要工作内容

（一）主体开工

根据《水利工程建设项目管理规定（试行）》（2016年修正）的规定，主体开工内容如下。

1. 主体开工条件

（1）项目法人或者建设单位已经设立。

（2）主体工程施工单位和监理单位已经确定，并分别订立合同。

（3）质量安全监督单位已经确定，并办理了质量安全监督手续。

（4）主要设备和材料已经落实来源。

（5）建设资金已经落实。

（6）初步设计已经批准，施工详图设计满足主体工程施工需要。

（7）施工准备和征地移民等工作满足主体工程开工需要。

➤ **记忆方法：**人材机钱图。人是指（1）（2）（3），材机是指（4），钱是指（5），图是指（6）。

2. 主体开工程序

水利工程具备《水利工程建设项目管理规定（试行）》规定的开工条件后，主体工程方可开工建设。项目法人或者建设单位应当自工程开工之日起15个工作日内，将开工情况的

第四章

书面报告报项目主管单位和上一级主管单位备案。（2016 年案例题考点）

（二）质量及人员管理

根据《水利工程建设程序管理暂行规定》（2017 年修正）的规定，项目法人要充分发挥建设管理的主导作用，为施工创造良好的建设条件。项目法人与各大参建单位是合同关系，如与施工单位签的是建设合同，与监理单位签的是委托合同。除项目法人以外的参建单位之间是合作关系，与监督单位之间是监督与被监督的关系。

要按照“政府监督、项目法人负责、社会监理、企业保证”的要求，建立健全质量管理体系。重要建设项目，须设立质量监督项目站，行使政府对项目建设的监督职能。

（三）设计变更

根据《水利部关于印发〈水利工程设计变更管理暂行办法〉的通知》（水规计〔2020〕283 号）的规定，设计变更是自水利工程初步设计批准之日起至工程竣工验收交付使用之日止，对已批准的初步设计所进行的修改活动，见表 4-1-3。（2020 年、2018 年、2015 年、2014 年选择题考点）

表 4-1-3　设计变更

分类	重大	（1）工程任务和规模； （2）工程等级及设计标准； （3）工程布置及建筑物； （4）机电及金属结构； （5）施工组织设计：①水库枢纽和水电站工程的混凝土集料、土石坝填筑料、工程回填料料源发生重大变化；②水库枢纽工程主要建筑物的导流建筑物级别、导流标准及导流方式的重大变化
	一般	其他属一般（次要、局部、附属等）
程序		（1）一般→项目法人组织审查确认后，报项目主管部门核备，必要时报项目主管部门审批； （2）重大→项目法人按原报审程序报原设计审批部门审批； （3）重中之重（涉及工程开发任务变化和工程规模、设计标准、总体布局等方面较大变化的设计变更）→应当征得原可行性研究报告批复部门的同意

实战演练

[2020 真题·单选] 根据《水利工程设计变更管理暂行办法》，不需要报原初步设计审批部门审批的设计变更是（　　）。

A. 主要建筑物形式变化　　B. 水库库容变化

C. 堤防工程局部基础处理方案变化　　D. 主要料场场地变化

[解析] 重大设计变更文件由项目法人按原报审程序报原初步设计审批部门审批。堤防工程局部基础处理方案变化不属于重大设计变更文件。

[答案] C

[2016 真题·案例节选]

背景资料：

临南段河道疏浚工程，疏浚河道总长约 5 km，涉及河道底宽 150 m。工程施工过程中发生以下事件：

事件一：工程具备开工条件后，项目法人向主管部门提交本工程开工申请报告。

[问题]

指出事件一中不妥之处。说明主体工程开工的报告程序和时间要求。

[答案]

（1）项目法人向主管部门提交本工程开工申请报告不妥。

（2）主体工程开工的报告程序和时间要求：主体工程具备开工条件后方可开工，项目法人或者建设单位应当自开工之日起15个工作日内，将项目开工情况的书面报告报项目主管单位和上一级主管单位备案。

考点 4 建设项目管理专项制度★★

一、PPP模式（政府和社会资本合作）

（一）PPP模式的概念

PPP（Public-Private Partnership），又称PPP模式，即政府和社会资本合作，是公共基础设施中的一种项目运作模式。在该模式下，鼓励私营企业、民营资本与政府进行合作，参与公共基础设施的建设。

（二）PPP模式主要内容

《政府和社会资本合作建设重大水利工程操作指南（试行）》（发改农经〔2017〕2119号）规定，水利PPP项目实施程序主要包括项目储备、项目论证、社会资本方选择、项目执行等。相关实施程序如图4-1-2所示。（2020年选择题考点）

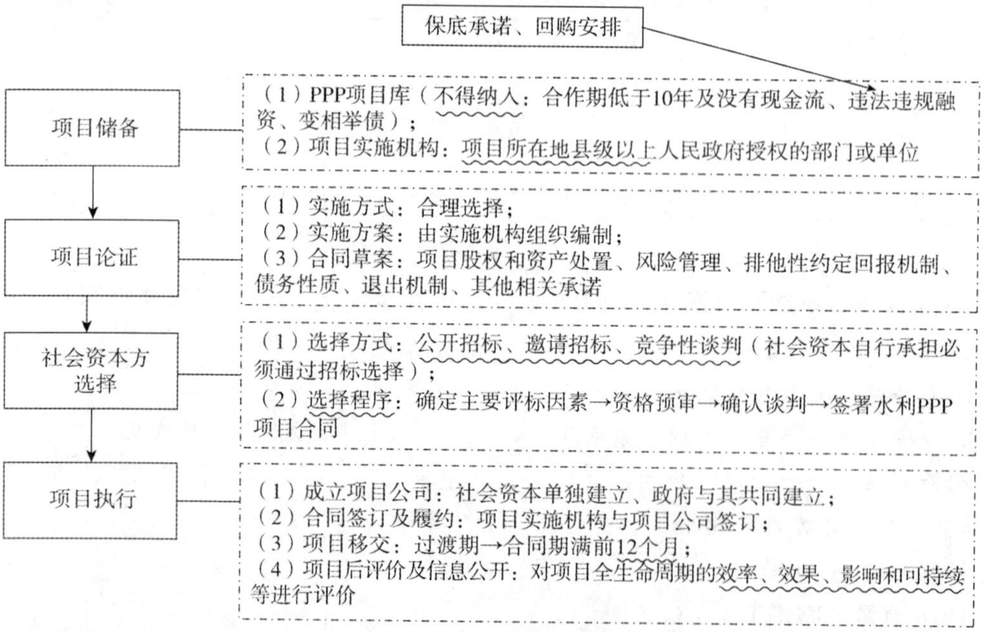

图4-1-2 PPP模式实施程序

二、代建制

根据《水利工程建设项目代建制管理指导意见》（水建管〔2015〕91号）的规定，代建制的概念和主要内容如下。

(一) 代建制的概念

水利工程建设项目代建制，是指政府投资的水利工程建设项目通过招标等方式，选择具有水利工程建设管理经验、技术和能力的专业化项目建设管理单位（以下简称代建单位），负责项目的建设实施，竣工验收后移交运行管理单位的制度。

(二) 代建制主要内容

代建制的主要内容见表 4-1-4。（2020 年、2018 年、2016 年、2015 年选择题考点）

表 4-1-4　代建制的主要内容

项目	内容
阶段	代建单位对施工准备至竣工验收阶段的建设实施工程进行管理
方案	在可行性研究报告中提出
单位	(1) 在施工准备前选定；由项目主管部门或项目法人负责选定； (2) 勘测设计、咨询、施工总承包；政府专门设立、大型水利工程项目法人
管理费	(1) 与代建内容、代建绩效挂钩，计入项目建设成本，在工程概算中列支； (2) 同时满足按时完成代建任务、工程质量优良、项目投资控制在批准概算总投资范围内 3 个条件的，可以支付代建单位利润或奖励资金，一般不超过代建管理费的 10%
“三不得”	(1) 近 3 年在承接的各类建设项目中发生过较大以上质量、安全责任事故或者有其他严重违法、违纪和违约等不良行为记录的单位不得承担项目代建业务； (2) 不得将所承担的项目代建工作转包或分包； (3) 不得承担代建项目的施工以及设备、材料供应等工作

实战演练

[**2016 真题·单选**] 根据《关于水利水电工程建设项目代建制管理的指导意见》（水建管〔2015〕91 号），代建单位对水利工程建设项目（　　）的建设实施过程进行管理。

A. 初步设计至后评价　　B. 施工准备至竣工验收

C. 初步设计至竣工验收　　D. 施工准备至后评价

[**解析**] 代建单位对水利工程建设项目施工准备至竣工验收的建设实施过程进行管理。

[**答案**] B

三、“三项”制度

水利工程建设要推行的“三项”制度是指项目法人责任制、招标投标制和建设监理制。要积极推行项目管理，该“三项”制度的注意事项见表 4-1-5。（2014 年选择题考点）

表 4-1-5　“三项”制度注意事项

“三项”制度	注意事项
项目法人责任制	鉴于项目法人角色的特殊性，是项目的“甲方”。因此项目法人要实现对全过程的负责，是项目建设活动的主体

续表

“三项”制度		注意事项
招标投标制		招投标的相关内容在后面的“招标投标管理”模块具体讲解，故不在此呈现
建设监理制	类别（2011 年选择题考点）	（1）水利工程施工监理（甲级、乙级、丙级）； （2）水土保持工程施工监理（甲级、乙级、丙级）； （3）机电及金属结构设备制造监理（甲级、乙级）； （4）水利工程建设环境保护监理（暂不分级）
	必须实行建设监理的项目	总投资 200 万元以上且符合下列条件之一的水利工程建设项目，必须实行建设监理： （1）关系社会公共利益或者公共安全的； （2）使用国有资金投资或者国家融资的； （3）使用外国政府或者国际组织贷款、援助资金的
	常识	实行总监理工程师负责制；未经总监理工程师签字，项目法人不得支付工程款；未经监理工程师签字，建筑材料、建筑构配件和设备不得在工程上使用或者安装，不得进行下一道工序的施工

实战演练

［2014 真题·单选］水利工程建设项目管理的“三项”制度不包括（　　）。

A. 项目法人责任制　　B. 政府监督制

C. 招标投标制　　D. 建设监理制

［解析］水利工程项目建设实行项目法人责任制、招标投标制和建设监理制，简称“三项”制度。

［答案］B

四、其他管理制度

（1）水利建设项目要贯彻“百年大计，质量第一”的方针，建立健全质量管理体系。

（2）水利工程建设必须贯彻“安全第一，预防为主”的方针。

（3）要加强水利工程建设的信息交流管理工作。

考点 5　水利水电工程安全鉴定的有关要求★

一、水库大坝的安全鉴定

根据《水库大坝安全鉴定办法》（水建管〔2003〕271 号）的规定，水库大坝的安全鉴定时间和标准如下。

（一）鉴定时间

大坝实行定期安全鉴定制度。首次安全鉴定应在竣工验收后 5 年内进行，以后应每隔 6～10年进行一次。（2019 年、2011 年选择题考点）

（二）鉴定标准

水库大坝的鉴定标准见表 4-1-6。

表 4-1-6　水库大坝鉴定标准

大坝	安全类别		
	一类	二类	三类
	工作状态正常，能按设计正常运行	工作状态基本正常，一定控制运用条件下能安全运行	存在较严重的安全隐患，不能按设计正常运行

二、水闸的安全鉴定

根据《水闸安全鉴定管理办法》（水建管〔2008〕214 号）的规定，水闸安全鉴定的鉴定时间、标准和基本程序如下。

（一）鉴定时间

水闸实行定期安全鉴定制度。首次安全鉴定应在竣工验收后 5 年内进行，以后应每隔 10 年进行一次全面安全鉴定。（2021 年选择题考点）

（二）鉴定标准

水闸的鉴定标准见表 4-1-7。

表 4-1-7　水闸鉴定标准

水闸	安全类别			
	一类	二类	三类	四类
	达到设计标准，无影响	基本达到设计标准，工程存在一定损坏，大修	达不到设计标准，工程存在严重损坏，除险加固	无法达到设计标准，工程存在严重安全问题，降低标准

（三）基本程序

水闸安全鉴定包括水闸安全评价、水闸安全评价成果审查和水闸安全鉴定报告书审定三个基本程序。

三、蓄水的安全鉴定

（一）蓄水安全鉴定意义

水库蓄水验收前必须进行蓄水安全鉴定。蓄水安全鉴定是大型水利水电建设工程蓄水验收的必要依据，未经蓄水安全鉴定不得进行蓄水验收。

（二）蓄水安全鉴定组织

项目法人认为工程符合蓄水安全鉴定条件时，可决定组织蓄水安全鉴定。项目法人、设计、施工、监理、运行、设备制造等参建单位的在职人员或从事过本工程设计、施工、管理的其他人员，不能担任专家组成员。

（三）蓄水安全鉴定程序

（1）安全鉴定前，安全鉴定单位制定蓄水安全鉴定工作大纲，明确鉴定的主要内容，提出鉴定工作所需资料清单，即工作大纲编制。

（2）听取项目法人、设计、施工、监理、运行等建设各方的情况介绍，收集资料。设计、施工、监理、运行等建设各方分别编写自检报告，即自检报告编写。

（3）专家组集中分析、研究有关工程资料，与建设各方沟通情况，必要时进行设计复核、现场检查或检测，专家组讨论并提出鉴定报告初稿，即现场鉴定与鉴定报告的初稿编写。

(4) 在与建设各方充分交换意见的基础上，作出工程安全评价，完成蓄水安全鉴定报告，专家组全体成员签字认可，即鉴定报告审定。

实战演练

[**2021 真题·单选**] 水闸首次安全鉴定应在竣工验收后（　　）年内进行。

A. 3　　B. 5

C. 7　　D. 10

[**解析**] 水闸首次安全鉴定应在竣工验收后 5 年内进行，以后应每隔 6～10 年进行一次全面安全鉴定。

[**答案**] B

[**经典例题·单选**] 根据相关规定，水库蓄水安全鉴定由（　　）负责组织实施。

A. 项目法人　　B. 施工单位

C. 水行政主管部门　　D. 运行管理单位

[**解析**] 水库蓄水安全鉴定由项目法人负责组织实施。

[**答案**] A

考点 6 水利工程建设稽察、决算及审计的内容★★

根据《水利部办公厅关于印发水利建设项目稽察常见问题清单（2021 年版）的通知》（办监督〔2021〕195 号）的规定，水利工程建设稽察、决算及审计的内容如下。

一、水利工程建设稽察的内容

（一）水利稽察的概念

水利稽察，是指水行政主管部门依据有关法律、法规、规章、规范性文件和技术标准等，对水利建设项目组织实施情况进行监督检查的活动。

（二）稽察的机构和人员

水利稽察实行分级组织、分工负责的工作机制。

水利部负责指导全国水利稽察工作，流域机构负责对所管辖的水利建设项目进行稽察，省级水行政主管部门负责本行政区域水利稽察工作，水利部水利工程建设稽察办公室是水利部水利稽察工作机构，设在安全监督司。

稽察工作机构负责组织开展现场稽察工作，根据需要派出稽察组具体承担稽察任务，稽察组由稽察特派员或组长（以下统称特派员）、稽察专家和特派员助理等稽察人员组成。

稽察人员执行稽察任务实行回避原则，不得稽察与其有利害关系的项目。

（三）稽察的内容（2021 年选择题考点）

(1) 前期与设计。

(2) 建设管理。

(3) 计划管理。

（4）建设资金使用与管理。

（5）质量管理，包括质量管理体系与行为、工程实体质量两个方面。

（6）安全管理，包括安全管理体系、风险管控与事故隐患排查、安全技术管理、现场作业安全管理、防洪度汛、应急与事故管理等六个方面。

稽察工作机构开展稽察前，应下达稽察通知，选定稽察项目，确定稽察时间，明确稽察内容，组建稽察组。稽察组应于现场稽察结束5个工作日内，提交由稽察特派员签署的稽察报告。（2022年选择题考点）

稽察问题性质可分为“严重”“较重”和“一般”三个类别。

实战演练

［经典例题・单选］根据《水利建设项目稽察办法》（水安监〔2017〕341号），稽查组应在现场结束后5个工作日内提交由（　　）签署的稽察报告。

A. 稽察专家　　B. 稽察人员

C. 稽察特派员　　D. 特派员助理

［解析］稽察组应于现场稽察结束5个工作日内，提交由稽察特派员签署的稽察报告。

［答案］C

二、水利工程决算的内容

根据《水利基本建设项目竣工财务决算编制规程》（SL 19—2014）的规定，水利工程决算的内容如下。

（一）水利基本建设项目竣工财务决算编制的一般规定

（1）竣工财务决算由项目法人或项目责任单位（以下简称项目法人）组织编制。

竣工财务决算批复之前，项目法人已经撤销的，撤销该项目法人的单位应指定有关单位承接相关的责任。

（2）项目法人的法定代表人对竣工财务决算的真实性、完整性负责。

（3）竣工财务决算是确认投资支出、资产价值和结余资金，办理资产移交和投资核销的最终依据。

（二）竣工财务决算的组成

（1）竣工财务决算编制内容应全面反映项目概（预）算及执行、支出及资产形成情况，包括项目从筹建到竣工验收的全部费用。

（2）竣工财务决算应由以下四部分组成：

①竣工财务决算封面及目录。

②竣工工程平面示意图及主体工程照片。

③竣工财务决算说明书。

④竣工财务决算报表。

（三）竣工财务决算报表

（1）竣工财务决算报表应按工程类项目和非工程类项目分别编制。大中型、小型工程应按以下要求分别编制工程类项目竣工财务决算报表。大中型、小型工程的规模划分应按批复的设计文件执行，设计文件未明确的，以表 4-1-8 为标准。

表 4-1-8　竣工财务决算报表

项目规模	项目类型	投资额
大中型	非经营性	≥3 000 万元
	经营性	≥5 000 万元
小型	其他	

（2）未完工程投资及预留费用可预计纳入竣工财务决算。大中型工程应控制在总概算的3%以内，小型工程应控制在总概算的 5%以内。非工程类项目不宜计列未完工程投资和预留费用。(2020 年选择题考点)

（3）水利基本建设项目竣工财务决算封面如图 4-1-3 所示。

水利基本建设项目竣工财务决算

项目名称＿＿＿＿＿＿＿＿
编制单位＿＿＿＿＿＿＿＿
主管部门＿＿＿＿＿＿＿＿
决算基准日＿＿＿＿＿＿＿＿
编制日期＿＿＿＿＿＿＿＿

单位负责人　　财务负责人　　主编人

图 4-1-3　水利基本建设项目竣工财务决算封面

实战演练

[2020 真题 · 单选] 根据《水利基本建设项目竣工财务决算编制规程》(SL 19—2014)，小型项目未完工程投资及预留费用可预计纳入竣工财务决算，但占总投资比例应控制在（　　）以内。

A. 5%　　　　B. 6%

C. 10%　　　　D. 15%

[解析] 建设项目未完工程投资及预留费用可预计纳入竣工财务决算。大中型项目应控制在总概算的 3%以内，小型项目应控制在总概算的 5%以内。

[答案] A

三、水利工程审计的内容

根据《水利基本建设项目竣工决算审计规程》(SL 557—2012) 的规定，水利工程审计的内容如下。

（一）竣工决算审计一般规定

水利审计部门对其竣工决算的真实性、合法性和效益性进行审计监督和评价。（2019 年选择题考点）

（二）审计程序

水利工程审计的程序如图 4-1-4 所示。（2021 年选择题考点）

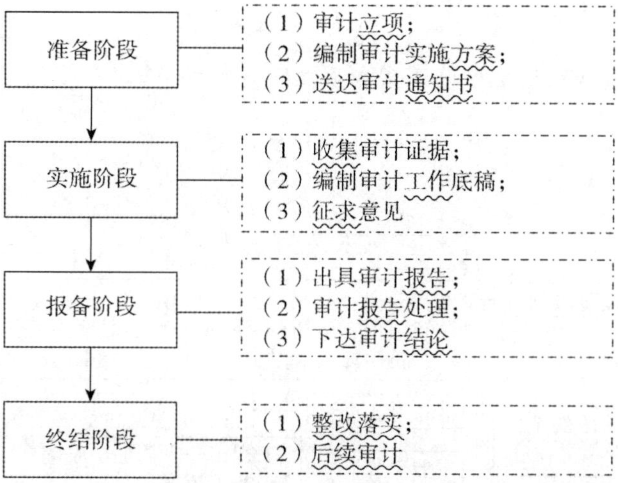

图 4-1-4　水利工程审计的程序

（三）审计内容

竣工决算审计应结合建设项目的类型、规模和管理体制。审计内容应包括主要环节的建设管理、资金运动的主要流向及概算执行情况等。

（四）审计方法

竣工决算审计应根据审计组织形式、建设项目的规模和管理特点等选择相应的审计方法。审计方法主要包括详查法、抽查法、核对法、调查法、分析法等。

（五）常见的审计相关文件

常见的审计相关文件示例如图 4-1-5 所示。

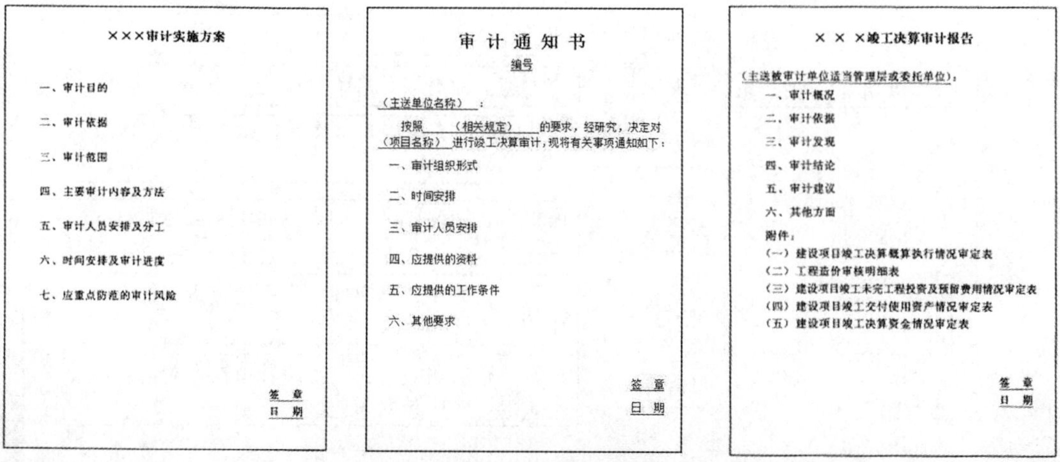

×××审计实施方案

一、审计目的

二、审计依据

三、审计范围

四、主要审计内容及方法

五、审计人员安排及分工

六、时间安排及审计进度

七、应重点防范的审计风险

签　章

日　期

审 计 通 知 书

编号

（主送单位名称）：

按照（相关规定）的要求，经研究，决定对（项目名称）进行竣工决算审计，现将有关事项通知如下：

一、审计组织形式

二、时间安排

三、审计人员安排

四、应提供的资料

五、应提供的工作条件

六、其他要求

签　章

日　期

×××竣工决算审计报告

（主送被审计单位适当管理层或委托单位）：

一、审计概况

二、审计依据

三、审计发现

四、审计结论

五、审计建议

六、其他方面

附件：

（一）建设项目竣工决算概算执行情况审定表

（二）工程造价审核明细表

（三）建设项目竣工未完工程投资及预留费用情况审定表

（四）建设项目竣工交付使用资产情况审定表

（五）建设项目竣工决算资金情况审定表

签　章

日　期

图 4-1-5　常见的审计相关文件示例

实战演练

［**2021 真题·多选**］水利工程建设结算审计程序中，审计终结阶段包括（　　）等环节。

A. 征求意见　　B. 审计报告处理

C. 下达审计结论　　D. 整改落实

E. 后续审计

［**解析**］审计终结阶段包括整改落实和后续审计等环节。

［**答案**］DE

名师小结

- 建设程序
  - 类型和建设阶段划分
    - 公益、准公益和经营
    - 八大阶段：立项（2）、前期（3）
注意事项：解决问题、必要性；技术、经济、环境、社会；15%
后评价阶段：4原则（“立、正、客、学”）、6内容（3过程）
  - 施工准备阶段的工作内容
    - 准备开工条件——可行性研究与环境、资金/投资；项目法人
    - 主要工作——3工程（一平四通、临时建筑、专项）、2服务（招标、采购）、1征地
  - 建设实施阶段的工作内容
    - 主体开工——程序：方可、15个工作日、备案
内容：人、材、机、资金、图、征地与移民
    - 设计变更——一般：次要、局部、附属等；项目法人确认、项目主管部门核备
重大：标准、规模、主要、总、导流等；原初设审批部门审批
重中之重：原可行性研究报告批复部门同意
  - 建设项目管理专项制度
    - 三项制度——监理四分类三分级，200 万元
    - 代建制——单位（勘设、施工、咨询）、方案（可行性研究）、阶段（施准）、费用（概算）
    - PPP模式——2程序（总+选择方）、2数字（10 年、12个月）
  - 安全鉴定的有关要求
    - 定期——2时间→5 年内、10/6~10 年进行一次
    - 类别——三类坝、四类闸（基本对应二）
    - 安全鉴定——项目法人组织、工作四程序（大纲、自检、现场、审定）
  - 稽察、决算及审计的内容
    - 稽察——稽察组、回避原则、抽查方面（无运行管理）、稽察报告
    - 决算——项目法人编制，真实性、完整性负责，控制概算比例（大中型3%、小型5%）
    - 审计——真实、合法与效益；竣工决算审计四阶段：准、实、报、终（整改与后续）

第四章

第二节　水利水电工程施工组织设计与合同管理专题

一、专题简介

该专题包括施工组织设计与合同管理两部分。

从近几年的考题来年，“施工组织设计”部分平均分值在12分左右，以案例题为主。主要涉及定量计算的有横道图、双代号网络图、工程控制曲线以及混凝土生产系统生产能力的公式计算等，主要涉及定性分析的有平面布置图的识图以及专项施工方案的判定。学习中应找方法、会计算、勤练习。

“合同管理”部分平均分值在17分左右，以案例题为主。“合同管理”包含的知识点较多，主要涉及定量计算的有各种款项的计算，如质量保证金、预付款、调值公式的应用等，主要涉及定性分析的有进度、质量、变更与索赔以及分包的管理等。学习中应深入分析、学会贯通。

鉴于这两部分在考试过程中同时出现在一道案例题中的概率较大，因此，把其放在同一专题，便于考生学习。

二、案例引入

为了让考生更好地理解该专题的考试方向，选择“2021年真题案例二”作为典型案例进行引入。

［2021真题·案例分析］

背景资料：

某小型排涝枢纽工程由排涝泵站、自排闸、堤防和穿堤涵洞等建筑物组成。发包人依据《水利水电工程标准施工招标文件》（2009年版）编制施工招标文件。

发包人与承包人签订的施工合同约定：①合同工期为195天，在一个非汛期完成；②“堤防填筑”子目经监理人确认的工程量超过合同工程量15%时，超过部分的单价调整系数为0.95。

由承包人编制并经监理人审核的施工进度计划如图4-2-1所示。（每月按30天计）

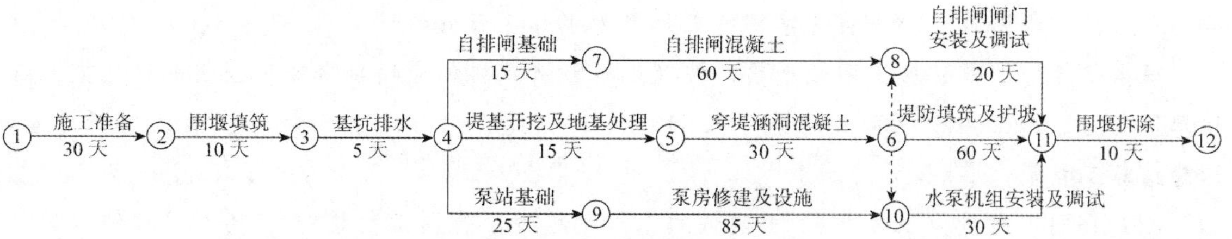

图4-2-1　施工进度计划

当地汛期为6～9月份，监理人签发的开工通知说明开工日期为2019年10月26日，承包人按施工进度计划如期开工，开始施工准备工作。

工程施工过程中发生如下事件：

事件一：受疫情影响，2020年2月1日至3月1日暂停施工期间，承包人按监理人要求照管在建工程。疫情缓解后，监理人向承包人发出复工指令，并要求采取赶工措施保证工程按期完成，承包人提交了赶工报告和修订后的施工进度计划等，提出了增加在建工程照管费用10万元和赶工费用50万元的要求。

事件二："堤防填筑"子目的合同单价为23.00元/m^3，合同工程量为1.3万m^3。按施工图纸计算工程量为1.543万m^3。承包人实际完成工程量为1.58万m^3。

事件三：承包人接受完工付款证书后，发现还有15万元工程款未结算，向发包人提出支付申请。工程质量保修期间，按发包人要求，承包人完成了新增环境美化工程，工程费用为8万元。

[问题]

1. 指出图4-2-1的关键线路（用节点代号表示）和合同完工日期；"自排闸混凝土"工作和"堤防填筑及护坡"工作的总时差分别为多少

2. 事件一中，缩短哪几项工作的持续时间对赶工最为有效？判断承包人提出增加费用的要求是否合理，并说明理由。

3. 事件二中，"堤防填筑"子目应结算的工程量为多少？说明理由。计算该子目应结算的工程款。

4. 事件三中，发包人应支付的金额为多少？说明理由。

[答案]

1. (1) 关键线路（用节点代号表示）：①→②→③→④→⑨→⑩→⑪→⑫。

合同完工日期2020年5月10日。

(2)"自排闸混凝土"工作总时差为45天。

"堤防填筑及护坡"工作总时差为35天。

2. (1) 缩短"泵房修建及设施""水泵机组安装及调试""围堰拆除"工作的持续时间最为有效。

(2) 承包人提出增加费用的要求合理。

理由：新冠疫情属于不可抗力。承包人应发包人要求采取赶工措施增加的费用及由于不可抗力造成的现场照管费用可予以赔偿。

3. (1)"堤防填筑"子目应结算的工程量为1.543万m^3。

理由：堤防填筑按施工图纸计量，按《工程量清单》相应项目有效工程量的每立方米工程单价支付。施工图纸计算工程量为1.543万m^3，此部分应作为经监理人确认的工程量，即为结算工程量。

(2) 合同工程量为1.3万m^3，确认的工程量超过了合同工程量的15%，超过部分单价应予调低。

不调价部分工程量为1.3×(1+15%)=1.495(万m^2)。

调价部分工程量为：1.543−1.3×(1+15%)=0.048(万m^3)。

该子目应结算的工程款23×1.495+23×0.95×0.048=35.4338(万元)。

4. 事件三中，发包人应支付的金额为8万元。

理由：承包人接受了完工付款证书后，应被认为已无权再提出在合同工程完工证书颁发前所发生的任何索赔，因此15万元不予支付。承包人按发包人要求，完成新增环境美化工程，本项工作不属于工程质量保修期范围，因此8万元予以支付。

模块一　水利水电工程施工组织设计

考点 1 临时设施的要求★★

水利工程中的临时设施包括很多，如施工导流、施工交通以及施工工厂设施等，本考点主要介绍施工工厂设施的内容。

一、砂石料加工系统

根据《水利水电工程施工组织设计规范》（SL 303—2017），砂石料加工系统生产规模应符合下列规定：

（1）砂石原料处理量应根据混凝土和其他有级配要求的砂石用料，以及系统内加工、运输过程等损耗和弃料量确定。

（2）砂石料加工系统生产规模可按毛料处理能力划分为特大型、大型、中型、小型，划分标准见表4-2-1。

表4-2-1　砂石料加工系统生产规模划分标准

类型	特大型	大型	中型	小型
砂石料加工系统处理能力/（$t \cdot h^{-1}$）	≥1 500	<1 500 ≥500	<500 ≥120	<120

二、混凝土生产系统

混凝土生产系统的相关知识已经在技术部分第三章第四节混凝土工程中讲解过，故不在此重复讲解。

三、混凝土预冷、预热系统

根据《水利水电工程施工组织设计规范》（SL 303—2017），预冷、预热系统生产工作班制应与配套的混凝土生产系统相同。制冷系统以生产冷风、冷水、片冰为主，宜采用氨制冷系统。预热系统所选设备应满足预热混凝土浇筑要求，宜优先选用单机容量大的拌合设备，所选锅炉热效率高，能适应热负荷的变化。需要注意的是：水泥既不能预冷也不能直接加热。（2018年、2013年、2011年选择题考点）

四、压缩空气、供水、供电和通信系统

压缩空气、供水、供电和通信系统是施工工厂设施中不可或缺的系统。其中，供电系统的三类负荷需要注意判别，见表4-2-2。（2020年、2017年选择题考点）

表 4-2-2 三类负荷分类表

负荷（按重要性和停电后造成的损失划分）	一类	（1）施工过程中“黑暗”地带：如井、洞内和基坑内； （2）特殊时期：汛期； （3）特殊场地：医院
	二类	（1）土石方开挖施工（除隧洞等）； （2）混凝土施工：浇筑、搅拌、制冷、供水与供风，预制构件厂等
	三类	木材加工厂与钢筋加工厂
	有些系统中既包括二类负荷又包括三类负荷，如砂石加工系统、金属结构及机电安装、施工照明等	

五、机械修配厂、加工厂

根据《水利水电工程施工组织设计规范》（SL 303—2017）的规定，机械修配厂宜靠近施工现场，便于施工机械和原材料运输，配有停放设备和材料的场地，宜与汽车修配厂结合设置。

加工厂设置中尤其要注意钢筋加工厂和木材加工厂的布置，两者一般集中布置，不分开，即钢筋加工厂的旁边是木材加工厂。

实战演练

［**2020 真题·单选**］下列供电设施或设备中，属于三类负荷的是（　　）。

A. 汛期的防洪设施　　B. 基坑降排水设备

C. 木材加工厂的主要设备　　D. 洞内照明设施

［**解析**］木材加工厂、钢筋加工厂的主要设备属于三类负荷。

［**答案**］C

［**2018 真题·单选**］下列拌合料预冷方式中，不宜采用的是（　　）。

A. 冷水拌合　　B. 加冰搅拌

C. 预冷骨料　　D. 预冷水泥

［**解析**］水泥不能预冷。

［**答案**］D

考点 2 施工总布置的要求★★

扫码听课

一、施工分区规划

根据《水利水电工程施工组织设计规范》（SL 303—2017），施工总布置分区为施工区、设施区、开采和加工区、堆放区、施工管理及生活营区、工程建设管理及生活区、储运系统和安装场地。

二、施工总平面图

施工总布置要点有：（2014 年案例题考点）

（1）木材加工厂、钢筋加工厂→集中布置。

（2）混凝土拌合系统→集中布置、运输短、靠近施工区。

（3）危险品→远离生产生活区。

（4）生活办公区→与生产区明显区分。

（5）地磅房→场内外道路衔接处。

实战演练

［经典例题·案例节选］

背景资料：

某大（2）型水利枢纽工程，按施工需要进行了平面图的布置，如图 4-2-2 所示。图中①②③④⑤为临时设施（包括混凝土拌合系统、地磅房、油料库、生活区、预制构件厂）代号。

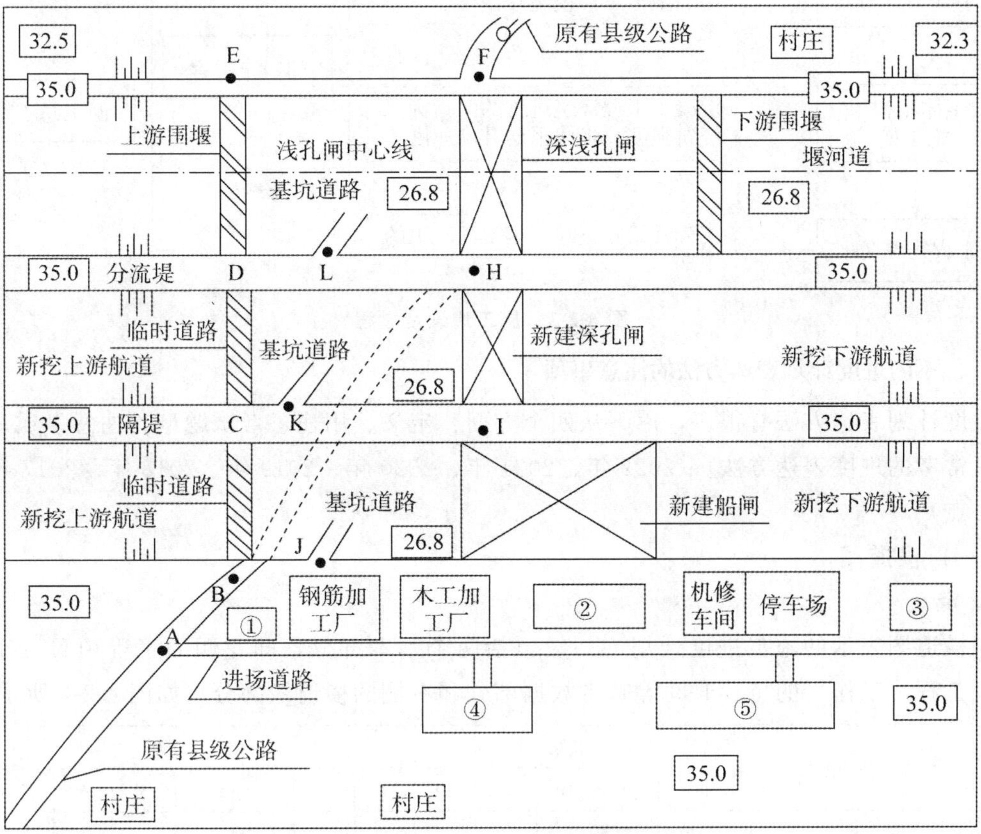

图 4-2-2 施工平面布置图

［问题］

按照合理布置的原则，指出图中代号①②③④⑤所对应的临时设施名称。

［答案］

①所对应的临时设施：地磅房。

②所对应的临时设施：混凝土拌合系统。

③所对应的临时设施：油料库。

④所对应的临时设施：预制构件厂。

⑤所对应的临时设施：生活区。

考点 3 施工总进度的要求★★★

扫码听课

一、一般规定

根据《水利水电工程施工组织设计规范》（SL 303—2017）的规定，施工建设全过程如图 4-2-3 所示。

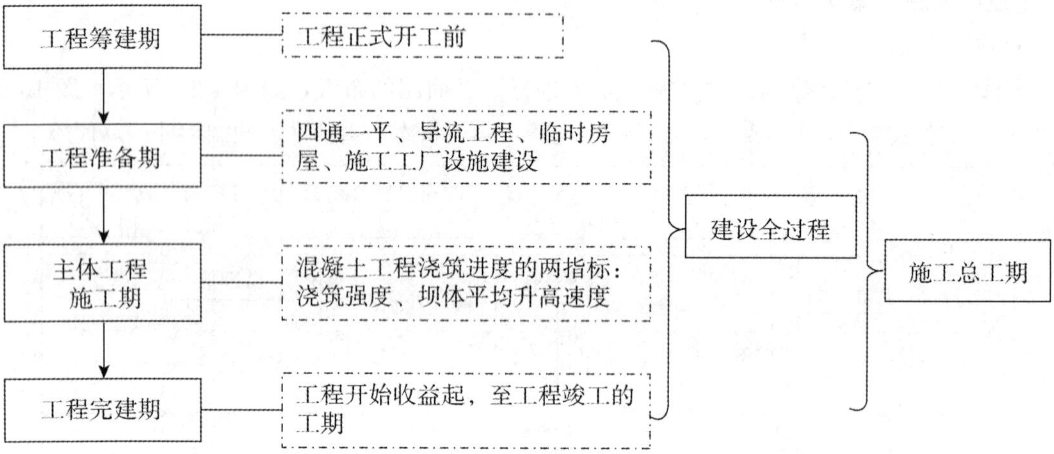

图 4-2-3 施工建设全过程

二、不同进度计划表达方法的注意事项

进度计划表达方法有很多，以下从四个方面：定义、用途、考试题型、注意事项，介绍常见且常考的进度表达方法。(2022 年、2021 年、2020 年、2019 年、2018 年、2017 年等案例题考点)

(一) 横道图

1. 定义

用横道图表示的施工进度计划，一般包括两个基本部分，即左侧的工程项目（工作名称）及工程（工作）的持续时间等基本数据部分和右侧的横道线部分，如图 4-2-4 所示。

项次	工 程 项 目	持续时间/天	第一年				第二年							
			9	10	11	12	1	2	3	4	5	6	7	8
1	基坑土方开挖	30												
2	C10混凝土垫层	20												
3	C25混凝土闸底板	30												
4	C25混凝土闸墩	55												
5	C40混凝土闸上公路桥板	30												
6	二期混凝土	25												
7	闸门安装	15												
8	底槛、导轨等埋件安装	20												

图 4-2-4 横道图示例

2. 用途

横道图直观描述了不同任务计划在何时进行，计划多久完成，实际已经完成多少等信息。

第四章

3. 考试题型

判定日期。

实战演练

[2020 真题 · 案例节选]

背景资料：

某新建水闸工程，发包人依据《水利水电工程标准施工招标文件》（2009 年版）编制施工招标文件，发包人与承包人签订的施工合同约定，合同工期为 8 个月，签约合同价为 1 280 万元。

监理人向承包人发出的开工通知中载明的开工时间为第一年 10 月 1 日。闸室施工内容包括基坑开挖、闸底板垫层混凝土、闸墩混凝土、闸底板混凝土、闸门安装及调试、门槽二期混凝土、底槛及导轨等埋件安装、闸上公路桥等项工作，承包人编制经监理人批准的闸室施工进度计划如图 4-2-5 所示（每月按 30 天计，不考虑工作之间的搭接）。

序号	工作名称	持续时间/天	第一年			第二年				
			10	11	12	1	2	3	4	5
1	基坑开挖	30								
2	A	20								
3	B	30								
4	C	55								
5	底槛及导轨等埋件安装	20								
6	D	25								
7	E	15								
8	闸上公路桥	30								
计划完成工程价款（万元）			150	160	180	200	190	170	130	100

图 4-2-5 闸室施工进度计划

[问题]

指出图中 A、B、C、D、E 分别代表的工作名称；分别指出基坑开挖和底槛及导轨等埋件安装两项工作的计划开始时间和完成时间。

[答案]

（1）A：闸底板垫层混凝土；B：闸底板混凝土；C：闸墩混凝土；D：门槽二期混凝土；E：闸门安装及调试。

（2）基坑开挖工作的计划开始时间为第一年 10 月 1 日，计划完成时间为第一年 10 月 30 日；底槛及导轨等埋件安装的计划开始时间为第二年 2 月 16 日，计划完成时间为第二年 3 月 5 日。

4. 注意事项

分清紧前紧后工作（顺向取大）；早开始、晚结束；一个月 30 天。

(二)工程进度曲线

1. 定义

该方法是以时间为横轴，以完成累计工作量（该工作量的具体内容可以是实物工程量的大小、工时消耗或费用支出额，也可以用相应的百分比来表示）为纵轴，按计划时间累计完成任务量的曲线作为预定的进度计划，如图 4-2-6 所示。

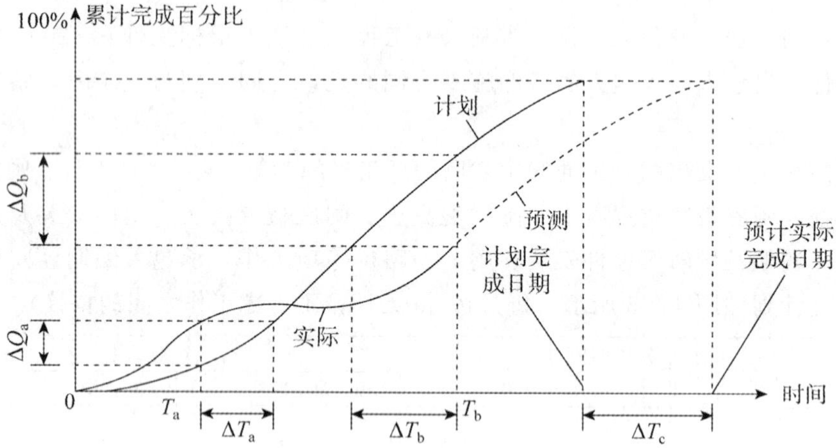

图 4-2-6　工程进度曲线图

2. 用途

对于同一个工作：

（1）实际工程进展速度。

（2）进度超前或拖延的时间。

（3）工程量的完成情况。

（4）后续工程进度预测。

3. 考试题型

判定推迟或提前。

实战演练

[经典例题·案例节选]

背景资料：

施工单位对 C 工作施工进度有关数据进行统计，绘制的工作进度曲线如图 4-2-7 所示。

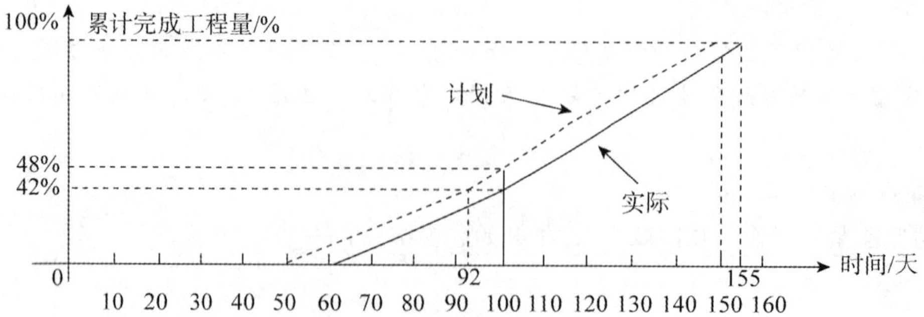

图 4-2-7　工作进度曲线图

[问题]

指出 C 工作的实际工作持续时间；说明第 100 天末时 C 工作实际比计划提前（或拖延）的累计工程量；指出第 100 天末完成了多少天的赶工任务。

[答案]

（1）C 工作实际工作持续时间为：155－60＝95（天）。

（2）第 100 天末时 C 工作实际比计划拖延 6%（48%～42%）。

（3）第 100 天末完成了 2 天的赶工任务。

4. 注意事项

（1）“定一原则”“看实际，找交点”。

（2）持续看实际，索赔看结局。

（三）网络进度计划

1. 双代号网络计划

（1）定义。

以箭线及其两端节点的编号表示工作的网络图，如图 4-2-8 所示。

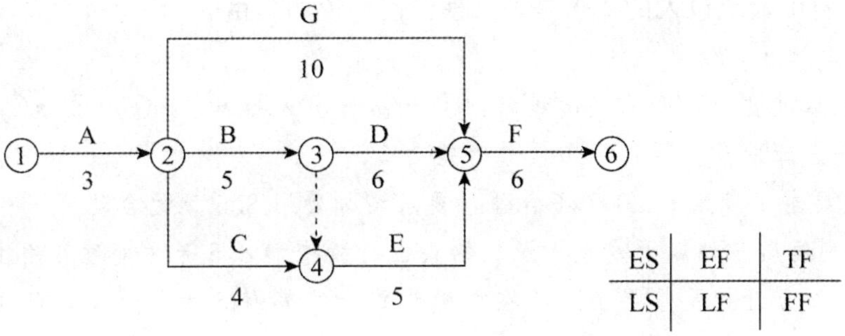

图 4-2-8　双代号网络图示例

（2）用途。

各工作之间的逻辑关系十分清楚，且经过时间参数的计算可找出关键线路，并可上机调整和优化。

（3）考试题型。

计算：工期（关键线路）、总时差。

画图：修改或重新绘制。

实战演练

[经典例题·案例节选]

背景资料：

项目部按要求编制了该工程的施工进度计划，如图 4-2-9 所示。经监理人批准后，工程如期开工。

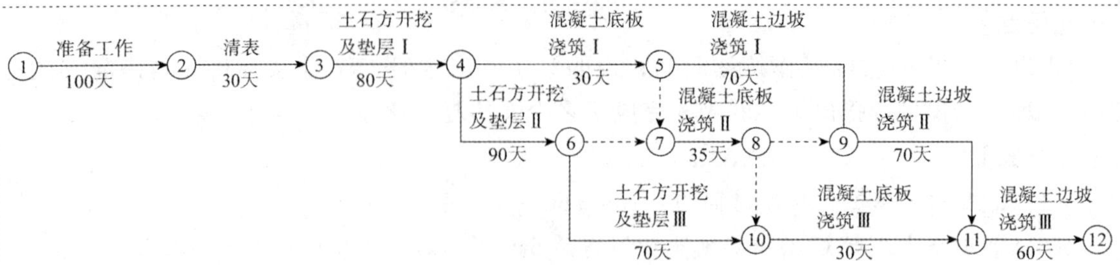

图 4-2-9 施工进度计划图

“土石方开挖及垫层Ⅲ”施工中遇到地质勘探未查明的软弱底层，承包人及时通知监理人。监理人会同参建各方进行现场调查后，把该事件界定为不利物质条件，要求承包人采取合理措施继续施工。承包人按要求完成地基处理，导致“土石方开挖及垫层Ⅲ”工作时间延长了 20 天，增加费用 8.5 万元，承包人据此提出了延长工期 20 天和增加费用 8.5 万元的要求。

［问题］

1. 指出施工进度计划图的关键线路（用节点编号表示）以及“土石方开挖及垫层Ⅲ”工作的总时差。

2. 背景资料中，承包人的要求是否合理？简要说明理由。

［答案］

1.（1）施工进度计划图的关键线路：①→②→③→④→⑥→⑦→⑧→⑨→⑪→⑫。

（2）“土石方开挖及垫层Ⅲ”工作总时差为 5 天。

2. 承包人要求工期延长 20 天不合理，要求增加费用 8.5 万元合理。

理由：不利物质条件属于发包人承担的责任，故增加 8.5 万元处理费用由发包人承担，是合理的；“土石方开挖及垫层Ⅲ”不在关键线路上，其有 5 天总时差，延误 20 天，工期可补偿 15 天，故要求工期延长 20 天不合理。

［经典例题·案例节选］

背景资料：

大坝加固项目计划于 2011 年 10 月 1 日开工，2012 年 9 月 30 日完工。承包人对大坝加固项目进行了细化分解，并考虑施工现场资源配备和安全度汛要求等因素，编制了大坝加固项目各工作的逻辑关系，见表 4-2-3。

第四章

表 4-2-3 大坝加固项目各工作的逻辑关系

工作代码	工作名称	工作持续时间/天	紧前工作
A	拆除背水面护坡	30	—
B	坝身迎水面土方培厚加高	60	G
C	砌筑背水面砌石护坡	90	F、K
D	拆除迎水面护坡	40	—
E	预制混凝土砌块	50	G
F	砌筑迎水面混凝土砌块护坡	100	B、E
G	拆除坝顶道路	20	A、D

续表

工作代码	工作名称	工作持续时间/天	紧前工作
H	重建坝顶防浪墙和道路	50	C
K	新建坝身混凝土防渗墙	120	B

根据表 4-2-3，承包人绘制了大坝加固项目施工进度计划图，如图 4-2-10 所示。经检查发现该图有错误，监理人要求承包人根据表对图进行修订。

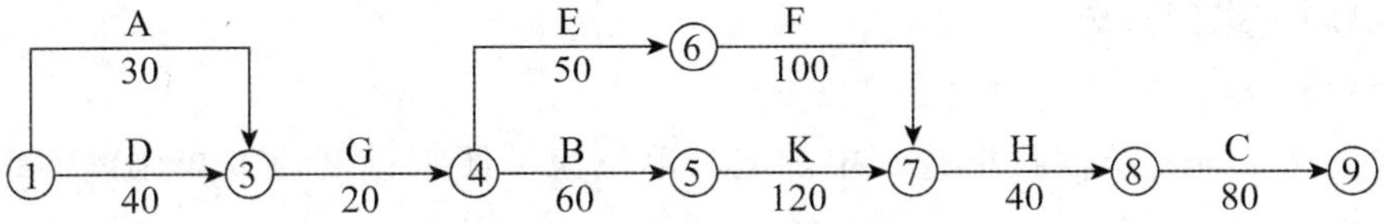

图 4-2-10　施工进度计划

[问题]

说明施工进度计划应修订的主要内容。

[答案]

修订的主要内容包括：

（1）A 工作增加节点②（A 工作后增加虚工作）。

（2）节点⑤⑥之间增加虚工作（B 工作应是 F 工作的紧前工作）。

（3）H 工作与 C 工作先后对调。

（4）H 工作、C 工作时间分别为 50 和 90。

（4）注意事项。

工期（关键线路）：时间最长线路。

总时差：不影响总工期，经过该工作的所有线路中与关键线路时间之差最小值。

画图：注意逻辑关系（紧前紧后工作）、标号、箭线、数字、起点与终点。

2. 双代号时标网络计划

（1）定义。

以时间坐标为尺度编制的网络计划，如图 4-2-11 所示，该网络计划中以实箭线表示工作，以虚箭线表示虚工作，以波形线表示工作的自由时差。

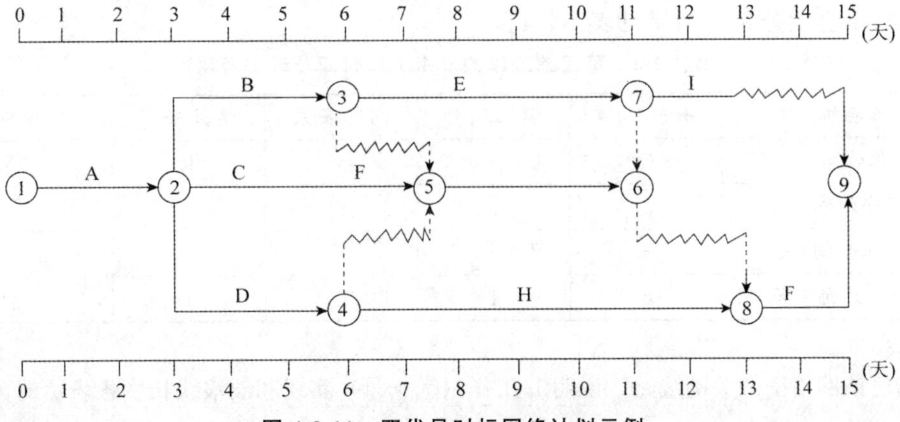

图 4-2-11　双代号时标网络计划示例

第四章

（2）用途。

直接显示出各工作的开始与完成时间、工程的自由时差及关键线路。

（3）考试题型。

计算：工期（关键线路）、总时差。

画图：修改或重新绘制。

实战演练

[经典例题·案例节选]

背景资料：

津江水电站工程流道混凝土施工中，施工单位为了便于进度检查与调整，编制了双代号时标网络图，如图 4-2-12 所示。

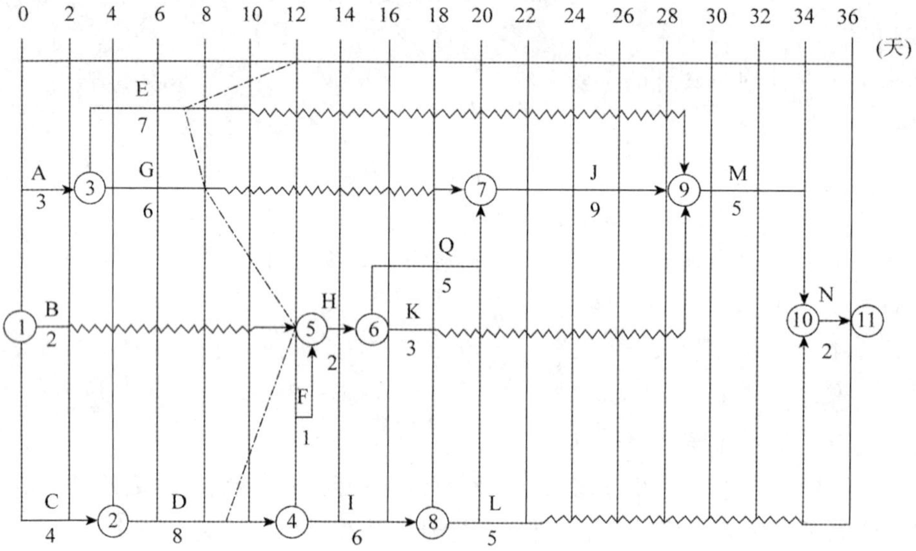

图 4-2-12　双代号时标网络图

施工过程中发生如下事件：

事件一：项目部第 12 天末组织了进度检查，检查结果以进度前锋线表示在图中。

事件二：为了便于进度调整，项目部组织技术人员对可压缩工作的最短工作时间及赶工费用进行了全面分析，结果见表 4-2-4。

表 4-2-4　可压缩工作的最短工作时间及赶工费用

工作名称	钢筋制作	模板制作	钢筋安装	模板安装	预埋件安装
工作代码	Q	I	J	L	M
计划工作时间/天	5	6	9	5	5
最短工作时间/天	4	5	7	4	2
赶工费用/（万元·天$^{-1}$）	6	1	2	1	3

[问题]

1. 指出该网络图的关键线路，说明 L 工作（⑧→⑩）实线和波浪线长度各表示的含义。

2. 根据图示进度前锋线，指出进度检查时 D、E、G 三项工作已完成多少天工作量，推迟或提前的天数，以及对计划工期的影响。

3. 发包人要求工程按计划完工，在不改变逻辑关系的前提下，分析并指出最优调整方案及增加的总费用。

[答案]

1. (1) 该网络图的关键线路为 C→D→F→H→Q→J→M→N。

(2) L 工作（⑧→⑩）实线长度表示 L 工作的持续时间为 5 天，波浪线长度表示 L 工作的自由时差为 11 天。

2. 进度检查时 D 工作已完成 5 天工作量，推迟的天数为 3 天，会推迟计划工期 3 天。

进度检查时 E 工作已完成 4 天工作量，推迟的天数为 5 天，对计划工期无影响。

进度检查时 G 工作已完成 5 天工作量，推迟的天数为 4 天，对计划工期无影响。

3. 发包人要求工程按计划完工，在不改变逻辑关系的前提下，通过压缩关键工作的持续时间达到，可以压缩的关键工作有 Q、J、M。

Q 工作可压缩 1 天，其赶工费用为 6 万元/天。

J 工作可压缩 2 天，其赶工费用为 2 万元/天。

M 工作可压缩 3 天，其赶工费用为 3 万元/天。

由于推迟计划工期 3 天，因此，首先压缩工作 J，压缩 2 天，增加的费用＝2×2＝4（万元），再压缩工作 M，压缩 1 天，增加的费用＝1×3＝3（万元），增加的总费用＝4＋3＝7（万元）。

(4) 注意事项。

工期（关键线路）：无波浪线。

总时差：不影响总工期，本工作的自由时差＋经过该工作后的最小波浪线之和。

画图：注意逻辑关系（紧前紧后工作）、标号、箭线、数字、起点与终点。

考点 4　专项施工方案★★★

扫码听课

根据《水利水电工程施工安全管理导则》（SL 721—2015）的规定，专项施工方案的相关内容如下。

一、专项施工方案适用的工程规模标准

施工单位应在施工前，对达到一定规模的危险性较大的单项工程应编制专项施工方案。

对于超过一定规模的危险性较大的单项工程，施工单位应组织专家对专项施工方案进行审查论证。

危险性较大单项工程规模标准见表 4-2-5。（2022 年、2020 年、2019 年案例题考点）

表 4-2-5　危险性较大单项工程的规模标准

工程类别	工程规模	
	达到一定规模	超过一定规模
基坑支护、降水工程及土方和石方开挖工程（深基坑）	开挖深度达到 3～5 m（含 3 m）	开挖深度超过 5 m（含 5 m）

续表

工程类别	工程规模	
	达到一定规模	超过一定规模
模板工程及支撑体系	大模、滑模、爬模、飞模工程 混凝土模板支撑：搭设高度5～8 m	滑模、爬模、飞模工程 混凝土模板支撑：搭设高度8 m及以上
起重吊装及安装拆卸工程	采用非常规起重设备、方法，且单件起吊重量在10～100 kN	采用非常规起重设备、方法，且单件起吊重量在100 kN及以上，常规起重量300 kN及以上
脚手架工程	搭设高度24～50 m的落地式钢管脚手架工程；附着式整体和分片提升脚手架工程；悬挑式脚手架工程	搭设高度50 m及以上落地式钢管脚手架工程；提升高度150 m及以上附着式整体和分片提升脚手架工程；架体高度20 m及以上悬挑式脚手架工程
拆除、爆破工程	所有	影响安全、限制范围
其他	围堰工程、水上作业工程、沉井工程、临时用电工程、其他危险性较大的工程	开挖深度超过16 m的人工挖孔桩工程；地下暗挖工程、顶管工程、水下作业工程；采用新技术、新工艺、新材料、新设备及尚无相关技术标准的危险性较大的单项工程

二、专项施工方案的内容

专项施工方案的内容有：(2019年案例题考点)

(1) 工程概况。

(2) 编制依据。

(3) 施工计划：施工进度计划、材料与设备计划等。

(4) 施工工艺技术：技术参数、工艺流程、施工方法、质量标准、检查验收等。

(5) 施工安全保证措施：组织保障、技术措施、应急预案、监测监控等。

(6) 劳动力计划：专职安全生产管理人员、特种作业人员等。

(7) 设计计算书及相关图纸等。

三、专项施工方案的程序

(1) 不需要专家论证的专项施工方案如图4-2-13所示。

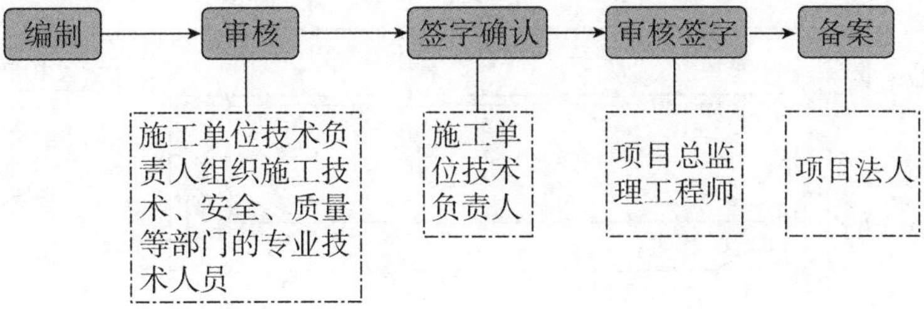

图 4-2-13　不需要专家论证的专项施工方案的程序

（2）需要专家论证的专项施工方案如图 4-2-14 所示。

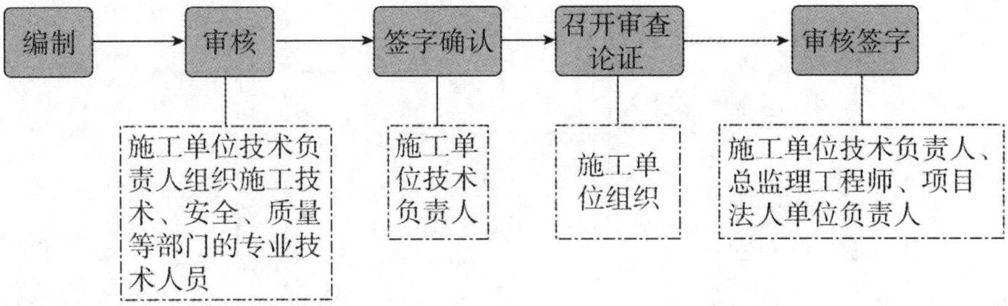

图 4-2-14　需要专家论证的专项施工方案的程序

四、审查论证人员组成

审查论证会应有下列人员参加：（2020 年案例题考点）

（1）专家组成员。

（2）项目法人单位负责人或技术负责人。

（3）监理单位总监理工程师及相关人员。

（4）施工单位分管安全的负责人、技术负责人、项目负责人、项目技术负责人、专项施工方案编制人员、项目专职安全生产管理人员。

（5）勘察、设计单位项目技术负责人及相关人员等。

专家组应由 5 名及以上符合相关专业要求的专家组成，各参建单位人员不得以专家身份参加审查论证会。

五、专项施工方案的实施与监督

监理、施工单位应指定专人对专项施工方案实施情况进行旁站监理。

总监理工程师、施工单位技术负责人应定期对专项施工方案实施情况进行巡查。

实战演练

［2020 真题 · 案例节选］

背景资料：

某施工单位承担江北取水口加压泵站工程施工，该泵站设计流量 5.0 m^3/s，站内安装 4 台卧式双吸离心泵和 1 台最大起重量为 16 t 的常规桥式起重机，泵站纵剖面如图 4-2-15 所示，泵站墩墙、排架及屋面混凝土模板及脚手架均采用落地式钢管支撑体系。施工场区地面高程为 28.00 m，施工期地下水位 25.10 m，施工单位采用管井法降水，保证基坑地下水位在建基面以下，泵站基坑采用放坡式开挖，开挖边坡 1∶2，施工过程中发生如下事件：

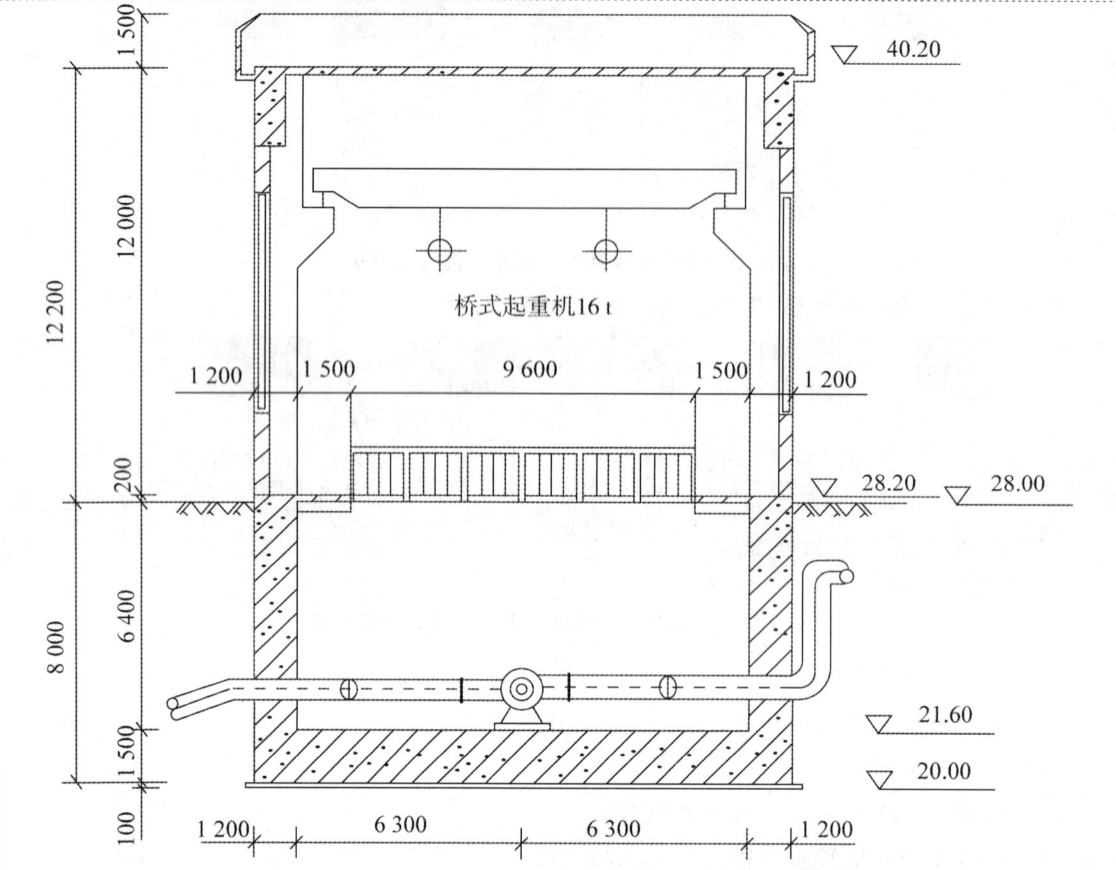

图 4-2-15　泵站纵剖面图（高程以 m 计，尺寸以 mm 计）

事件一：工程施工前，施工单位组织专家论证会，对超过一定规模的危险性较大的单项工程专项施工方案进行审查论证，专家组成员包括该项目的项目法人、技术负责人、总监理工程师、运行管理单位负责人、设计项目负责人以及其他施工单位技术人员 2 名和 2 名高校专业技术人员，会后施工单位根据审查论证报告修改完善专项施工方案，经项目法人、技术负责人审查签字后组织实施。

［问题］

1. 根据《水利水电工程施工安全管理导则》（SL 721—2015），背景资料中超过一定规模的危险性较大的单项工程包括哪些？

2. 根据《水利水电工程施工安全管理导则》（SL 721—2015），指出事件一中的不妥之处，简要说明正确做法。

［答案］

1. 超过一定规模的危险性较大的单项工程：屋面混凝土模板支撑体系、基坑降水、基坑开挖。

2. 事件一中的不妥之处及正确做法：

(1) 不妥之处一：专家组成员包括该项目的项目法人、技术负责人、总监理工程师、运行管理单位负责人、设计项目负责人以及其他施工单位技术人员 2 名和 2 名高校专业技术人员。

正确做法：专家组应由5名及以上符合相关专业要求的专家组成，各参建单位人员不得以专家身份参加审查论证会。

（2）不妥之处二：会后施工单位根据审查论证报告修改完善专项施工方案，经项目法人、技术负责人审查签字后组织实施。

正确做法：会后施工单位根据审查论证报告修改完善专项施工方案，经项目法人单位负责人、施工技术负责人、总监理工程师审核签字后组织实施。

名师小结

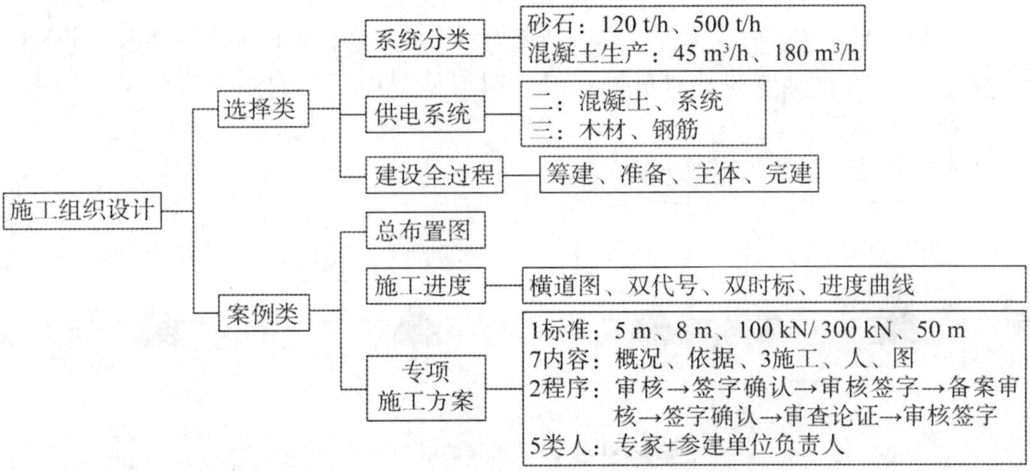

模块二　水利水电工程合同管理

考点 1 施工合同文件的构成★

根据《水利水电工程标准施工招标文件》（2009年版）的规定，组成合同的各项文件应互相解释，互为说明。除专用合同条款另有约定外，解释合同文件的优先顺序如下：

（1）合同协议书。

（2）中标通知书。

（3）投标函及投标函附录。

（4）专用合同条款。

（5）通用合同条款。

（6）技术标准和要求。

（7）图纸。

（8）已标价工程量清单。

（9）其他合同文件。

考点 2 发包人、监理人、承包人的相关内容★★

根据《水利水电工程标准施工招标文件》（2009年版）的规定，发包人、监理人、承包人的相关内容如下。

一、发包人的相关内容

（一）开工

承包人应按约定的合同进度计划，向监理人提交工程开工报审表，经监理人审批后执行。开工报审表应详细说明按合同进度计划正常施工所需的施工道路、临时设施、材料设备、施工人员等施工组织措施的落实情况及工程的进度安排。（2021 年案例题考点）

监理人应在开工日期 7 天前向承包人发出开工通知。

承包人在接到开工通知后 14 天内未按进度计划要求及时进场组织施工，监理人可通知承包人在接到通知后 7 天内提交一份说明其进场延误的书面报告，报送监理人。书面报告应说明不能及时进场的原因和补救措施，由此增加的费用和工期延误责任由承包人承担。（2017 年案例题考点）

相关程序描述如图 4-2-16 所示：

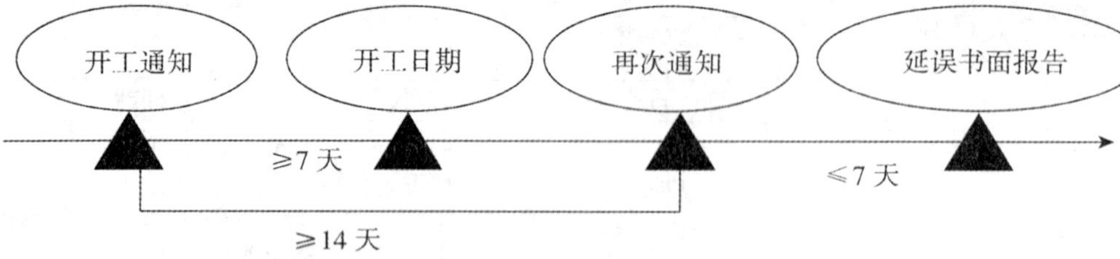

图 4-2-16　开工通知的时间要求

（二）提供施工场地（2019 年案例题考点）

施工场地（工地、现场）：用于合同工程施工的场所，以及在合同中指定作为施工场地组成部分的其他场所，包括永久占地和临时占地。

永久占地：发包人为建设本合同工程永久征用的场地。

临时占地：发包人为建设本合同工程临时征用，并应在完工后须按合同要求退还的场地。

发包人应提供工程地质图纸和报告，以及地下障碍物图纸等施工场地有关资料，并保证资料的真实、准确、完整。

第四章

（三）组织设计交底

发包人应根据合同进度计划，组织设计单位向承包人进行设计交底。

（四）支付合同价款

发包人应按合同约定向承包人及时支付合同价款。

二、监理人的相关内容

（一）监理人的职责和权利

监理人发出的任何指示应视为已得到发包人的批准，但监理人无权免除或变更合同约定的发包人和承包人的权利、义务和责任。

合同约定应由承包人承担的义务和责任，不因监理人对承包人提交文件的审查或批准，对工程、材料和设备的检查和检验，以及为实施监理做出的指示等职务行为而减轻或解除。

（二）监理人的商定或确定

总监理工程师应将商定或确定的事项通知合同当事人，并附详细依据。对总监理工程师的确定有异议的，构成争议，按照约定处理。合同争议处理方法有：

（1）友好协商解决。

（2）提请争议评审组评审。

（3）向约定的仲裁委员会申请仲裁。

（4）向有管辖权的人民法院提起诉讼。

在争议解决前，双方应暂按总监理工程师的确定执行，按照约定对总监理工程师的确定做出修改的，按修改后的结果执行。

实战演练

[经典例题·案例节选]

背景资料：

某水库除险加固工程施工过程中发生了如下事件：

事件一：坝顶道路施工中，项目法人要求设计单位将坝顶水泥混凝土路面变更为沥青混凝土路面。因原合同中无相同及类似工程，施工单位向监理工程师提交了沥青混凝土路面报价单。总监理工程师审定后调低该单价。施工单位认为价格过低，经协商未果，为维护自身权益遂停止施工，并书面通知监理工程师。

[问题]

事件一中，施工单位停工的做法是否正确？施工单位可通过哪些途径来维护自身权益？

[答案]

（1）施工单位停工的做法不正确。

（2）施工单位可通过以下途径来维护自身的权益：

①友好协商解决。

②提请争议评审组评审。

③向约定的仲裁委员会申请仲裁。

④向有管辖权的人民法院提起诉讼。

（三）水利工程与水力发电工程监理的其他相关内容

1. 水利工程项目施工监理

根据《水利工程施工监理规范》（SL 288—2014）的规定，水利工程项目施工监理的内容有：

（1）水利工程建设项目施工监理主要工作方法：

现场记录、发布文件、旁站监理巡视检查、跟踪检测（费用由承包人承担）、平行检测（费用由发包人承担）、协调。

（2）开工条件控制内容。

内容包括签发开工通知、分部工程开工、单元工程开工、混凝土浇筑开仓。

（3）实施阶段监理质量控制。

监理机构可采用跟踪检测、平行检测方法对承包人的检验结果进行复核，见表 4-2-6。（2018 年、2016 年、2015 年、2014 年、2013 年选择题考点）

表 4-2-6　监理机构复核法

复核方法	混凝土试样		土方试样	
	混凝土试样	重要部位	土方试样	重要部位
平行检测	不应少于 3%	最少为 1 组	不应少于 5%	最少为 3 组
跟踪检测	不应少于 7%	无限制	不应少于 10%	无限制

2. 水力发电工程项目施工监理

根据《水电水利工程施工监理规范》（DL/T 5111—2012）的规定，监理人员应遵守“守法、诚信、公正、科学”的职业准则，在维护业主利益的同时，也要维护承建单位的合法权益。

（1）工程项目划分。

工程开工申报及施工质量检查，一般按单位工程、分部工程、分项工程、单元工程四级进行划分。（2021 年选择题考点）

（2）工程质量检验。

工程质量检验按单位工程、分部工程和单元工程三级进行。必要时，还应增加对重要分项工程的工程质量检验。

（3）工程变更的分类。

工程变更依据其性质与对工程项目的影响程度，分为重大工程变更、较大工程变更、一般工程变更、常规设计变更四类。（2019 年选择题考点）

实战演练

[2018 真题·单选] 根据《水利工程施工监理规范》（SL 288—2014），监理机构开展平行检测时，土方试样不应少于承包人检测数量的（　　）。

A. 3%　　B. 5%

C. 7%　　D. 10%

[解析] 监理机构开展平行检测时，土方试样不应少于承包人检测数量的 5%。

[答案] B

[2019 真题·多选] 根据《水电水利工程施工监理规范》（DL/T 5111—2012），工程变更分为（　　）。

A. 特别重大工程变更　　B. 重大工程变更

C. 较大工程变更　　D. 一般工程变更

E. 常规设计变更

[解析] 本题考查的是施工监理工作的主要内容。工程变更依据其性质与对工程项目的影响程度，分为重大工程变更、较大工程变更、一般工程变更、常规设计变更四类。

[答案] BCDE

第四章

三、承包人项目经理的相关内容

（一）项目经理驻现场的要求

项目经理驻现场的要求如图 4-2-17 所示。（2022 年、2019 年、2016 年案例题考点）

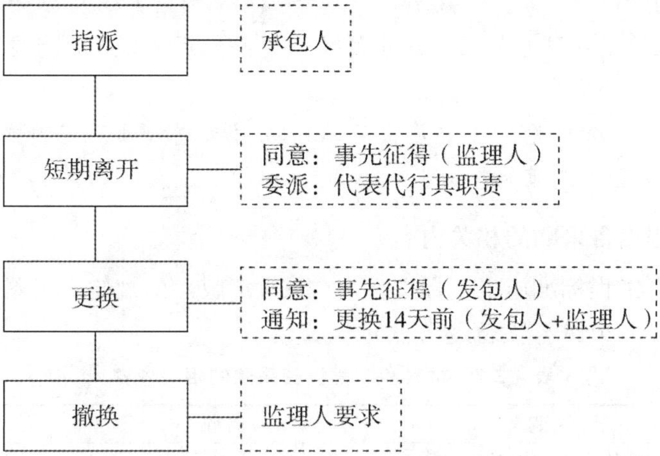

图 4-2-17　项目经理驻现场的要求

（二）项目经理职责（2019 年案例题考点）

根据《水利水电工程标准施工招标文件》（2009 年版）的规定，项目经理的职责有：

（1）在情况紧急且无法与监理人取得联系时，可采取保证工程和人员生命财产安全的紧急措施，并在采取措施后 24 小时内向监理人提交书面报告。

（2）承包人项目经理可以授权其下属人员履行其某项职责，但事先应将这些人员的姓名和授权范围通知监理人。

实战演练

［2019 真题·案例分析］

背景资料：

发包人与承包人依据《水利水电工程标准施工招标文件》（2009 年版）签订了河道整治工程施工合同。施工过程中发生如下事件：

事件一：发包人根据合同约定，按时向承包人提供了施工场地范围图和施工场地相关资料。

事件二：项目经理因故要短期离开施工现场，事前履行了相关手续，在项目经理离开期间，施工项目部向监理人提交了单元工程质量报验单，该报验单仅盖有施工项目部印章。

［问题］

1. 事件一中发包人提供的施工场地范围图应明确哪些主要内容？施工场地相关资料包括哪些？

2. 针对事件二，说明项目经理离开现场前要履行的手续；施工项目部报送单元工程质量报验单还应履行何种签章手续？

[答案]

1. (1) 发包人提供的施工场地范围图应明确场地范围内永久占地与临时占地的范围和界限。

(2) 发包人应按专用合同条款约定向承包人提供施工场地，以及施工场地内地下管线和地下设施等有关资料。

2. (1) 承包人项目经理短期离开施工场地，应事先征得监理人同意，并委派代表代行其职责。

(2) 施工项目部报送单元工程质量报验单还应由承包人项目经理或其授权代表签字、质检负责人签字及注册建造师加盖执业章。

四、材料和工程设备采购的相关内容

根据《水利水电工程标准施工招标文件》(2009 年版) 的规定，材料和工程设备采购的相关内容见表 4-2-7。(2016 年案例题考点)

表 4-2-7　材料和工程设备采购的相关内容

采购人	采购	验收	使用
发包人	(1) 名称、规格、数量； (2) 价格； (3) 交货方式、交货地点和计划交货日期	承包人应会同监理人	两不得：未经监理人同意，承包人不得运出施工场地或挪用；共同封存，未经监理人同意不得启用
承包人	(1) 品种、规格、数量； (2) 供货人和供货时间		

实战演练

[经典例题·案例节选]

背景资料：

某新建泵站采用堤后式布置，主要工程内容包括泵房、进水闸、防洪闸、压力水箱和穿堤涵洞。工程所在地的主汛期为 6～9 月。合同双方依据《水利水电工程标准施工招标文件》(2009 年版) 签订了施工合同。施工中发生如下事件：

事件一：发包人采购的水泵机组运抵现场，承包人直接与供货方办理了交货验收手续，并将随同的备品备件、专用工器具与资料清点后封存。在泵站安装时，承包人自行启用一封存的专用工器具。

[问题]

指出事件一中承包人做法的不妥之处，并改正。

[答案]

(1) 不妥之处一：承包人直接与供货方办理了交货验收手续。

改正：承包人应会同监理人在约定时间内，赴交货地点共同验收。

(2) 不妥之处二：将随同的备品备件、专用工器具与资料清点后封存。

改正：随同的备品备件、专用工器具与资料，应由承包人会同监理人清点后共同封存。

(3) 不妥之处三：在泵站安装时，承包人自行启用一封存的专用工器具。

改正：启用封存的专用工器具，应向监理人提出申请，未经监理人同意不得启用。

五、施工设备和临时设施更换的相关内容

承包人应按合同进度计划的要求，及时配置施工设备和修建临时设施。进入施工场地的承包人设备需经监理人核查后才能投入使用。承包人更换合同约定的承包人设备的，应报监理人批准。

承包人使用的施工设备不能满足合同进度计划和（或）质量要求时，监理人有权要求承包人增加或更换施工设备。承包人收到要求后，应及时增加或更换，由此增加的费用和（或）工期延误由承包人承担。

六、测量放线的相关内容

根据《水利水电工程标准施工招标文件》（2009 年版）的规定，测量放线的相关内容如下。

（一）施工控制网

施工控制网由承包人负责测设，发包人应在本合同协议书签订后的 14 天内，向承包人提供测量基准点、基准线和水准点及其相关资料。承包人应在收到上述资料后的 28 天内，将施测的施工控制网资料提交监理人审批。监理人应在收到报批件后的 14 天内批复承包人。施工控制网时间要求如图 4-2-18 所示。（2020 年案例题考点）

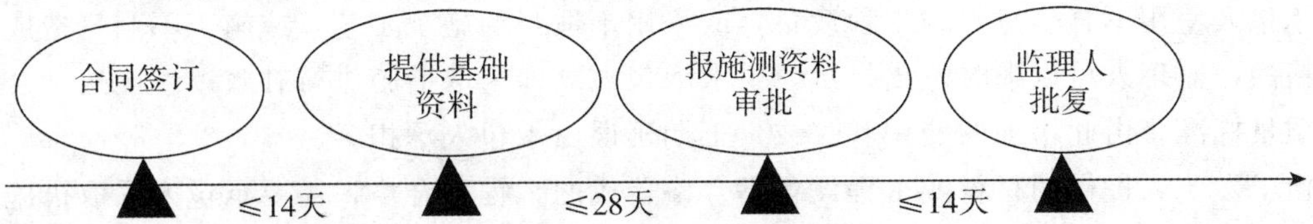

图 4-2-18　施工控制网时间要求

（二）补充地质勘探

监理人可以指示承包人进行必要的补充地质勘探并提供有关资料。

承包人为本合同永久工程施工的需要进行补充地质勘探时，费用由发包人承担。为其临时工程设计及施工的需要进行的补充地质勘探，费用由承包人承担。

考点 3　质量条款的内容★

根据《水利水电工程标准施工招标文件》（2009 年版）的规定，质量条款的内容如下。

一、工程质量要求

因承包人原因造成工程质量达不到合同约定验收标准的，监理人有权要求承包人返工直至符合合同要求为止，由此造成的费用增加和（或）工期延误由承包人承担。

因发包人原因造成工程质量达不到合同约定验收标准的，发包人应承担由于承包人返工造成的费用增加和（或）工期延误，并支付承包人合理利润。

二、承包人的质量管理

承包人应在施工场地设置专门的质量检查机构，配备专职质量检查人员，建立完善的质量检查制度。承包人应按技术标准和要求（合同技术条款）约定的内容和期限，编制工程质量保证措施文件，包括质量检查机构的组织和岗位责任、质量检查人员的组成、质量检查程

序和实施细则等，提交监理人审批。监理人应在技术标准和要求（合同技术条款）约定期限内批复承包人。

三、监理人的质量检查

监理人有权对工程的所有部位及其施工工艺、材料和工程设备进行检查和检验。监理人的检查和检验，不免除承包人按合同约定应负的责任。

四、工程隐蔽部位覆盖前的检查

工程隐蔽部位覆盖前的检查流程如图 4-2-19 所示。（2015 年案例题考点）

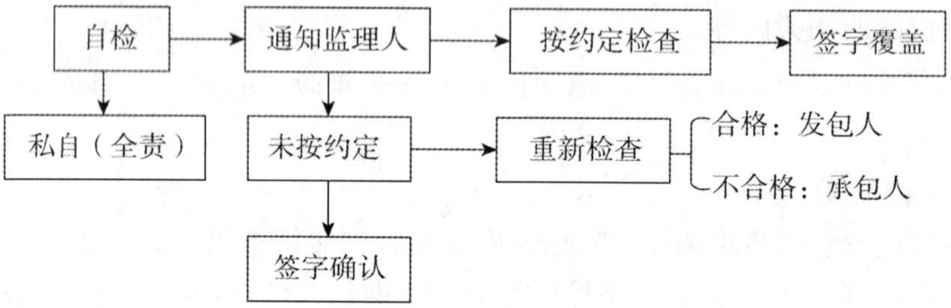

图 4-2-19　工程隐蔽部位覆盖前的检查流程

五、清除不合格工程

承包人使用不合格材料、工程设备，或采用不适当的施工工艺，或施工不当，造成工程不合格的，监理人可以随时发出指示，要求承包人立即采取措施进行补救，直至达到合同要求的质量标准，由此增加的费用和（或）工期延误由承包人承担。

由于发包人提供的材料或工程设备不合格造成的工程不合格，需要承包人采取措施补救的，发包人应承担由此增加的费用和（或）工期延误，并支付承包人合理利润。

实战演练

［2015 真题·案例节选］

背景资料：

某中型水库除险加固工程，承包人通知监理单位对防浪墙地基进行了检查，监理人员未按约定的时间到达现场。由于工期紧，承包人对防浪墙地基进行了覆盖。事后承包人按监理单位要求对防浪墙地基进行重新检查，承包人提出增加检查费用 2 万元的要求。

［问题］

1. 承包人通知监理单位对防浪墙地基进行检查的前提是什么？承包人的通知应附哪些资料？

2. 承包人提出增加检查费用的要求是否合理？简要说明原因。

［答案］

1.（1）承包人通知监理单位对防浪墙地基进行检查的前提是：经自检确认防浪墙地基具备覆盖条件。

（2）承包人的通知应附有自检记录和必要的检查资料。

2. 承包人提出增加检查费用的要求不合理。

理由：经检验质量符合要求的，增加的费用和（或）延误的工期由发包人承担并支付合理利润；质量不符合要求的，增加的费用和（或）延误的工期由承包人承担。所以，增加的检查费用能不能索赔决定于工程质量是否合格，不能直接提出增加检查费用 2 万元的要求。

六、缺陷责任期（工程质量保修期）

（一）起算时间

除专用合同条款另有约定外，缺陷责任期（工程质量保修期）从工程通过合同工程完工验收后开始计算。（2021 年选择题考点）

（二）缺陷责任期终止证书（工程质量保修责任终止证书）

合同工程完工验收或投入使用验收后，发包人与承包人应办理工程交接手续，承包人应向发包人递交工程质量保修书。

缺陷责任期（工程质量保修期）满后 30 个工作日内，发包人应向承包人颁发工程质量保修责任终止证书，并退还剩余的质量保证金，但保修责任范围内的质量缺陷未处理完成的应除外。

考点 4　进度条款的内容★★

一、进度计划

经监理人批准的施工进度计划称为合同进度计划，是控制合同工程进度的依据。承包人还应根据合同进度计划，编制更为详细的分阶段或单位工程或分部工程进度计划，报监理人审批。

二、实际与计划进度的对比与分析

施工进度修订流程如图 4-2-20 所示。

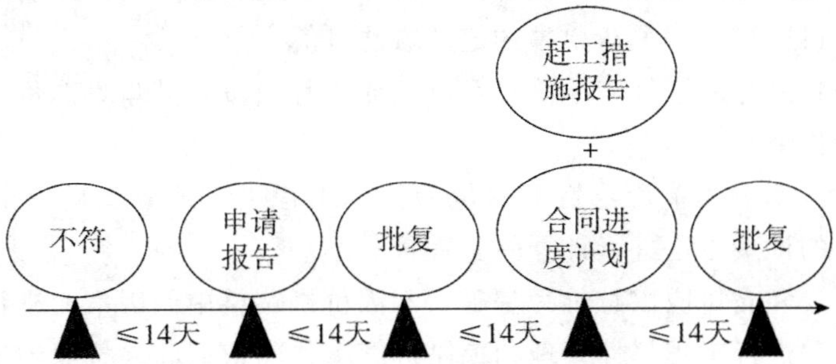

图 4-2-20　施工进度修订流程图

三、施工过程中的责任判定与分析

根据《水利水电工程标准施工招标文件》（2009 年版）的规定，施工过程中的责任判定与分析应从以下几个角度考虑。

（一）违约

判定：发包人或承包人。

原则：谁的责任谁承担。

第四章

（二）不可抗力

不可抗力是指承包人和发包人在订立合同时不可预见，在工程施工过程中不可避免发生并不能克服的自然灾害和社会性突发事件，如地震、海啸、瘟疫、水灾、骚乱、暴动、战争和专用合同条款约定的其他情形。

除专用合同条款另有约定外，不可抗力导致的人员伤亡、财产损失、费用增加和（或）工期延误等后果，由合同双方按以下原则承担：

（1）永久工程，包括已运至施工场地的材料和工程设备的损害，以及因工程损害造成的第三者人员伤亡和财产损失由发包人承担。

（2）承包人设备的损坏由承包人承担。

（3）发包人和承包人各自承担其人员伤亡和其他财产损失及其相关费用。

（4）承包人的停工损失由承包人承担，但停工期间应监理人要求照管工程和清理、修复工程的费用由发包人承担。

（5）不能按期竣工的，应合理延长工期，承包人不需支付逾期竣工违约金。发包人要求赶工的，承包人应采取赶工措施，赶工费用由发包人承担。

（三）不利物质条件

不利物质条件是指发包人进行地质勘探工作时，对于一些地质问题未能查明，如地下溶洞或溶蚀裂隙和淤泥层或软弱层。

承包人遇到不利物质条件时，应采取适应不利物质条件的合理措施继续施工，并及时通知监理人。承包人有权根据约定，要求延长工期及增加费用。监理人收到此类要求后，应在分析上述外界障碍或自然条件是否不可预见及不可预见程度的基础上，按照通用合同条款变更约定办理。

考点 5 计量★

根据《水利水电工程标准施工招标文件》（2009 年版）的规定，计量采用国家法定的计量单位。结算工程量应按工程量清单中约定的方法计算。

除专用合同条款另有约定外，单价子目已完成工程量按月计量，总价子目的计量周期按批准的支付分解报告确定。

已标价工程量清单中的单价子目工程量为估算工程量。结算工程量是承包人实际完成的，并按合同约定的计量方法进行计量的工程量。

总价子目的计量和支付应以总价为基础，不因价格调整中的因素而进行调整。承包人实际完成的工程量，是进行工程目标管理和控制进度支付的依据。除按照约定的变更外，总价子目的工程量是承包人用于结算的最终工程量。

扫码听课

考点 6 工程中重要的六项款或金的有关内容★★

根据《水利水电工程标准施工招标文件》（2009 年版）的规定，工程中重要的六项款（金）的相关内容如下。

一、履约保证金

履约保证金的有关内容见表 4-2-8。

第四章

表 4-2-8　履约保证金

要点	具体内容
时间（缴纳）	中标并签订合同前，颁发合同工程完工证书之前一直有效
数额	金额不超过签约合同价的 10%
退还	合同工程完工证书颁发后 28 天内退还给承包人
其他保证金	投标、工程质量、农民工工资保证金，推行银行保函制度（4 大保证金）

二、质量保证金

质量保证金的有关内容见表 4-2-9。（2021 年、2019 年、2018 年、2016 年选择/案例题考点）

表 4-2-9　质量保证金

要点	具体内容
支付方式	预留
时间	履约保证金退还后
最高金额	工程价款结算总额的 3%
退还	在工程质量保修期满时，发包人将在 30 个工作日内核实后将质量保证金支付给承包人

➢ **注意：**履约保证金和质量保证金不能“共存”：已经缴纳履约保证金的，建设单位不得同时预留工程质量保证金。

实战演练

［经典例题·案例节选］

背景资料：

承包人已按发包人要求缴纳履约保证金，合同支付条款中，工程质量保证金的相关规定如下：

条款一：工程建设期间，每月在工程进度支付款中按 3% 比例预留，总额不超过工程价款结算总额的 3%。

条款二：工程质量保修期间，以现金、支票、汇票方式预留工程质量保证金的，预留总额为工程价款结算总额的 5%，以银行保函方式预留工程质量保证金的，预留总额为工程价款结算总额的 3%。

条款三：工程质量保修期限内，由于承包人原因造成的缺陷，处理费用超过工程质量保证金额的，发包人还可以索赔。

［问题］

质量保证金条款中，不合理的条款有哪些？说明理由。

［答案］

（1）条款一不合理。

第四章

理由：工程项目按发包人要求缴纳履约保证金的，在进度支付款中不能再扣质量保证金。

（2）条款二不合理。

理由：工程质量保证金的预留比例上限不得高于工程价款结算总额的 3%。

三、预付款

（一）定义和分类

预付款用于承包人为合同工程施工购置材料、工程设备、施工设备、修建临时设施及组织施工队伍进场等所需的款项，分为工程预付款和工程材料预付款。

（二）数额

一般工程预付款为签约合同价的 10%，分两次支付。

（三）预付和扣回

1. 预付

承包人在第一次收到工程预付款的同时需提交等额的工程预付款保函（担保）。

第二次工程预付款保函可用承包人进入工地的主要设备（其估算价值已达到第二次预付款金额）代替。

2. 扣回（2022 年案例题考点）

工程预付款可按下式扣回，如图 4-2-21 所示。

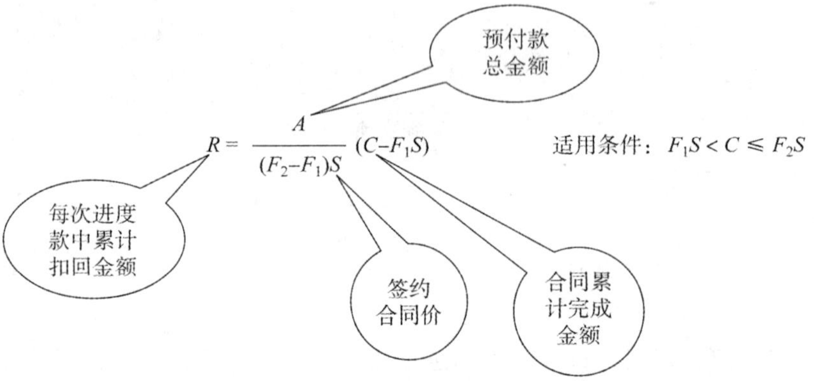

图 4-2-21 工程预付款公式

预付款公式原理如图 4-2-22 所示。

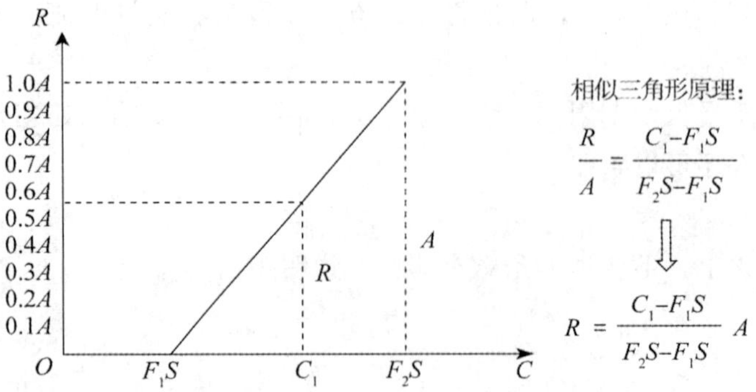

图 4-2-22 预付款公式原理图

预付款公式为：

$$R=\frac{A}{(F_2-F_1)S}(C-F_1S)$$

➤ **总结**：计算应准确（数字+单位）；某个月扣的预付款计算公式为 R_3-R_2 或者 $A-R_2$；校核需谨慎（C 与 F_2S 的大小或者 R 与 A 的大小）。

实战演练

[经典例题·案例节选]

背景资料：

某承包人根据《水利水电工程标准施工招标文件》（2009 年版）与发包人签订某引调水工程引水渠标段施工合同，合同约定：

（1）合同工期 465 天，2015 年 10 月 1 日开工。

（2）签约合同价为 5 800 万元。

（3）履约保证金兼具工程质量保证金功能，施工进度付款中不再预留质量保证金。

（4）工程预付款为签约合同价的 10%，开工前分两次支付，工程预付款的扣回与还清按公式 $R=\frac{A(C-F_1S)}{(F_2-F_1)S}$ 计算，$F_1=20\%$，$F_2=90\%$。

截至 2016 年 10 月，承包人累计完成合同金额 4 820 万元，2016 年 11 月监理人审核批准的合同金额为 442 万元。

[问题]

计算 2016 年 11 月的工程预付款扣回金额和承包人实得金额（单位：万元，保留小数点后两位）。

[答案]

该工程预付款总额为：5 800×10%=580（万元）。

2016 年 10 月、11 月预付款累计扣回金额为：

R_{10}=580×（4 820−5 800×20%）/［5 800×（90%−20%）］=522.86（万元）；

R_{11}=580×（4 820+442−5 800×20%）/［5 800×（90%−20%）］=586.00（万元）。

由于 11 月累计扣回预付款金额大于预付款总额，则 11 月应扣回预付款金额为：580−522.86=57.14（万元）。

2016 年 11 月承包人实得金额为：442−57.14=384.86（万元）。

四、进度付款

（一）进度付款申请单内容（2022 年案例题考点）

（1）截至本次付款周期末已实施工程的价款。

（2）变更金额。

（3）索赔金额。

(4) 应支付的预付款和扣减的返还预付款。

(5) 应扣减的质量保证金。

(6) 根据合同应增加和扣减的其他金额。

(二) 进度付款证书和支付时间

进度付款证书和支付时间如图 4-2-23 所示。

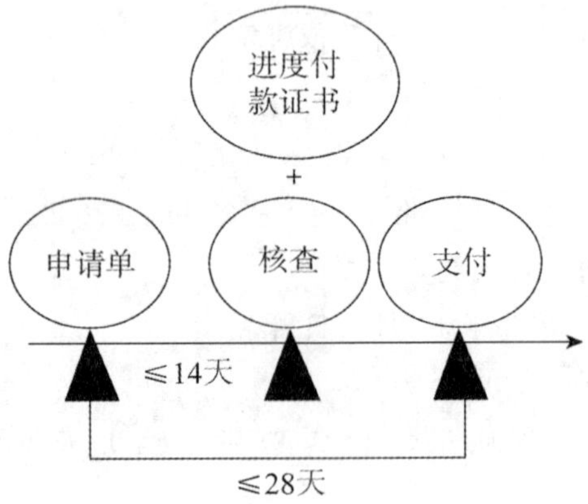

图 4-2-23 进度付款证书和支付时间

五、完工结算(2022 年、2021 年、2020 年、2016 年案例题考点)

(一) 完工付款申请单

(1) 承包人应在合同工程完工证书颁发后 28 天内,向监理人提交完工付款申请单,并提供相关证明材料。

(2) 完工付款申请单内容:完工结算合同总价、发包人已支付承包人的工程价款、应预留的质量保证金、应支付的完工付款金额。

(二) 完工付款证书及支付时间

完工付款证书及支付时间如图 4-2-24 所示。

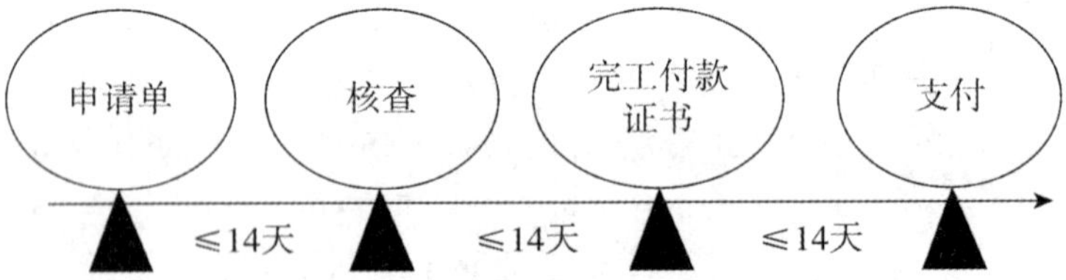

图 4-2-24 完工付款证书及支付时间

六、最终结清

(一) 最终结清申请单

工程质量保修责任终止证书签发后,承包人应按监理人批准的格式提交最终结清申请单。

(二) 最终结清证书及支付时间

最终结清证书及支付时间如图 4-2-25 所示。

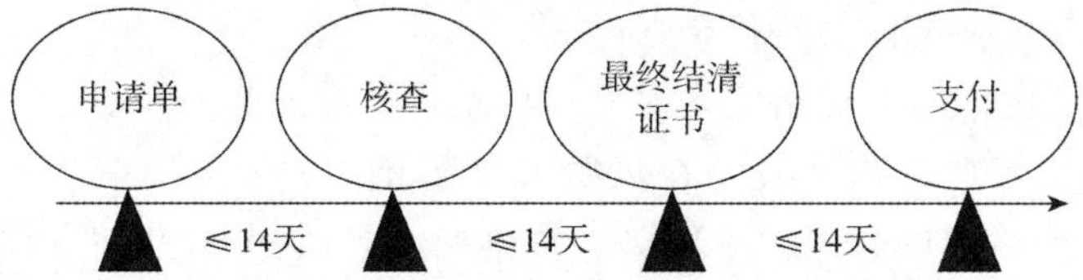

图 4-2-25　最终结清证书及支付时间

总结：不同款项及申请单的时间对比见表 4-2-10。

表 4-2-10　不同款项及申请单的时间对比

款项	申请单	14 天	14 天	14 天
进度款	施工中	进度付款证书	支付	—
完工结算	完工证书颁发后 28 天	价款	完工付款证书	支付
最终结清	质保责任终止证书签发后	价款	最终结清证书	支付

实战演练

[2021 真题·案例节选]

背景资料：

合同约定：在完工结算时，工程质量保证金按照《住房城乡建设部　财政部关于印发〈建设工程质量保证金管理办法〉的通知》（建质〔2017〕138 号）规定的最高比例一次性扣留。完工结算时，施工单位甲按规定节点时间提交了完工申请单。监理人审核后，形成了完工结算汇总表，发包人予以认可，并在规定节点时间内将应支付款项支付完毕。

[问题]

分别指出施工单位甲提交完工付款申请单和发包人支付应支付款的节点时间要求。

[答案]

（1）施工单位甲应在合同工程完工证书颁发后 28 天内，向监理人提交完工付款申请单。

（2）发包人应在监理人出具完工付款证书后的 14 天内，将应支付款支付给承包人。

考点 7　价格调整★★

扫码听课

一、采用造价信息调整价格差额

施工期内，因人工、材料、设备和机械台班价格波动影响合同价格时，人工、机械使用费按照国家或省（自治区、直辖市）建设行政管理部门、行业建设管理部门或其授权的工程造价管理机构发布的人工成本信息、机械台班单价或机械使用费系数进行调整；需要进行价格调整的材料，其单价和采购数应由监理人复核，监理人确认需调整的材料单价及数量，作为调整工程合同价格差额的依据。

工程造价信息的来源以及价格调整的项目和系数在专用合同条款中约定。

材料价格调整的具体方法为：

$$\Delta P = P_0 - \mathrm{Max}(P_1, P_2)(1 \pm r\%)$$

式中　ΔP——材料价格调差额；

P_0——施工当月上述指定造价信息来源对应的信息价；

P_1——投标人对应投标材料价格；

P_2——投标截止日前上述指定来源对应的最新信息价；

r——风险幅度系数，物价波动在风险幅度范围（$-r\%$，$+r\%$,）以内不进行价格调整；价格调增时取“+”号，价格调减时取“-”号。

二、采用价格指数调整价格差额

根据《建设工程工程量清单计价规范》（GB 50500—2013）的规定，用价格指数调整价格差额内容如下。

（一）价格调整公式

$$\Delta P=P_0\left[A+\left(B_1\times\frac{F_{t1}}{F_{01}}+B_2\times\frac{F_{t2}}{F_{02}}+B_3\times\frac{F_{t3}}{F_{03}}+\cdots+B_n\times\frac{F_{tn}}{F_{0n}}\right)-1\right]$$

式中 P_0——付款证书中承包人应得到的已完成工程量的金额，不包括价格调整，不计质量保证金的扣留和支付、预付款的支付和扣回，变更及其他金额已按现行价格计价的，也不计在内；

A——定值权重（即不调部分的权重）；

B_1，B_2，B_3，…，B_n——各可调因子的变值权重（即可调部分的权重）；

F_{t1}，F_{t2}，F_{t3}，…，F_{tn}——各可调因子的现行价格指数，指付款证书相关周期最后一天的前 42 天的各可调因子的价格指数；

F_{01}，F_{02}，F_{03}，…，F_{0n}——各可调因子的基本价格指数，指基准日期的各可调因子的价格指数。

（二）基础数据来源

价格调整公式中的各可调因子、定值和变值权重，以及基本价格指数及其来源在投标函附录价格指数和权重表中约定。

实战演练

［经典例题·案例节选］

背景资料：

××省某大型水闸工程招标文件按《水利水电工程标准施工招标文件》（2009 年版）编制。

仅对水泥部分进行价格调整，价格调整按公式 $\Delta P=P_0(A+B\times F_t/F_0-1)$ 计算（相关数据依据中标人投标函附录价格指数和权重表，其中 ΔP 代表需调整的价格差额，P_0 指付款证书中承包人应得到的已完成工程量的金额）。

经过评标，某投标人中标，与发包人签订了施工合同，投标函附录价格指数和权重见表 4-2-11。

表 4-2-11 中标人投标函附录价格指数和权重表

可调因子	权重		价格指数	
	定值权重	变值权重	基本价格指数	现行价格指数
水泥	90%	10%	100	103

工程实施中，3 月份经监理审核的结算数据如下：已完成原合同工程量清单金额 300 万元，扣回预付款 10 万元，变更金额 6 万元（未按现行价格计价）。

［问题］

1. 指出背景资料价格调整公式中 A、B、F_t、F_0 所代表的含义。

2. 分别说明工程质量保证金扣留、预付款扣回及变更费用在价格调整计算式中，是否应计入 P_0？计算 3 月份需调整的水泥价格差额 ΔP。

［答案］

1. A 表示的是定值权重；B 表示的是可调因子的变值权重；F_t 表示的是可调因子的现行价格指数；F_0 表示的是可调因子的基本价格指数。

2. （1）工程质量保证金扣留和预付款扣回不计入，变更费用及其他金额已按现行价格计价的，也不计入在内；题目中的变更金额 6 万元（未按现行价格计价），应计入 P_0。

（2）$\Delta P = P_0 (A + B \times F_t / F_0 - 1) = (300 + 6) \times (0.9 + 0.1 \times 103/100 - 1) = 0.92$（万元）。

考点 8　变更与索赔的处理方法与原则★★★

扫码听课

根据《水利水电工程标准施工招标文件》（2009 年版）的规定，变更与索赔的处理方法与原则如下。

一、工程变更

（一）变更的范围和内容

在履行合同中发生以下情形之一，应进行变更：

（1）取消合同中任何一项工作，但被取消的工作不能转由发包人或其他人实施。

（2）改变合同中任何一项工作的质量或其他特性。

（3）改变合同工程的基线、标高、位置或尺寸。

（4）改变合同中任何一项工作的施工时间或改变已批准的施工工艺或顺序。

（5）为完成工程需要追加的额外工作。

（6）增加或减少专用合同条款中约定的关键项目工程量超过其工程总量的一定数量百分比。

（二）变更权

在履行合同过程中，经发包人同意，监理人可按变更程序向承包人做出变更指示，承包人应遵照执行。没有监理人的变更指示，承包人不得擅自变更。

（三）变更程序

变更程序如图 4-2-26 所示。（2016 年案例题考点）

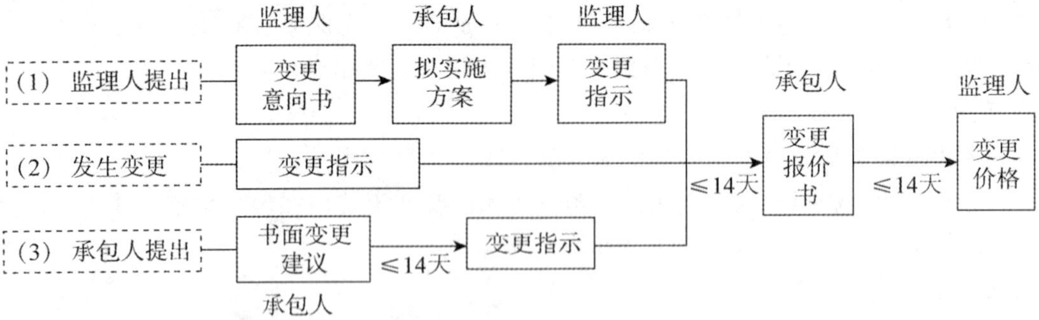

图 4-2-26 变更程序

注：①变更意向书：说明变更的具体内容和发包人对变更的时间要求，并附必要的图纸和相关资料。

②拟实施方案：包括实施变更工作的计划、措施和完工时间等内容。

③书面变更建议：阐明要求变更的依据，并附必要的图纸和说明。

④变更指示：说明变更的目的、范围、内容以及变更的工程量及其进度和技术要求，并附有关图纸和文件。

(四) 估价

1. 变更的估价原则

(1) 已标价工程量清单中有适用于变更工作的子目的，采用该子目的单价。

(2) 已标价工程量清单中无适用于变更工作的子目，但有类似子目的，可在合理范围内参照类似子目的单价。

(3) 已标价工程量清单中无适用或类似子目的单价，可按照成本加利润的原则，由监理人商定或确定变更工作的单价。

2. 暂估价

在工程招标阶段已经确定的材料、工程设备或工程项目，但又无法在当时确定准确价格，而可能影响招标效果的，可由发包人在工程量清单中给定一个暂估价，见表 4-2-12。

表 4-2-12 暂估价招标情况表

必须招标	承包人不具备承担暂估价项目的能力，或具备承担暂估价项目的能力但明确不参与投标的	发包人和承包人组织招标
	承包人具备承担暂估价项目的能力且明确参与投标的	发包人组织招标
不招标	材料和工程设备	承包人提供
	专业工程	监理人按照变更处理原则进行估价

第四章

实战演练

[2016 真题·案例节选]

背景资料：

某中型水闸工程施工招标文件按照《水利水电工程标准施工招标文件》(2009 年版)编制。已标价本工程在实施过程中，涉及工程变更的双方往来函件包括（不限于）：①变更意向书；②书面变更建议；③变更指示；④变更报价书；⑤撤销变更意向书；⑥难以实施变更的原因和依据；⑦变更实施方案等。

［问题］

背景资料涉及变更的双方往来函件中，属于承包人发出的文件有哪些？

［答案］

属于承包人发出的有书面变更建议、变更报价书、难以实施变更的原因和依据、变更实施方案。

［经典例题·案例节选］

背景资料：

某泵站工程施工招标文件按照《水利水电工程标准施工招标文件》（2009 年版）和《水利工程工程量清单计价规范》（GB 50501—2007）编制。专用合同条款约定：泵站工程的管理用房列为暂估价项目。

事件一：施工过程中，发现实际地质情况与发包人提供的地质情况不同，经设计变更，新增了地基处理工程（合同工程量清单中无地基处理子目）。各参建方及时办理了变更手续。

［问题］

1. 根据背景材料，管理用房暂估价项目如属于必须招标项目，其招标工作的组织方式有哪些？

2. 写出事件一中变更工作的估价原则。

［答案］

1. 招标工作的组织方式有：

（1）若承包人不具备承担暂估价项目的能力，或具备承担暂估价项目的能力但明确不参与投标的，由发包人和承包人组织招标。

（2）若承包人具备承担暂估价项目的能力且明确参与投标的，由发包人组织招标。

2. 变更工作的估价原则为：

（1）已标价工程量清单中有适用于变更工作的子目的，采用该子目的单价。

（2）已标价工程量清单中无适用于变更工作的子目，但有类似子目的，可在合理范围内参照类似子目的单价。

（3）已标价工程量清单中无适用或类似子目的单价，可按照成本加利润的原则，由监理人商定或确定变更工作的单价。

二、索赔管理

承包人的索赔程序如图 4-2-27 所示。（2019 年选择题考点）

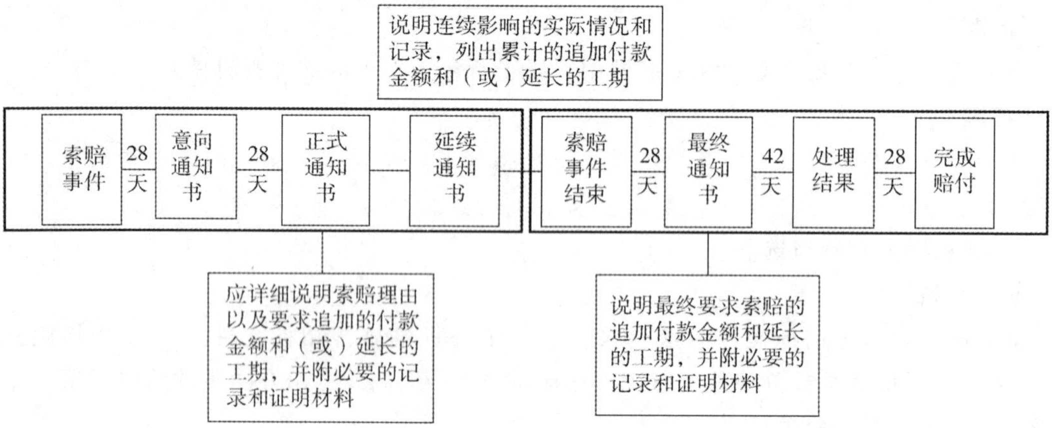

图 4-2-27 承包人的索赔程序

承包人按约定接受了完工付款证书后，应被认为已无权再提出在合同工程完工证书颁发前所发生的任何索赔。

承包人按约定提交的最终结清申请单，只限于提出合同工程完工证书颁发后发生的索赔。提出索赔的期限自接受最终结清证书时终止。

➢ **注意：** 上述程序为承包人的索赔，发包人的索赔时间间隔为 14 天。

考点 9 施工分包要求★★

根据《水利建设工程施工分包管理规定》（水建管〔2005〕304 号），施工分包有如下要求。

一、施工分包的一般规定

（一）工程分包应符合的要求

《水利工程合同监督检查办法（试行）》规定，水利工程分包是指承包单位将其所承包工程中的部分工程依法分包给具有相应资质的其他单位完成的活动。

工程分包应符合下列规定：

（1）投标文件中载明或在施工合同中约定采用工程分包的，应当明确分包单位的名称、资质、业绩、分包项目内容、现场主要管理人员及设备资源等相关内容。分包单位进场需经监理单位批准。

（2）投标文件、施工合同未明确，工程项目开工后需采用工程分包的，承包单位须将拟分包单位的名称、资质、业绩、现场主要管理人员及设备资源等情况报监理单位审核，项目法人（建设单位）审批。（2021 年案例题考点）

（二）主要建筑物的分包规定

水利建设工程的主要建筑物的主体结构不得进行工程分包。（2018 年案例题、2009 年选择题考点）

主要建筑物是指失事以后将造成下游灾害或严重影响工程功能和效益的建筑物，如堤坝、泄洪建筑物、输水建筑物、电站厂房和泵站等。

主要建筑物的主体结构，由项目法人要求设计单位在设计文件或招标文件中明确。

（三）施工分包的类型

水利工程施工分包按分包性质分为工程分包和劳务作业分包。

二、项目法人的分包管理要求

（1）在合同实施过程中，有下列情况之一的，项目法人可向承包人推荐分包人，见表4-2-13。

表 4-2-13　项目法人可向承包人推荐分包人的情况

项目	内容
实施情况	由于重大设计变更导致施工方案重大变化，致使承包人不具备相应的施工能力
	由于承包人原因，导致施工工期拖延，承包人无力在合同规定的期限内完成合同任务
	项目有特殊技术要求、特殊工艺或涉及专利权保护的
处理方法	如承包人同意，则应由承包人与分包人签订分包合同，并对该推荐分包人的行为负全部责任
	如承包人拒绝，则可由承包人自行选择分包人，但需经项目法人书面认可

（2）项目法人一般不得直接指定分包人，其相应的情形见表 4-2-14。

表 4-2-14　项目法人一般不得直接指定分包人的情形

项目	内容
实施情况	承包人无力在合同规定的期限内完成合同中的应急防汛、抢险等危及公共安全和工程安全的项目
	项目法人经项目的上级主管部门同意
处理方法	由指定分包人造成的与其分包工作有关的一切索赔、诉讼和损失赔偿，由指定分包人直接对项目法人负责
	承包人不对此承担责任，职责划分可由承包人与项目法人签订协议明确

实战演练

［2015 真题·案例节选］

背景资料：

某新建水库工程由混凝土面板堆石坝、溢洪道、引水发电系统等主要建筑物组成。承包人甲中标承担该水库工程的施工任务，施工过程中发生如下事件：

事件一：由于异常恶劣天气原因，工程开工时间比原计划推迟，综合考虑汛前形势和承包人甲的施工能力，项目法人直接指定围堰工程由分包人乙实施。承包人甲同时提出将混凝土面板浇筑分包给分包人丙实施的要求，经双方协商，项目法人同意了承包人甲提出的要求，并签订协议，协议中要求承包人甲对两个分包人的行为向项目法人负全部责任。

［问题］

根据《水利建设工程施工分包管理规定》（水建管〔2005〕304 号），指出事件一中项目法人行为的不妥之处，并说明理由。

[答案]

(1) 不妥之处一：对围堰工程的分包，项目法人直接指定分包人。

理由：对于指定分包，必须经项目的上级主管部门同意方可指定分包人。

(2) 不妥之处二：项目法人同意承包人甲提出的要求（或同意混凝土面板浇筑分包给分包人丙实施）。

理由：混凝土面板作为主要建筑物的主体结构，不得进行工程分包。

(3) 不妥之处三：协议中要求承包人甲对两个分包人的行为向项目法人负全部责任。

理由：指定分包人乙直接对项目法人负责；混凝土面板浇筑为违法分包。

三、承包人的分包管理要求

(1) 项目管理机构。(2019年案例题考点)

承包人和分包人应当设立项目管理机构，组织管理所承包或分包工程的施工活动。

项目负责人、技术负责人、财务负责人、质量管理人员、安全管理人员必须是本单位人员（本单位人员是指在本单位工作，并与本单位签订劳动合同，由本单位支付劳动报酬、缴纳社会保险的人员）。

(2) 情形判定。(2018年选择题考点)

根据《水利工程施工转包违法分包等违法行为认定查处管理暂行办法》和《水利工程合同监督检查办法（试行）》的规定，转包、违法分包和出借借用资质的情形判定方法如下：

①转包8情形：全部＋未设立现场管理机构＋只收管理费。

②违法分包7情形：分包＋劳务计取其他费用。

③出借借用资质8情形：排除法或否定表达。

(3) 设备租赁和材料委托采购不属于分包、转包管理范围。

实战演练

[2018真题·多选] 根据《水利工程施工转包违法分包等违法行为认定查处管理暂行办法》，下列情形中，属于违法分包的有（　　）。

A. 承包人将工程分包给不具备相应资质的单位

B. 承包人将工程分包给不具备相应资质的个人

C. 承包人将工程分包给不具备安全生产许可的单位

D. 承包人将工程分包给不具备安全生产许可的个人

E. 承包人未设立现场管理机构

[解析] 承包人未设立现场管理机构属于转包情形。

[答案] ABCD

四、分包合同问题要求

根据《水利工程合同监督检查办法（试行）》的规定，分包问题的认定与责任追究见表4-2-15。

表 4-2-15　分包问题的认定与责任追究

问题类型	责任追究	
	项目法人	施工单位
一般合同问题	未及时备案	无
较严重合同问题	未严格审核	合同不规范 未按约定计量支付
严重合同问题	未采取有效措施 检查不力	未报批 未严格审核 检查不力
特别严重合同问题	责任单位发生转包、违法分包、出借借用资质的情形	

名师小结

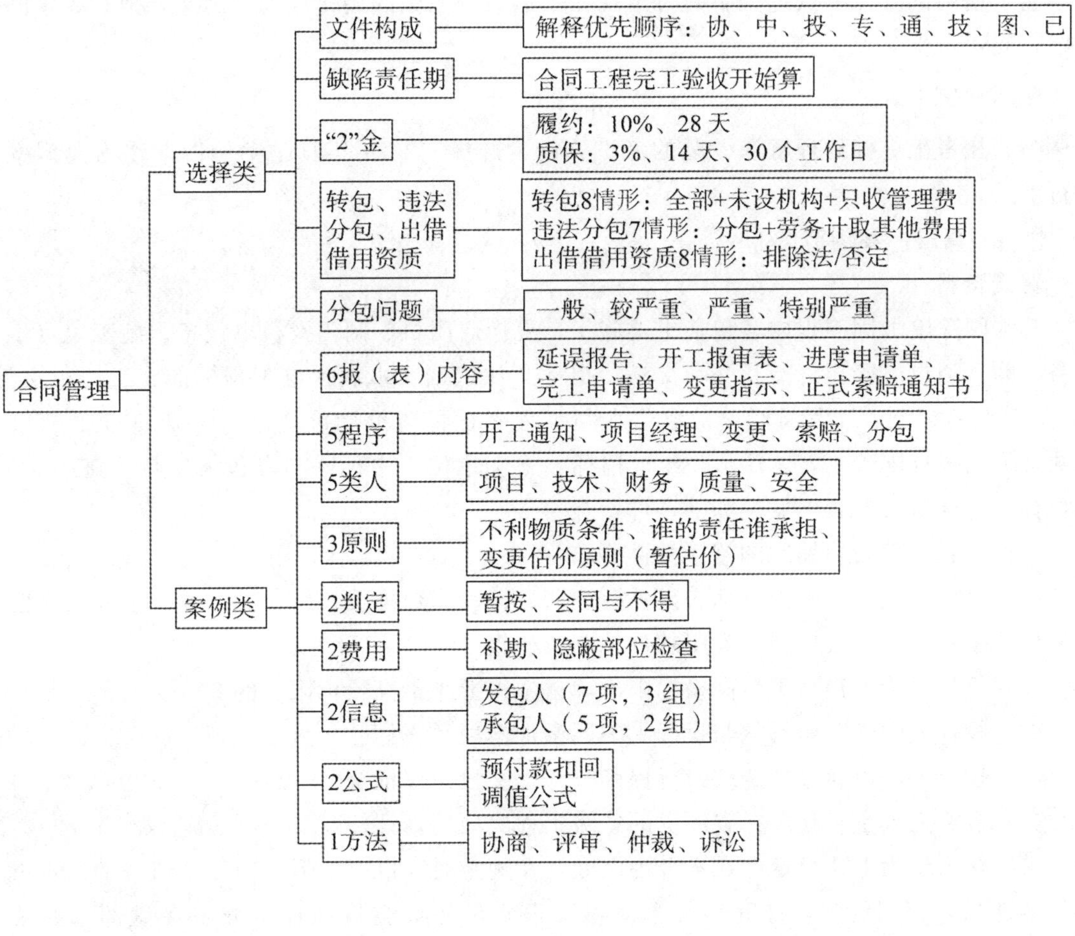

第三节　水利水电工程施工招标投标与成本管理专题

一、专题简介

该专题包括施工招标投标与成本管理两部分。

在近几年的考试中，“施工招标投标”部分平均分值在 8 分左右，以案例题为主。主要涉及的案例类型有：分析改错题，主要针对招投标的程序中的“不得”“日期”等知识的考核；简答题，主要针对投标条件中的资质、财务方面的考核。学习方法为：细学、细究。

成本管理部分平均分值在 9 分左右，以案例题为主。主要涉及定量计算的有材料预算价格、单价分析表、工程量清单等，以及定性分析的有计量与支付、投标报价策略等。学习方法为：知构成，会计算，要分析。

鉴于这两部分在考试过程中同时出现在一道案例题中的概率较大，因此，把其放在同一专题，便于考生学习。

二、案例引入

为了让考生更好地理解该专题的考试方向，选择“2021 年真题案例四”作为典型案例进行引入。

［2021 **真题·案例节选**］

背景资料：

某水闸除险加固工程内容包括土建施工，更换启闭机、闸门及机电设备。施工表（不含设备采购）通过电子招标交易平台交易，招标文件依据《水利水电工程标准施工招标文件》（2009 年版）编制，工程量清单采取《水利工程工程量清单计价规范》（GB 50501—2007）模式，最高投标限价 1 700 万元。经过招标，施工单位甲中标并与发包人签订了施工合同，招投标及合同履行过程中发生如下事件：

事件一：代理公司编制的招标文件要求：

（1）投标人应在电子招投标交易平台注册登记。为数据接口统一的需要，投标人应购买并使用该平台配套的投标报价专用软件编制投标报价。

（2）投标报价不得高于最高投标限价，并不得低于最高投标限价的 80％。

（3）投标人的子公司不得与投标人一同参加本项目投标。

（4）投标人可以通过现金或银行保函方式提交投标保证金。

（5）投标人获本工程所在省颁发的省级工程奖项的，评标赋 2 分，否则不得分。

某投标人认为上述规定存在不合理之处，在规定时间以书面形式向行政监督部门投诉。

事件二：合同约定，在完工结算时，工程质量保证金按照住房城乡建设部、财政部《关于印发建设工程质量保证金管理办法的通知》（建质〔2017〕138 号）规定的最高比例一次性扣留。完工结算时，施工单位甲按规定节点时间提交了完工申请单。监理人审核后，形成了完工结算汇总表（表 4-3-1），发包人予以认可，并在规定节点时间内将应支付款项支付完毕。

表 4-3-1　某水闸除险加固工程施工标完工结算汇总表

<table>
<tr><th>序号</th><th>工程项目或费用</th><th>合同金额/元</th><th>承包人申报金额/元</th><th>监理审核金额/元</th><th>备注</th></tr>
<tr><td>一</td><td>A</td><td>13 100 000</td><td>12 850 000</td><td>12 830 000</td><td rowspan="8">(1) C为新增管理用房所需费用；
(2) 措施项目中包含D，D取建筑安装工程费的2%，专款专用</td></tr>
<tr><td>1</td><td>建筑工程</td><td>7 200 000</td><td>7 100 000</td><td>7 080 000</td></tr>
<tr><td>2</td><td>机电设备安装</td><td>2 100 000</td><td>2 050 000</td><td>2 050 000</td></tr>
<tr><td>3</td><td>B</td><td>3 800 000</td><td>3 700 000</td><td>3 700 000</td></tr>
<tr><td>二</td><td>措施项目</td><td>2 162 000</td><td>2 157 000</td><td>2 156 600</td></tr>
<tr><td>三</td><td>C</td><td></td><td>1 000 000</td><td>1 000 000</td></tr>
<tr><td>四</td><td>索赔费用</td><td></td><td>0</td><td>0</td></tr>
<tr><td colspan="2">合计</td><td>15 262 000</td><td>16 007 000</td><td>15 986 600</td></tr>
</table>

[问题]

1. 指出事件一招标文件要求中的不合理之处，说明理由。投标人采取投诉这种方式是否妥当？为什么？

2. 指出事件二表中A、B、C、D分别代表的工程项目或费用或名称。

[答案]

1. (1) 不合理之处一：为数据接口统一的需要，投标人应购买并使用该平台配套的投标报价专用软件编制投标报价。

理由：不得要求潜在投标人购买指定的工具软件。

不合理之处二：不得低于最高投标限价的80%。

理由：招标人不得规定最低投标限价。

不合理之处三：投标人获本工程所在省颁发的省级工程奖项。

理由：属于以不合理条件限制、排斥潜在投标人或者投标人。

(2) 投标人采取投诉这种方式不妥当。

理由：未在规定时间提出异议的，不得再对招标文件相关内容提出投诉。

2. A：分类分项工程；B：金属结构安装；C：变更费用；D：安全生产费用。

模块一　水利水电工程施工招标投标管理

考点 1 施工招标条件与程序★★★

➤ **名师点拨：**该考点考查方式以分析改错题为主，在学习过程中，建议通读一遍，注意那些“不得”的内容，掌握“公平公正”原则进行判定，切勿死记硬背。

一、施工招标管理要求与招标条件

（一）施工招标管理要求

1. 必须招标的项目规定

根据《必须招标的工程项目规定》（国家发改委令第 16 号），必须招标的项目需要同时满足规模和范围的规定。

（1）范围是指：全部或者部分使用国有资金投资或者国家融资的项目，包括：①使用预算资金人民币 200 万元以上，并且该资金占投资额 10%以上的项目；使用国有企业事业单位资金，并且该资金占控股或者主导地位的项目。②使用国际组织或者外国政府贷款、援助资金的项目。

（2）规模是指：施工单项合同估算价在人民币 400 万元以上。

2. 招标投标市场环境（2021 年案例题考点）

（1）不得出现地区封锁行为。

（2）在做题过程中需要注意不要出现“××省、××市”。

（二）电子招标的要求

根据《电子招标投标办法》规定，电子招标投标活动是指以数据电文形式进行的招标投标活动。电子招标投标系统根据功能的不同，分为交易平台、公共服务平台和行政监督平台。

在整个交易过程中的判定要遵循“公平公正”的原则。

（三）施工招标条件

根据《水利工程建设项目招标投标管理规定》（水利部令第 14 号），施工招标条件有：

（1）初步设计已经批准。

（2）建设资金来源已落实，年度投资计划已经安排。

（3）监理单位已确定。

（4）具有能满足招标要求的设计文件，已与设计单位签订适应施工进度要求的图纸交付合同或协议。

（5）有关建设项目永久征地、临时征地和移民搬迁的实施、安置工作已经落实或已有明确安排。

二、施工招标主要程序的注意事项

根据《水利水电工程标准施工招标文件》（2009 年版）、《招标公告和公示信息发布管理办法》（国家发改委令第 10 号）、《工程建设项目货物招标投标办法》（2013 年修订）、《水运工程建设项目招标投标管理办法》的规定，施工招标主要程序的注意事项包括以下几个方面。

（一）编制招标文件

招标文件包括：

（1）招标公告（或投标邀请书）。

（2）投标人须知。

（3）评标办法。

（4）合同条款及格式。

（5）工程量清单。

（6）图纸。

（7）技术标准和要求。

（8）投标文件格式。

（9）投标人须知前附表规定的其他材料。

其中，不能修改，直接引用的是投标人须知、评标办法和通用合同条款。（2012 年选择题考点）

（二）发布招标公告

（1）依法必须招标项目的招标公告和公示信息应当在“中国招标投标公共服务平台”或者项目所在地省级电子招标投标公共服务平台（以下统一简称“发布媒介”）发布。

（2）招标文件的发售期不得少于 5 天。

（3）采用邀请招标方式的，受邀人不得少于 3 个。

（三）组织踏勘现场

招标人组织踏勘项目现场的，应通知所有潜在投标人参与，不得组织单个或者部分潜在投标人踏勘项目现场。潜在投标人因自身原因不参与踏勘现场的，不得提出异议。

招标人在踏勘现场中介绍的工程场地和相关的周边环境情况，供投标人在编制投标文件时参考，招标人不对投标人据此做出的判断和决策负责。

（四）澄清和修改招标文件

招标文件澄清程序如图 4-3-1 所示。（2021 年、2014 年案例题考点）

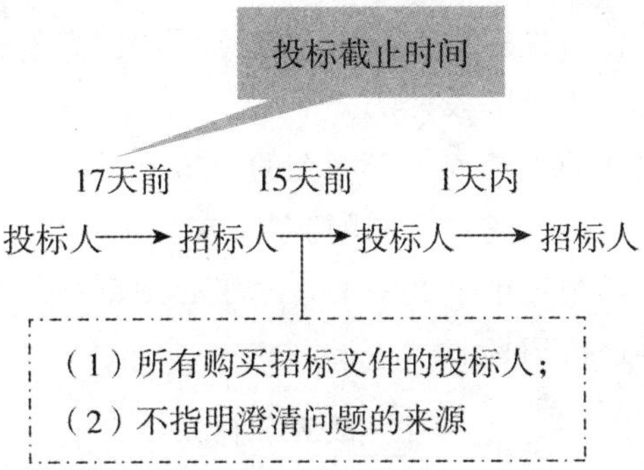

图 4-3-1　招标文件澄清程序图

（五）处理招标文件异议

招标文件异议处理程序如图 4-3-2 所示。（2022 年、2021 年、2019 年、2017 年案例题考点）

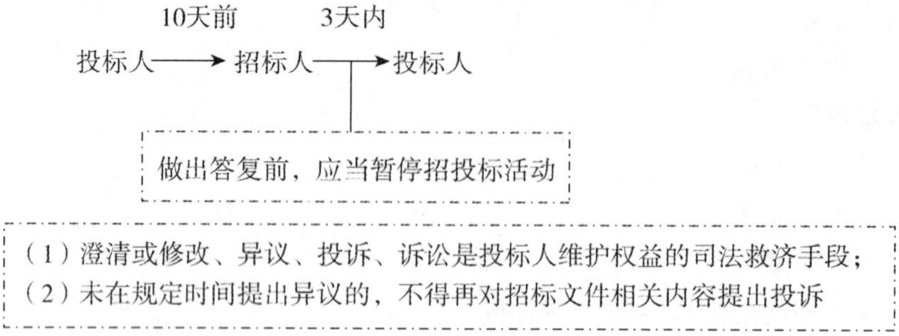

图 4-3-2　招标文件异议处理程序图

（六）编制标底和最高投标限价（2021 年、2015 年、2013 年案例题考点）

（1）招标人可以自行决定是否编制标底。一个招标项目只能有一个标底。

（2）招标项目设有标底的，招标人应当在开标时公布。标底在评标中应当作为参考，但不得作为评标的唯一依据。

（3）招标人设有最高投标限价的，应当在招标文件中明确最高投标限价或者最高投标限价的计算方法。招标人不得规定最低投标限价。

（七）确定中标人

评标委员会推荐 3 名中标候选人，并标明推荐顺序。招标人依据评标委员会推荐的中标候选人确定中标人。

（八）重新招标

有下列情形之一的，招标人将重新招标：

（1）至投标截止时间，投标人少于 3 个的。

（2）经评标委员会评审后否决所有投标的。

（3）评标委员会否决不合格投标或者界定为废标后，因有效投标不足 3 个使得投标明显缺乏竞争，评标委员会决定否决全部投标的。

（4）同意延长投标有效期的投标人少于 3 个的。

（5）中标候选人均未与招标人签订合同的。

重新招标后，仍出现前述规定情形之一的，属于必须审批的水利水电工程建设项目，经行政监督部门批准后可不再进行招标。

实战演练

[经典例题·案例节选]

背景资料：

招标人××省水利工程建设管理局依据《水利水电工程标准施工招标文件》（2009 年版），编制了新阳泵站主体工程施工招标文件，交易场所为××省公共资源交易中心，投标截止时间为 2015 年 7 月 19 日。在阅读招标文件后，投标人××集团对招标文件提交了异议函。

异议函

××省公共资源交易中心：

新阳泵站主体工程施工招标文件对合同工期的要求前后不一致，投标人须知前附表为26个月，而技术条款为30个月，请予澄清。

××集团

2015年7月12日

[问题]

××集团对招标文件提交的异议函有哪些不妥之处？说明理由。

[答案]

(1) 不妥之处一：异议函提交给××省公共资源交易中心。

理由：异议函应该提交给招标人。

(2) 不妥之处二：新阳泵站主体工程施工招标文件对合同工期的要求前后不一致，投标人须知前附表为26个月，而技术条款为30个月，请予澄清。

理由：该内容应要求招标人澄清，而不是按异议的形式提出。

(3) 不妥之处三：异议提出的时间为2015年7月12日。

理由：异议提出的时间应该距投标截止时间10天前。

考点2 施工投标条件与程序★★★

一、施工投标管理要求与投标条件

(一) 施工投标管理要求

1. 不得参加投标的情形（会判定即可）

根据《水运工程建设项目招标投标管理办法》规定，不得参加投标的情形有：

(1) 与招标人存在利害关系可能影响招标公正性的法人、其他组织或者个人，不得参加投标。

(2) 单位负责人为同一人或者存在控股、管理关系的不同单位，不得参加同一标段投标或者未划分标段的同一招标项目投标。

(3) 施工投标人与本标段的设计人、监理人、代建人或招标代理机构不得为同一个法定代表人、存在相互控股或参股或法定代表人相互任职、工作。

违反上述规定的，相关投标均无效。

2. 投标人资质

根据《住房和城乡建设部关于印发建设工程企业资质管理制度改革方案的通知》（建市〔2020〕94号）的规定，资质分类及承包范围见表4-3-2。（2018年选择题、2017年案例题考点）

表4-3-2 资质分类及承包范围

资质分类	承包范围
综合资质	各类别各等级工程施工总承包、项目管理业务

续表

资质分类		承包范围
施工总承包资质	甲级	各类型水利水电工程的施工
	乙级	中型以下水利水电工程和3级以下水工建筑物的施工，但工程规模限制在以下范围内：坝高70 m以下、水电站总装机容量150 MW以下、水工隧洞洞径小于8 m且长度小于1 000 m、堤防级别2级以下
专业承包资质	甲级	各类安装工程
	乙级	单机容量100 MW以下的水电站、单机容量1 000 kW以下的泵站安装工程
专业作业资质（备案制≤2个））		11种作业类型：木工、砌筑、抹灰、石制作、油漆、钢筋、混凝土、焊接、水暖电、钣金、架线

（二）投标条件

1. 主要内容

根据《水利水电工程标准施工招标文件》和《水利建设市场主体信用评价管理办法》的规定，投标条件的主要内容见表4-3-3。

表4-3-3　投标条件的主要内容

投标条件	主要内容
财务状况	（1）财务状况包括四方面，即“三资一润”，“三资”是指注册资本金、净资产、流动资金投入；“一润”是指利润； （2）投标人应填报“近3年财务状况表”，并附财务会计报表［附中标通知书和（或）合同协议书、工程竣工验收证书、合同工程完工证书］
投标人业绩	（1）类似工程业绩主要体现的四方面，即“能构（够）造（早）规（归）”：功能、结构、造价、规模； （2）投标人应填报“近5年完成的类似项目情况表”，包括资产负债表、现金流量表、利润表和财务情况说明书的复印件（2018年案例题考点）
信誉（2022年案例题考点）	（1）信用等级分为AAA（信用很好）、AA（信用良好）、A（信用较好）、B（信用一般）和C（信用较差）三等五级；（2018年、2016年、2015年、2014年选择题考点） （2）水利建设市场主体信用等级有效期为3年

第四章

2. 项目经理资格（2022年案例题考点）

项目经理应该由注册于本单位的建造师担任，其级别符合承担项目的要求，该项目经理不得有在建工程，应该有一定的类似工程业绩，考试合格的安全B本，无惩戒行为等。

实战演练

［经典例题·单选］ 水利建设市场主体信用等级中的A级表示信用（　　）。

A. 很好　　B. 良好

C. 较好　　D. 一般

［解析］ 信用等级A级表示信用较好。

［答案］ C

二、施工投标主要程序的注意事项

根据《水利水电工程标准施工招标文件》（2009 年版）、《中华人民共和国招标投标法实施条例》（2018 年修订）和《工程建设项目施工招标投标办法》的规定，施工投标主要程序的注意事项有如下几项。

（一）编制投标文件

（1）投标文件正本 1 份，副本 4 份。正本和副本的封面上应清楚地标记“正本”或“副本”的字样。当副本和正本不一致时，以正本为准。（2020 年案例题考点）

（2）投标文件的正本与副本应采用 A4 纸印刷（图表页可例外），分别装订成册，编制目录和页码，并不得采用活页装订。

（二）投标有效期

投标有效期从投标截止日开始算起，在有效期内，投标人不得要求撤销或修改其投标文件。

出现特殊情况需要延长投标有效期的，招标人以书面形式通知所有投标人延长投标有效期。投标人拒绝延长的，其投标失效，但投标人有权收回其投标保证金。（2019 年案例题考点）

（三）投标保证金

1. 递交

招标人在招标文件中要求投标人提交投标保证金的，投标保证金不得超过招标项目估算价的 2%。投标保证金有效期应当与投标有效期一致。依法必须进行招标的项目的境内投标单位，以现金或者支票形式提交的投标保证金应当从其基本账户转出。招标人不得挪用投标保证金。

2. 退还

（1）招标人与中标人签订合同后 5 个工作日（5 天）内，向未中标的投标人和中标人退还投标保证金及相应利息。（2014 年案例题考点）

（2）投标人在规定的投标有效期内撤销或修改其投标文件，或中标人在收到中标通知书后，无正当理由拒签合同协议书或未按招标文件规定提交履约担保的，投标保证金将不予退还。

（四）撤回与撤销

投标人撤回已提交的投标文件，应当在投标截止时间前书面通知招标人。招标人已收取投标保证金的，应当自收到投标人书面撤回通知之日起 5 天内退还。

投标截止后投标人撤销投标文件的，招标人可以不退还投标保证金。

（五）拒收情形

未通过资格预审的申请人提交的投标文件，以及逾期送达或者不按照招标文件要求密封的投标文件，招标人应当拒收。

（六）参加开标会

投标人应按时参加开标会，未参加的视为默认开标结果。

投标人对开标有异议的，应当在开标现场提出，招标人应当当场做出答复，并制作记录。未提出开标异议的，不可再对开标程序提出投诉。

（七）投标文件澄清说明

投标文件中有含义不明确的内容、明显文字或者计算错误，评标委员会认为需要投标人做出必要澄清、说明的，应当书面通知该投标人。投标人的澄清、说明应当采用书面形式，并不得超出投标文件的范围或者改变投标文件的实质性内容。

➤ **补充**：对投标报价中算术性错误进行修正的原则：

（1）用数字表示的数额与用文字表示的数额不一致的，以文字数额为准。

（2）单价与工程量的乘积与总价之间不一致的，以单价为准修改总价，但单价有明显的小数点错位的，以总价为准，并修改单价。

评标委员会不得暗示或者诱导投标人做出澄清、说明，不得接受投标人主动提出的澄清、说明。（2016 年案例题考点）

（八）评标公示期（2022 年案例题考点）

《中华人民共和国招标投标法实施条例》（2018 年修订）规定，招标人应当自收到评标报告之日起 3 天内公示中标候选人，公示期不得少于 3 天。

对依法必须进行招标的项目的评标结果有异议的，应当在中标候选人公示期间提出。招标人应当自收到异议之日起 3 天内做出答复；做出答复前，应当暂停招标投标活动。（2016 年案例题考点）

招标过程中“异议”总结表见表 4-3-4。

表 4-3-4　招标过程中“异议”总结表

对象		提出时间
3“异议”	招标文件	投标截止 10 天前
	开标过程	开标现场
	评标结果	中标候选人公示期间

实战演练

［2019 真题·案例节选］

背景资料：

某水利水电工程项目采取公开招标方式招标，招标文件明确：承包人应具有相应资质和业绩要求、具有 AA 及以上的信用等级；投标有效期为 60 天；投标保证金为 50 万元整。

该项目招标投标及实施过程中发生如下事件：

事件一：A 投标人在规定的时间内就招标文件设定信用等级作为资格审查条件，向招标人提出书面异议。

事件二：该项目因故需要暂停评标，招标人以书面形式通知所有投标人延长投标有效期至 90 天。B 投标人同意延长投标有效期，但同时要求局部修改其投标文件，否则拒绝延长。

事件三：C 投标人提交全部投标文件后发现报价有重大失误，在投标截止时间前向招标人递交了书面文件，要求撤回投标文件，放弃本次投标。

［问题］

1. 针对事件一，招标人应当如何处理？

2. 针对事件二，B 投标人提出修改其投标文件的要求是否妥当？说明理由。招标人应如何处理该事件？

3. 事件三中，招标人应如何处理 C 投标人撤回投标文件的要求？

第四章

[答案]

1. 招标人应在收到异议之日起3天内做出答复；做出答复前，应当暂停招标投标活动。

2. (1) B投标人提出修改其投标文件的要求不妥。

理由：同意延长投标有效期的投标人应当相应延长其投标担保的有效期，但不得修改投标文件的实质性内容。

(2) 投标人拒绝延长的，其投标失效，但投标人有权收回其投标保证金。

3. 招标人同意C投标人撤回投标文件的要求。招标人已收取投标保证金的，应当自收到投标人书面撤回通知之日起5天内退还。

考点 3　投标中应考虑的评标因素★

根据《水利水电工程标准施工招标文件》(2009年版）的规定，水利工程招标评标办法包括经评审的最低投标价法和综合评估法，一般采取综合评估法。综合评估法中，评审包括初步评审和详细评审。

一、初步评审

(1) 形式评审标准。

(2) 资格评审标准。

(3) 响应性评审标准。

二、详细评审

详细评审阶段需要评审的因素有：(2016年选择题考点)

(1) 施工组织设计（40%～60%)。

(2) 项目管理机构（15%～20%)。

(3) 投标报价（20%～30%)：投标报价评审分为总价（偏差率）和分项报价合理性两个方面。偏差率按下式计算：

$$偏差率=\frac{投标人报价-评标基准价}{评标基准价}\times 100\%$$

(4) 投标人综合实力（10%)。

实战演练

[2016真题·多选] 根据《水利水电工程标准施工招标文件》(2009年版)，在综合评估法的详细评审阶段，需详细评审的因素包括（　　）。

A. 投标文件格式　　B. 投标报价

C. 项目管理机构　　D. 投标人综合实力

E. 施工组织设计

[解析] 需详细评审的因素包括施工组织设计、项目管理机构、投标人综合实力、投标报价。

[答案] BCDE

第四章

名师小结

- 招标投标管理
  - 招标
    - 管理要求
      - 必须招标（400 万元+200 万元/国）
      - 公平原则（地域）
    - 程序要求
      - 发→发布媒体（省）、发售期（≥5 日）
      - 踏→可以，不得分别与单独
      - 澄→澄清通知（投标人、不指明、截标15 日前，招标人）
      - 议→异议函（招标人、存在异议、截标10 日前，投标人）
      - 编→标底、有高无低
      - 中→排名第一
      - 重→3/否（监督）
  - 投标
    - 条件
      - 资质［承包范围（2级对中型）、专业（金机河）、类别、级别］
      - 财务（注册资本金、净资产、流动资金投入、利润）
      - 业绩（功能、结构、造价、规模）
      - 信誉（AAA很好；AA良好；A较好；B一般；C较差）
      - 项目经理资格（本单位、级别、不得在建、业绩、B本、无惩戒）
    - 程序
      - 编→1+4
      - 期→截标开始，不得修改撤销，拒绝延长收回金
      - 金→同时。基本、牵头人、退（俩人俩钱），可不退（撤销、拒签、拒交履约）
      - 参→未参加默认、异议开标现场提
      - 评→不得主动
      - 公→3 日，异议公示期间提

模块二　水利水电工程造价与成本管理

考点 1　水利工程工程部分费用的构成★

根据《水利工程设计概（估）算编制规定（工程部分）》（水总〔2014〕429 号），水利工程工程部分费用的构成如图 4-3-3 所示，其中施工成本的部分见表 4-3-5。

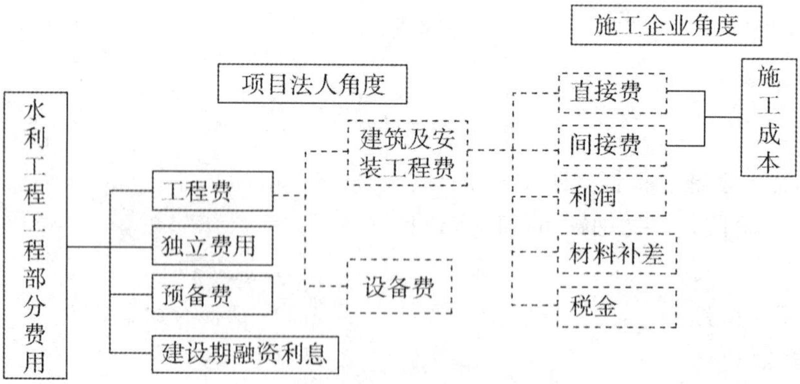

图 4-3-3　水利工程工程部分费用的构成

表 4-3-5　水利工程施工成本

施工成本	定义	构成	
直接费（2021 年选择题考点）	建筑安装工程施工过程中直接消耗在工程项目上的活劳动和物化劳动	基本直接费	人工费、材料费、施工机械使用费
		其他直接费	冬雨期施工增加费、夜间施工增加费、特殊地区施工增加费、临时设施费、安全生产措施费和其他
间接费	施工企业为建筑安装工程施工而进行组织与经营管理所发生的各项费用	规费（五险一金）和企业管理费	

考点 2　水利工程基础单价的编制与分析★★★

根据《水利工程设计概（估）算编制规定（工程部分）》（水总〔2014〕429 号）的规定，水利工程基础单价的编制与分析由人工预算单价、材料预算价格和施工机械台时费组成。

一、人工预算单价

在计算人工预算单价时，主要涉及三种工程，分别是枢纽工程、引水工程、河道工程。在每种工程中又将人工划分为四个档次：从高到低依次是工长、高级工、中级工、初级工，表 4-3-6 为某枢纽工程的人工预算单价表。

表 4-3-6　某枢纽工程的人工预算单价表（单位：元・工时$^{-1}$）

类别与等级	一般地区	一类区	二类区	三类区	四类区	五类区 西藏二类区	六类区 西藏三类区	西藏四类区
工长	11.55	11.80	11.98	12.26	12.76	13.61	14.63	15.40
高级工	10.67	10.92	11.09	11.38	11.88	12.73	13.74	14.51
中级工	8.90	9.15	9.33	9.62	10.12	10.96	11.98	12.75
初级工	6.13	6.38	6.55	6.84	7.34	8.19	9.21	9.98

二、材料预算价格（2017 年、2016 年选择题考点）

材料预算价格一般包括材料原价、运杂费、运输保险费、采购及保管费四项，见表4-3-7。

表 4-3-7　材料预算价格

材料预算价格	计算公式
材料原价	材料原价＝含税价格/（1＋增值税率）
运杂费	运杂费＝运距×收费标准
运输保险费	运输保险费＝材料原价×费率
采购及保管费	采购及保管费＝（材料原价＋运杂费）×费率

根据《水利工程营业税改征增值税计价依据调整办法》（办水总〔2016〕132 号）的规定，不同类型原材料的调整系数见表 4-3-8，采购及保管费费率见表 4-3-9。

表 4-3-8　不同类型原材料的调整系数

原材料类型	调整系数
主要材料（水泥、钢筋等）	1.13
次要材料	1.03
购买的砂、石料、土料	1.02
商品混凝土	1.03

表 4-3-9　不同类型原材料的采购及保管费费率

序号	材料名称	费率
1	水泥、碎石、砂、块石	3.3%
2	钢材	2.2%
3	油料	2.2%
4	其他材料	2.75%

三、施工机械台时费

根据《水利工程营业税改征增值税计价依据调整办法》（办水总〔2016〕132 号）的规定，施工机械使用费的调整系数见表 4-3-10。

表 4-3-10　施工机械使用费的调整系数

施工机械使用费类型	调整系数
施工机械台时费定额折旧费	1.13
修理及替换设备费	1.09（2019 年选择题考点）
安装拆卸费	1.00

实战演练

[2017 真题·单选] 根据《水利工程营业税改征增值税计价依据调整办法》的规定，材料价格可以采用将含税价格除以调整系数的方式调整为不含税价格，其中商品混凝土的调整系数为（　　）。

A. 1.02　　B. 1.03

C. 1.04　　D. 1.16

[解析] 商品混凝土的调整系数为 1.03。

[答案] B

[经典例题·案例节选]

背景资料：

某投标人编制的投标文件中，柴油预算价格计算见表 4-3-11。

表 4-3-11　柴油预算价格计算样表

序号	费用名称	计算公式	不含增值税价格/（元·t^{-1}）	备注
1	材料原价	—	—	含税价格 6 960 元/t，增值税率为 16%
2	运杂费	—	—	运距 20 km，运杂费标准 10 元/（t·km）
3	运输保险费	—	—	费率 1.0%
4	采购及保管费	—	—	费率 2.2%
预算价格（不含增值税）		—	—	—

［问题］

在答题卡上绘制并完善柴油预算价格计算表。

［答案］

柴油预算价格计算见表 4-3-12。

表 4-3-12　柴油预算价格计算表

序号	费用名称	计算公式	不含增值税价格/（元·t^{-1}）	备注
1	材料原价	材料原价＝含税价格/（1＋增值税率）＝6 960/（1＋16%）	6 000.0	含税价格为 6 960 元/t，增值税率为 16%
2	运杂费	运杂费＝运距×收费标准＝20×10	200.0	运距为 20 km，运杂费标准 10 元/（t·km）
3	运输保险费	运输保险费＝材料原价×费率＝6 000×1.0%	60.0	费率 1.0%
4	采购及保管费	采购及保管费＝（材料原价＋运杂费）×费率＝（6 000＋200）×2.2%	136.4	费率 2.2%
预算价格（不含增值税）		预算价格＝材料原价＋运杂费＋运输保险费＋采购及保管费＝6 000.0＋200.0＋60.0＋136.4	6 396.4	—

考点 3　水利建筑工程概算单价编制与分析★★★

根据《水利工程设计概（估）算编制规定（工程部分）》（水总〔2014〕429 号）的规定，水利建筑工程概算单价编制与分析的计算方法如下。

一、直接费

（一）基本直接费

人工费＝定额人工工时数×人工预算单价（元/工时）

材料费＝定额材料用量×材料预算单价

机械使用费＝定额机械台时用量（台时）×施工机械台时费（元/台时）

（二）其他直接费

其他直接费＝基本直接费×其他直接费费率

二、间接费

间接费＝直接费×间接费费率

三、利润

利润＝（直接费＋间接费）×利润率

四、材料补差

材料补差＝（材料预算价格－材料基价）×材料消耗量

五、税金

税金＝（直接费＋间接费＋利润＋材料补差）×税率（一般取“9%”）

六、建筑工程单价

建筑工程单价＝直接费＋间接费＋利润＋材料补差＋税金

水利建筑工程单价的编制通常采用列表法，所得表格称为建筑工程单价表，根据上述计算公式，水利部现行规定的建筑工程单价计算见表 4-3-13。（2017 年、2012 年案例题考点）

表 4-3-13　建筑工程单价计算表

序号	名称及规格	计算方法
1	直接费	（1）＋（2）
（1）	基本直接费	①＋②＋③
①	人工费	∑定额人工工时数×人工预算单价
②	材料费	∑定额材料用量×材料预算价格
③	机械使用费	∑定额机械台时用量×施工机械台时费
（2）	其他直接费	（1）×其他直接费费率
2	间接费	1×间接费费率
3	利润	（1＋2）×利润率
4	材料补差	（材料预算价格—材料基价）×材料消耗量
5	税金	（1＋2＋3＋4）×税率
6	工程单价	1＋2＋3＋4＋5

实战演练

[经典例题·案例节选]

背景资料：

经过评标、定标，某投标人中标，与发包人签订了总承包合同，并与分包单位签订了弃渣场清理项目分包合同，约定单价 13.51 元/m^3，相应的单价分析见表 4-3-14。

表 4-3-14　某项目单价分析表

序号	费用分析	单位	金额	计算方法
1	直接费	元	B	(1) ＋ (2)
(1)	A	元	10.00	①＋②＋③
①	人工费	元	2.00	∑定额人工工时数×D
②	材料费	元	5.00	∑E×材料预算价格
③	机械使用费	元	3.00	∑定额机械台时用量×F
(2)	其他直接费	元	0.20	(1) ×其他直接费费率 (2%)
2	间接费	元	C	1×间接费费率 (8%)
3	利润	元	0.77	(1＋2) ×利润率 (7%)
4	材料补差	元	0.60	(材料预算价格－材料基价) ×材料消耗量
5	税金	元	G	(1＋2＋3＋4) ×税率
6	工程单价	元	13.51	1＋2＋3＋4＋5

[问题]

指出弃渣场清理单价分析表中 A、B、C、D、E、F 分别代表的含义或数值。

[答案]

A 代表基本直接费。

B 代表 10.20。

C 代表 0.82。

D 代表人工预算单价。

E 代表定额材料用量。

F 代表施工机械台时费。

G 代表 1.12。

考点 4　水利工程定额★

一、定额分类

水利工程定额分类见表 4-3-15。

表 4-3-15　水利工程定额分类

分类标准	水利工程定额
应用范围	全国统一、水利行业、水利地方、企业
定额的编制程序和用途	投资估算指标（可研阶段）、概算定额（初设阶段）、预算定额（施工图阶段）、施工定额
费用性质	直接费、间接费、其他基本建设费用
定额的内容	劳动、材料消耗、机械作业、综合、机械台时、费用

二、定额使用注意事项

根据《水利建筑工程预算定额》（2002 年版）的规定，定额使用注意事项如下。

（一）定额使用总要求

其他材料费、零星材料费、其他机械费，均以费率形式表示，其计算基数如下：

（1）其他材料费，以主要材料费之和为计算基数。

（2）零星材料费，以人工费机械费之和为计算基数。

（3）其他机械费以主要机械费之和为计算基数。

（二）土方工程定额使用要求

（1）土方定额的计量单位，除注明外，均按自然方计算。

（2）挖掘机、轮斗挖掘机或装载机挖装土（含渠道土方）自卸汽车运输定额，适用于Ⅲ类土。

Ⅰ、Ⅱ类土人工、机械调整系数均取 0.91，Ⅳ类土人工、机械调整系数均取 1.09。

（3）压实定额均按压实成品方计。根据技术要求和施工必需的损耗，在计算压实工程的备料量和运输量时，按下式计算：

每 100 压实成品方需要的自然方量＝（100＋A）设计干密度/天然干密度

式中　A——土料损耗综合系数。

（三）混凝土工程定额使用要求

（1）现浇筑混凝土定额不含模板制作、安装、拆除、修整。

预制混凝土定额中的模板材料均按预算消耗量计算，包括制作（钢模为组装）、安装、拆除、维修的消耗，并考虑了周转和回收。

（2）混凝土的配料和拌制损耗已含在配合比材料用量中。

运输、浇筑、凿毛、模板、变形、干缩等损耗已含在定额中的混凝土用量中。（2016 年案例题考点）

实战演练

［2016 真题·案例节选］

背景资料：

某中型水闸工程施工招标文件按《水利水电工程标准施工招标文件》（2009 年版）编制。已标价工程量清单由分类分项工程量清单、措施项目清单、其他项目清单、零星工作项目清单组成。其中，闸底板 C20 混凝土是工程量清单的一个子目，其单价（单位：100 m^3）根据《水利建筑工程预算定额》（2002 年版）编制，并考虑了配料、拌制、运输、浇筑等过程中的损耗和附加费用。

［问题］

分别说明闸底板混凝土的单价分析中，配料、拌制、运输、浇筑等过程的损耗和附加费用应包含在哪些用量或单价中？

［答案］

配料和拌制过程的损耗和附加费应包含在混凝土配合比材料用量中；运输和浇筑过程的损耗和附加费应包含在定额混凝土用量中。

考点 5　水利工程工程量清单★★

根据《水利工程工程量清单计价规范》(GB 50501—2007）的规定，水利工程工程量清单包括以下内容。

一、工程量清单的一般规定

水利工程的工程量清单一般由分类分项工程量清单、措施项目清单、其他项目清单、零星工作项目清单组成。

二、四类工程量清单的相关内容

四类工程量清单的相关内容见表 4-3-16。(2020 年案例题考点）

表 4-3-16　四类工程量清单

分类	定义	备注
分类分项工程量清单	分为水利建筑工程工程量清单和水利安装工程工程量清单（采用工程单价计价）	建筑工程分为 14 类；安装工程分为 3 类（机电设备安装工程、金属结构设备安装工程和安全监测设备采购及安装工程）
措施项目清单	指为完成工程项目施工，发生于该工程项目施工前和施工过程中招标人不要求列明工程量的项目。以每一项措施项目为单位，按项计价	主要包括环境保护、文明施工、安全防护措施、小型临时工程、施工企业进退场费、大型施工设备安拆费等
其他项目清单	指为完成工程项目施工，发生于该工程施工过程中招标人要求计列的费用项目	其他项目清单中的暂列金额和暂估价两项，指招标人为可能发生的合同变更而预留的金额和暂定项目。暂列金额一般可为分类分项工程项目和措施项目合价的 5%
零星工作项目清单	指完成招标人提出的零星工作项目所需的人工、材料、机械单价，也称"计日工"	零星工作项目清单列出人工（按工种)、材料（按名称和规格型号)、机械（按名称和规格型号）的计量单位，单价由投标人确定

分类分项工程量清单项目编码采用 12 位阿拉伯数字表示，如图 4-3-4 所示。

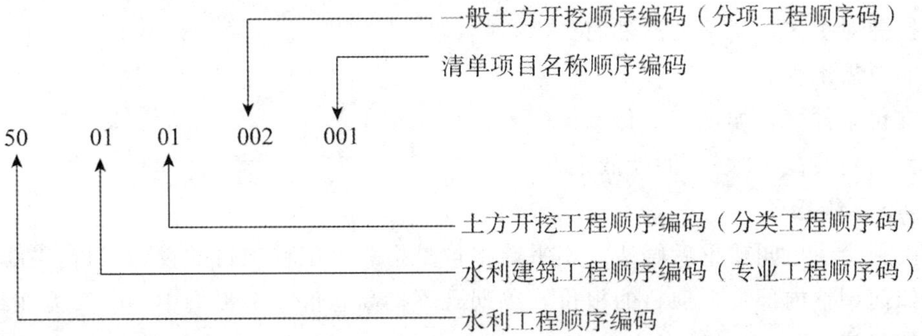

图 4-3-4　清单项目编码各部分含义

考点 6 投标阶段的成本管理★★

一、投标报价主表（工程量清单计价表）的构成

《水利工程工程量清单计价规范》（GB 50501—2007）规定，投标报价表分为主表和辅表，其中主表包括“6表”，主要有投标总价表、工程项目总价表、分类分项工程量清单计价表、措施项目清单计价表、其他项目清单计价表、零星工作项目清单计价表。（2021年案例题考点）

二、编写投标报价的常见策略

所谓投标报价策略，是指投标单位在合法竞争条件下，依据自身的实力和条件，确定的投标目标、竞争对策和报价技巧。即决定投标报价行为的决策思维和行动，包含投标报价目标、对策、技巧三要素。

（一）控制总价

1. 报价可高一些的情况（2020年案例题考点）

（1）施工条件差（如场地狭窄、地处闹市）的工程。

（2）专业要求高的技术密集型工程，而本公司这方面有专长，声望较高。

（3）总价低的小工程，以及自己不愿做而被邀请投标时，不便于不投标的工程。

（4）特殊的工程，如港口码头工程、地下开挖工程等。

（5）业主对工期要求急的工程。

（6）投标对手少的工程。

（7）支付条件不理想的工程。

总结为一句话是：“不好”的就高报。

特殊记忆：计日工单价可高报。

2. 报价可低一些的情况

（1）施工条件好的工程，工作简单、工程量大、一般公司都可以做的工程。

（2）本公司目前急于打入某一市场、某一地区，以及虽已在某地区经营多年，但即将面临没有工程的情况，机械设备等无工地转移时。

（3）附近有工程而本项目可以利用该项工程的设备、劳务或有条件短期内突击完成的。

（4）投标对手多，竞争力激烈时。

（5）非急需工程。

（6）支付条件好，如现汇支付。

总结为一句话是：“好”的就低报。

（二）不平衡报价

不平衡报价法也叫前重后轻法。不平衡报价是指一个工程项目的投标报价，在总价基本确定后，如何调整内部各个项目的报价，以期既不提高总价，不影响中标，又能在结算时得到更理想的经济效益。

一般可以在以下几个方面考虑采用不平衡报价法：

（1）能够早日结账收款的项目（如开办费、土石方工程、基础工程等）可以报的高一些，以利于资金周转；后期工程项目（如机电设备安装工程、装饰工程等）可适当降低报价。

（2）经过工程量核算，预计今后工程量会增加的项目，单价适当提高，这样在最终结算时可多赚钱，而将工程量可能减少的项目单价降低，工程结算时损失不大。

（3）设计图纸不明确，估计修改后工程量要增加的，可以提高单价，而工程内容说不清的，则可降低一些单价。

不平衡报价一定要建立在对工程量表中的工程量仔细核对分析的基础上，特别是对报低单价的项目，如工程量执行时增多将造成承包商的重大损失。不平衡报价过于明显，也可能影响中标。

实战演练

［经典例题·案例节选］

背景资料：

××集团投标文件中，投标报价汇总表（分组工程量清单模式）见表 4-3-17。

表 4-3-17　投标报价汇总表

序号	工程项目或费用名称	金额/元	备注
一	建筑工程	50 000 000	—
二	A	8 000 000	设备由发包人另行采购
三	金属结构设备安装工程	6 000 000	设备由发包人另行采购
四	水土保持及环境保护工程	1 000 000	—
五	B	3 700 000	—
1	施工围堰工程	1 000 000	总承包价
2	施工交通工程	500 000	—
3	C	1 000 000	—
4	其他临时工程	1 200 000	—
合计	—	68 700 000	—
	D=（一～五合计）×5%	3 435 000	发包人掌握
	总计	72 135 000	—

某围堰拆除工程采取 1 m^3 挖掘机配 8 t 自卸汽车运输施工，运距 3 km，相关定额见表 4-3-18。围岩为Ⅳ类土（定额调整系数为 1.09），初级工、1 m^3 挖掘机、59 kW 推土机、8 t 自卸汽车的单价分别为 2.66 元/工时、190 元/台时、100 元/台时、120 元/台时。

表 4-3-18　1m³ 挖掘机配 8t 自卸汽车运输定额表（Ⅲ类土运距 3 km，单位：100 m³）

序号	工程项目或费用名称	单位	数量
1	人工费	—	—
	初级工	工时	4.69
2	材料费	—	—
	零星材料费	元	4%

第四章

续表

序号	工程项目或费用名称	单位	数量
3	机械使用费	—	—
(1)	1 m^3 挖掘机	台时	0.70
(2)	59 kW 推土机	台时	0.35
(3)	8 t 自卸汽车	台时	7.10

[问题]

1. 表 4-3-17 中 A、B、C、D 所代表的工程或项目名称是什么？

2. 计算表 4-3-18 中围堰拆除工程单价中的人工费、机械费、材料费（保留小数点后两位小数）。

[答案]

1. A：机电设备安装工程。

B：临时工程。

C：临时房屋工程。

D：暂列金额。

2. （1）人工费＝2.66×4.69×1.09＝13.60（元/100 m^3）。

（2）机械费＝（0.7×190＋0.35×100＋7.10×120）×1.09＝1 111.80（元/100 m^3）。

（3）材料费＝（13.60＋1 111.80）×4%＝45.02（元/100 m^3）。

考点 7 施工阶段计量与支付★★

扫码听课

➤ **名师点拨：** 该考点存在一定难度，在学习过程中一定要明确方法。该考点的出题形式基本都是分析改错题，所以在学习时，首先要明确总原则，再掌握一些特殊情况即可。

一、计量与支付的“三”原则

（1）按施工图纸所示有效工程量计量。（2021 年、2020 年案例题考点）

（2）按相应项目有效工程量每立方米（米、吨）单价、相应项目工程单价（总价）支付。

（3）其他属于该项目的，应包含在相应项目有效工程量每立方米（米、吨）单价中，不另行支付。

二、常见工程中计量与支付的注意事项

根据《水利工程工程量清单计价规范》（GB 50501—2007）的规定，常见工程中计量与支付的注意事项如下。

（一）土方开挖工程（2017 年选择题考点）

总原则（“三原则”）：施工图纸、相应项目有效工程量每立方米单价支付、属于相应项目的不另行支付。

（1）场地平整、一般土方开挖、淤泥流砂开挖、沟槽开挖和柱坑开挖（自然方）符合计

第四章

量与支付原则。

（2）清理、测量、检查、验收等包含在土方明挖工程中，符合不另行支付原则。

特殊：

（1）塌方清理：需按有效塌方堆方体积计量。

（2）料场开采结束后的清理：包含在“环境保护和水土保持”相应项目的工程单价或总价中，不另行支付。

（二）地基处理工程（2021 年选择题考点）

总原则（“三原则”）：施工图纸、相应项目有效工程量每米、每立方米（吨）单价支付、属于相应项目的不另行支付。

1. 振冲地基（米）

（1）振冲加密或振冲置换成桩符合计量与支付原则。

（2）试验费及检验费符合不另行支付原则。

2. 混凝土灌注桩基础（立方米）

（1）钻孔灌注桩或者沉管灌注桩、钢筋（吨）符合计量与支付原则。

（2）试验费及相关工序费符合不另行支付原则。

（三）土方填筑工程（有效压实方）

总原则（三原则）：施工图纸、相应项目有效工程量每立方米单价支付、属于相应项目的不另行支付。

（1）坝体填筑、心墙、防渗墙、铺盖、护坡等符合计量与支付原则。

（2）料场的复核、试验、整治与清理符合不另行支付原则。

（3）坝体填筑的碾压试验费用，按《工程量清单》相应项目的总价支付。

（四）混凝土工程

总原则（三原则）：施工图纸、相应项目有效工程量每立方米（吨）单价支付、属于相应项目的不另行支付。

（1）模板不另行支付。

现浇混凝土模板包含在相应混凝土或钢筋混凝土每立方米工程单价中。

预制混凝土模板包含在预制混凝土构件项目有效工程量工程单价中。

（2）钢筋按吨计量支付，损耗不支付。

（3）普通混凝土按每立方米计量支付，损耗、超填、试验费、措施费不支付。

混凝土有效工程量，不扣除 0.1 m^3（m^2）。

不可预见的超填按相应项目或变更项目的每立方米工程单价支付；混凝土配合比试验费以总价形式支付。

特殊：需按相应项目计量支付。

（1）止水、止浆、伸缩缝等按每米（平方米）支付。

（2）接缝（接触）灌浆按设计图纸每平方米支付。

（五）砌体工程（2015 年考点）

总原则（三原则）：施工图纸、相应项目有效工程量每立方米单价支付、属于相应项目

第四章

的不另行支付。

(1) 浆砌石、干砌石、混凝土预制块和砖砌体符合计量与支付原则。

(2) 砂浆、拉结筋、止水设施、伸缩缝、沉降缝等以及清理与排水符合不另行支付原则。

实战演练

[2015 真题·案例节选]

背景资料:

某河道治理工程施工1标建设内容为新建一座涵洞，合同中关于砌体工程的计量和支付有如下约定:

(1) 砌体工程按招标图纸所示尺寸计算的有效砌筑体以 m^3 为单位计量。

(2) 浆砌块石砂浆按有效砌筑体以 m^3 为单位计量支付。

(3) 砌体工程中的止水设施、排水管、垫层及预埋件等费用，包含在砌体项目有效工程量单价中，不另行支付。

(4) 承包人按合同要求完成砌体建筑物的基础清理和施工排水等工作所需的费用包含在措施项目费用中，不另行支付。

[问题]

指出并改正合同约定中的不妥之处。

[答案]

(1) 不妥处一：砌体工程按招标图纸所示尺寸计算。

改正：砌体工程按施工图纸所示尺寸计算。

(2) 不妥处二：浆砌块石砂浆按有效砌筑体以 m^3 为单位计量支付。

改正：浆砌块石砂浆包含在砌体工程有效工程量的每立方米工程单价中，不另行支付。

(3) 不妥处三：承包人按合同要求完成砌体建筑物的基础清理和施工排水等工作所需的费用包含在措施项目费用中。

改正：承包人按合同要求完成砌体建筑物的基础清理和施工排水等工作所需的费用，包含在砌体工程有效工程量的每立方米工程单价中，不另行支付。

名师小结

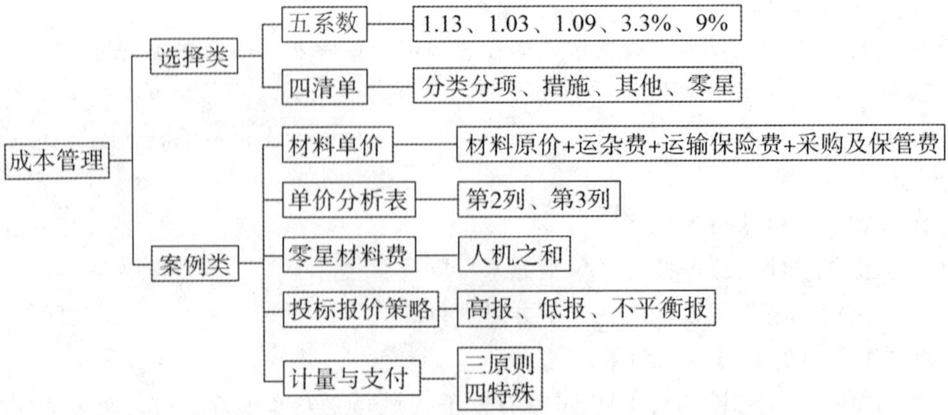

第四节　水利水电工程质量管理与安全生产管理专题

一、专题简介

该专题包括质量管理与安全生产管理两部分。

在近几年考试中，“质量管理”部分平均分值在3分左右，主要涉及的案例类型有：分析改错题（主要针对质量事故处理程序中的“人”“事”等知识的考核）、简答题（主要针对质量事故判定的考核）。学习方法为：懂详略、找核心。当出现质量问题的超纲题目时，建议考生在作答时向“质量达标”方面靠拢。

“安全生产管理”部分平均分值在3分左右，主要涉及的案例类型有：分析改错题（主要针对安全事故处理中的“人”“事”“时间”等知识的考核）、简答题（主要针对安全生产事故判定的考核）。学习方法为：懂详略、找核心。当出现安全问题的超纲题目时，建议考生在作答时向“是否安全”方面靠拢。

鉴于这两部分的学习方法相同，考试中题目的类型相似，因此把其放在同一专题，便于考生学习。

二、案例引入

为了让考生更好地理解该专题的考试方向，选择“2017年真题案例四”作为典型案例进行引入。

[2017真题·案例节选]

背景资料：

某工程施工采用一次拦断河床围堰导流，上游围堰背水侧发生管涌，施工单位在管涌出口处采用反滤层压盖进行处理。施工中发生了如下事件：

事件二：由于管涌处理不及时，围堰局部坍塌，造成直接经济损失30万元。事故发生后，项目法人根据水利部《贯彻质量发展纲要提升水利工程质量的实施意见》（水建管〔2012〕581号）规定的“四不放过”原则，组织有关单位制定处理方案，对本工程事故及时进行了处理，并报上级主管部门备案。事故处理后不影响工程正常使用和工程寿命，处理事故延误工期22天。

[问题]

1. 根据《水利工程质量事故处理暂行规定》（水利部令第9号），水利工程质量事故共分为哪几类？指出事件二的质量事故类别。

2. 事件二中，围堰质量事故由项目法人组织进行处理是否正确？说明“四不放过”原则的内容。

[答案]

1. (1) 水利工程质量事故分为一般质量事故、较大质量事故、重大质量事故、特大质量事故四类。

(2) 该事件属于一般质量事故。

2.（1）围堰质量事故由项目法人组织进行处理正确。

（2）“四不放过”原则内容：事故原因不查清楚不放过，主要事故责任者和职工未受到教育不放过，补救和防范措施不落实不放过，责任人员未受到处理不放过。

模块一　水利水电工程质量管理

考点 1 水利工程质量管理的内容★★

一、参建单位的质量管理内容

（一）项目法人的质量管理内容

根据《水利部关于印发水利工程建设项目法人管理指导意见的通知》（水建设〔2020〕258号），项目法人应加强对勘察、设计、施工、监理、监测、咨询、质量检测和材料、设备制造供应等参建单位的合同履约管理。要以工程质量和安全为核心，定期检查。项目法人应建立对参建单位合同履约情况的监督检查台账，实行闭环管理。项目法人应切实履行廉政建设主体责任。

（二）设计单位的质量管理内容

根据《水利部关于印发〈水利工程勘测设计失误问责办法（试行）〉的通知》（水总〔2020〕33号），设计单位的质量管理内容为：

（1）水利工程勘测设计失误按照对工程的质量、功能、安全和投资的影响程度，分为一般勘测设计失误、较重勘测设计失误和严重勘测设计失误三个等级。

（2）对责任单位的问责方式包括责令整改、警示约谈、通报批评、建议责令停业整顿、建议降低资质等级、建议吊销资质证书。

二、质量考核

（一）质量考核标准

根据《水利部关于修订印发水利建设质量工作考核办法的通知》（水建管〔2018〕102号）的规定，水利工程质量考核满分为100分，其中总体考核得分占考核总分的60%，项目考核得分占考核总分的40%。（2019年选择题考点）

考核结果分4个等级，分别为：（2017年选择题考点）

A级（考核排名前10名，且得分90分及以上的）。

B级（A级以后，且得分80分及以上的）。

C级（B级以后，且得分60分及以上的）。

D级（得分60分以下或发生重、特大质量事故的）。

（二）质量考核内容（2022年选择题考点）

根据《水利部关于修订印发水利建设质量工作考核办法的通知》（水建管〔2018〕102号）的规定，水利工程质量考核内容见表4-4-1。

表 4-4-1　水利工程质量考核内容

对象		考核内容
单位	项目法人	(1) 质量管理体系建立情况； (2) 质量管理程序报备情况； (3) 质量主体责任履行情况； (4) 参建单位质量检查情况； (5) 历次稽察、检查、巡查提出质量问题整改情况
单位	勘察设计单位	(1) 现场服务体系建立情况； (2) 现场设计服务情况
单位	施工单位	(1) 质量保证体系建立情况； (2) 施工过程质量控制情况； (3) 施工现场管理情况； (4) 已完工程实体质量情况
单位	监理单位	(1) 质量控制体系建立情况； (2) 监理控制相关材料报送情况； (3) 监理控制责任履行情况
其他	问题处理	(1) 质量事故调查处理和责任追究； (2) 质量举报投诉受理
其他	监督管理	(1) 质量监督计划； (2) 参建单位质量行为和实体质量检查； (3) 工程质量核备

实战演练

[2019 真题 · 单选] 根据《水利部关于修订印发水利建设质量工作考核办法的通知》(水建管〔2018〕102 号)，对省级水行政主管部门考核时，其中项目考核得分占考核总分的（　　）。

A. 20%　　B. 30%　　C. 40%　　D. 50%

[解析] 本题考查的是水利工程项目法人质量管理的内容。每年应对省级水行政主管部门进行水利建设质量工作考核，其中总体考核得分占考核总分的 60%，项目考核得分占考核总分的 40%。

[答案] C

[2022 真题 · 多选] 根据《水利建设质量工作考核办法》，施工单位施工质量保证的考核要点包括（　　）。

A. 现场设计服务情况　　B. 参建单位质量行为检查

C. 质量保证体系建立情况　　D. 施工现场管理情况

E. 已完工程实体质量情况

[解析] 施工单位施工质量保证的考核要点包括：①质量保证体系建立情况；②施工过程质量控制情况；③施工现场管理情况；④已完工程实体质量情况。

[答案] CDE

第四章

考点 2 水利工程施工质量事故分类★★★

➢ **名师点拨：** 该考点是质量管理中最核心的考点，对于质量事故的名称一定要保证在简答题中准确作答，对于事故的判定要注意数字的范围。

一、分类依据

根据《水利工程质量事故处理暂行规定》（水利部令第 9 号），工程质量事故按直接经济损失的大小，检查、处理事故对工期的影响时间长短和对工程正常使用的影响，分为一般质量事故、较大质量事故、重大质量事故、特大质量事故。（2017 年案例题考点）

二、分类标准

根据《水利工程质量事故处理暂行规定》（水利部令第 9 号）的规定，水利工程施工质量事故定性分类见表 4-4-2，定量分类见表 4-4-3。（2022 年、2021 年、2017 年案例题考点）

表 4-4-2 水利工程施工质量事故定性分类

事故类别	经济损失	正常使用	使用寿命
一般质量事故	一定	不影响	不影响
较大质量事故	较大（较短工期）	不影响	一定影响
重大质量事故	重大（较长工期）	不影响	较大影响
特大质量事故	特大（长工期）	较大影响	较大影响

表 4-4-3 水利工程施工质量事故定量分类

损失情况		事故类别			
		特大质量事故	重大质量事故	较大质量事故	一般质量事故
事故处理所需的物资、器材和设备、人工等直接损失费/万元	大体积混凝土、金属制作和机电安装工程	>3 000	>500 ≤3 000	>100 ≤500	>20 ≤100
	土石方工程、混凝土薄壁工程	>1 000	>100 ≤1 000	>30 ≤100	>10 ≤30
事故处理所需合理工期/月		>6	>3 且≤6	>1 且≤3	≤1

注：直接经济损失费用为必要条件，事故处理所需时间以及事故处理后对工程功能和寿命的影响主要适用于大中型工程。

➢ **记忆方法：** 直接经济损失“315”。其中，“大金 35”即大体积混凝土、金属制作和机电安装工程四种事故类别的直接损失费节点分别为 3 000、500、100、20 万元；“土薄 31”即土石方工程、混凝土薄壁工程四种事故类别的直接损失费节点分别为 1 000、100、30、10 万元。合理工期“316”即四种事故类别的节点分别为 1、3、6 个月。

三、质量缺陷

根据《国务院批转国家计委、财政部、水利部、建设部关于加强公益性水利工程建设管理若干意见的通知》（国发〔2000〕20 号）的规定，质量缺陷的相关规定见表 4-4-4。

表 4-4-4 质量缺陷的相关规定

要点	具体内容
定义	小于一般质量事故的质量问题
质评	合格
内容	(1) 产生的部位、原因； (2) 对质量缺陷是否处理和如何处理； (3) 对建筑物使用的影响等
填写	备案表组织：监理单位（2009 年选择题考点） 签字：参建单位

实战演练

[2021 真题 · 案例节选]

背景资料：

堤防填筑施工时，受降雨等因素影响，部分土方压实质量经检验不合格，经返工处理，造成直接经济损失 11 万元，间接经济损失 32 万元，影响工期 20 天。

[问题]

根据《水利工程质量事故处理暂行规定》（水利部令第 9 号），指出题中的质量事故类别，并说明理由。

[答案]

该质量事故类别是一般质量事故。

理由：堤防土方填筑工程发生质量事故，属于土石方工程，直接经济损失费为 11 万元，属于一般质量事故的范围（>10 万元，≤30 万元）；工期影响 20 天，也属于一般质量事故的范围（≤1 个月）。综上所述，该事故为一般质量事故。

考点 3 水利工程施工质量事故的处理★★

根据《水利工程质量事故处理暂行规定》（水利部令第 9 号），水利工程施工质量事故的处理分以下几个方面来阐述。

一、事故报告

(一) 质量事故上报

发生质量事故后，项目法人必须将事故的简要情况向项目主管部门报告。发生（发现）较大、重大和特大质量事故，事故单位要在 48 小时内向规定单位写出书面报告；突发性事故，事故单位要在 4 小时内电话向上述单位报告。

(二) 事故报告内容

(1) 工程名称、建设规模、建设地点、工期，项目法人、主管部门及负责人电话。

(2) 事故发生的时间、地点、工程部位以及相应的参建单位名称。

(3) 事故发生的简要经过、伤亡人数和直接经济损失的初步估计。

(4) 事故发生原因初步分析。

(5) 事故发生后采取的措施及事故控制情况。

（6）事故报告单位、负责人以及联系方式。

二、事故调查分析处理程序

发生质量事故，要按照规定的管理权限组织调查组进行调查，查明事故原因，提出处理意见，提交事故调查报告。事故调查组成员由主管部门根据需要确定并实行回避制度。不同事故类型，其调查程序有所不同，具体见表 4-4-5。

表 4-4-5　不同事故类型的调查程序

事故类型	组织调查		调查结果	
	组织者	被组织人员	批准	核备
一般	项目法人	设计、施工、监理等单位	—	项目主管部门
较大	项目主管部门	调查组	上级主管部门	省级水行政主管部门
重大	省级以上水行政主管部门	调查组	—	水利部
特大	水利部	调查组	—	—

三、事故处理要求

发生质量事故，必须针对事故原因提出工程处理方案，经有关单位审定后实施。不同事故类型，其处理程序有所不同，具体见表 4-4-6。

表 4-4-6　不同事故类型的处理程序

事故类型	处理方案				
	提出	制定	意见	实施	备案
一般	—	项目法人负责组织	—	项目法人负责组织	上级主管部门
较大	—	项目法人负责组织	—	经上级主管部门审定后实施	省级水行政主管部门或流域机构
重大	项目法人负责组织	—	征得事故调查组意见	报省级水行政主管部门或流域机构审定后实施	—
特大	项目法人负责组织	—	征得事故调查组意见	报省级水行政主管部门或流域机构审定后实施	水利部

实战演练

［经典例题·案例节选］

背景资料：

某水利枢纽工程发生较大质量事故后，施工单位按“四不放过”原则，组织有关单位制定处理方案，报监理机构批准后，对事故进行了处理，处理后不影响工程正常使用。

［问题］

根据水利部关于印发《贯彻质量发展纲要提升水利工程质量的实施意见》（水建管〔2012〕581 号），指出事故发生后的处理方案是否有不妥之处，若有请指出，并写出正确的事故处理程序。

[答案]

(1) 处理方案有不妥之处。

不妥之处一：施工单位组织有关单位制定处理方案。

不妥之处二：报监理机构批准后，对事故进行了处理。

(2) 正确的事故处理程序是：项目法人负责组织制定处理方案，经上级主管部门审定后实施，报省级水行政主管部门或流域机构备案。

考点 4 水利工程质量监督★

根据《水利工程质量监督管理规定》（水建〔1997〕339号）和《水利工程质量检测管理规定》（2017年）的规定，水利工程质量监督的内容见表4-4-7。

表 4-4-7 水利工程质量监督的内容

要点	具体内容
监督期（含合同质量保修期）	从工程开工前办理质量监督手续开始，到工程竣工验收委员会同意工程交付使用为止（2011年选择题考点）
人员（2012年选择题考点）	专职质量监督员和兼职质量监督员（凡从事该工程监理、设计、施工、设备制造的人员不得担任该工程的兼职质量监督员）
方式	抽查

➤ **注意：**检测单位资质分为岩土工程、混凝土工程、金属结构、机械电气和量测共5个类别，每个类别分为甲级、乙级2个等级。（2016年选择题考点）

考点 5 水力发电工程质量管理的要求★

根据《水电建设工程质量管理暂行办法》（电水农〔1997〕220号）的规定，水力发电工程质量管理的要求分为以下几个方面。

一、建设各方职责

(1) 监理单位对工程建设过程中的设计与施工质量负监督与控制责任，对其验收合格项目的施工质量负直接责任。

(2) 施工单位对所承包项目的施工质量负责，在监理单位验收前对施工质量负全部责任，在监理单位验收后，对其隐瞒或虚假部分负直接责任。

(3) 管理职责。（2016年选择题考点）

水力发电工程质量管理各方的责任见表4-4-8。

表 4-4-8 水力发电工程质量管理各方的责任

要点	具体内容
领导责任	项目法人、监理、设计、施工单位行政正职
直接领导责任	工程项目现场的行政负责人（项目经理）
技术责任	工程项目技术负责人（总监、设总、总工）

续表

要点	具体内容
直接责任人	具体工作人员

二、设计质量管理的主要内容

设计单位推荐材料、设备时应遵循“定型不定厂”的原则，不得指定供货厂家或产品。

三、施工单位质量管理的主要内容

施工单位在近五年内工程发生重大及以上质量事故的，应视其整改情况决定取舍；在近一年内工程发生特大质量事故的，不得独立中标承建大型水电站主体工程的施工任务。

单元工程的检查验收，施工单位应按“三级检查制度”（班组初检、作业队复检、项目部终检）的原则进行自检。（2022 年选择题考点）

名师小结

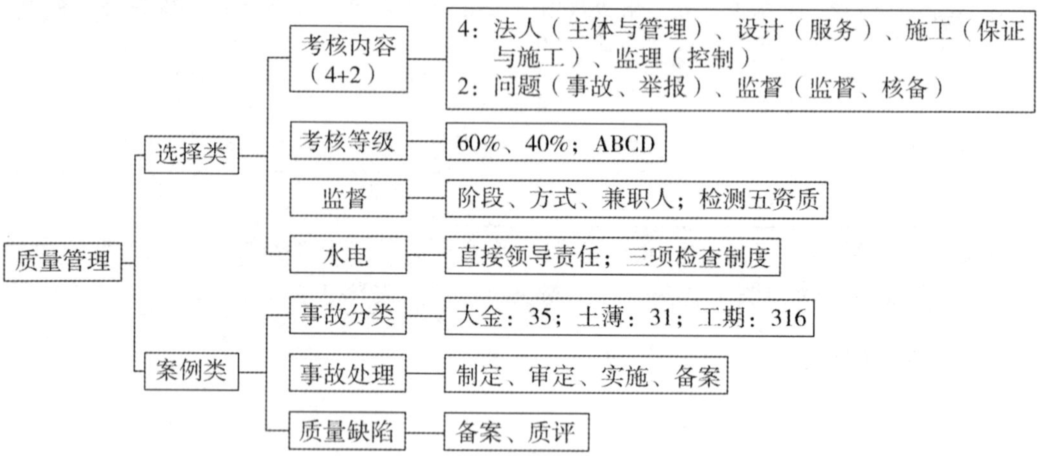

模块二　水利水电工程建设安全生产管理

第四章

考点 1 水利工程的安全生产责任★★

一、水利工程项目法人的安全生产责任

（一）一般规定

《水利工程建设安全生产管理规定》（2019 年修订）规定：

（1）项目法人应当组织编制保证安全生产的措施方案，并自工程开工之日起 15 个工作日内报有管辖权的水行政主管部门、流域管理机构或者其委托的水利工程建设安全生产监督机构备案。

（2）项目法人应当将水利工程中的拆除工程和爆破工程发包给具有相应水利水电工程施工资质等级的施工单位。项目法人应当在拆除工程或者爆破工程施工 15 天前，将资料报送水行政主管部门、流域管理机构或者其委托的安全生产监督机构备案。

（二）重大危险源

《水电水利工程施工重大危险源辨识及评价导则》（DL/T 5274—2012）规定，重大危险源依据事故可能造成的人员伤亡数量及财产损失情况进行分级，可按以下标准分为4级：

一级重大危险源：可能造成30人以上（含30人）死亡，或者100人（含100人）以上重伤，或者1亿元（含1亿元）以上直接经济损失的危险源。

二级重大危险源：可能造成10～29人死亡，或者50～99人重伤，或者5 000万元以上1亿元以下直接经济损失的危险源。

三级重大危险源：可能造成3～9人死亡，或者10～49人重伤，或者1 000万元以上5 000万元以下直接经济损失的危险源。

四级重大危险源：可能造成3人以下死亡，或者10人以下重伤，或者1 000万元以下直接经济损失的危险源。

二、水利工程勘察设计与监理单位的安全生产责任

水利工程勘察设计与监理单位的安全生产责任主要涉及标准、文件、操作规程（勘察）、人员（设计）以及监理中的审查和监督检查等方面。

三、水利工程施工单位的安全生产责任

根据《水利工程建设安全生产管理规定》（2019年修订），水利工程施工单位的安全生产责任包括以下几个方面。

（一）安全技术措施与专项施工方案

施工单位应当在施工组织设计中编制安全技术措施和施工现场临时用电方案，对下列达到一定规模的危险性较大的工程应当编制专项施工方案，并附具安全验算结果，经施工单位技术负责人签字以及总监理工程师核签后实施，由专职安全生产管理人员进行现场监督：

（1）基坑支护与降水工程。

（2）土方和石方开挖工程。

（3）模板工程。

（4）起重吊装工程。

（5）脚手架工程。

（6）拆除、爆破工程。

（7）围堰工程。

（8）其他危险性较大的工程。

对上述所列工程中涉及高边坡、深基坑、地下暗挖工程、高大模板工程的专项施工方案，施工单位还应当组织专家进行论证、审查。

（二）安全生产教育

根据《水利水电工程施工安全管理导则》（SL 721—2015）的规定，安全生产教育的相

关内容见表 4-4-9。(2021 年、2017 年选择题考点)。

表 4-4-9　安全生产教育

时间	每年至少进行一次	
内容（三级安全教育）	公司教育（一级教育）	安全基本知识、法规、法制教育
	项目部（工段、区、队）教育（二级教育）	现场规章制度和遵章守纪教育
	班组教育（三级教育）	本工种岗位安全操作及班组安全制度、纪律教育

（三）施工企业管理人员安全生产考核的相关要求

根据《水利水电工程施工企业主要负责人、项目负责人和专职安全生产管理人员安全生产考核管理办法》(水安监〔2011〕374 号）的规定，安全生产考核的相关要求见表 4-4-10。(2009 年选择题考点)

表 4-4-10　安全生产考核的相关要求

对象	企业主要负责人、项目负责人和专职安全生产管理人员
考核管理	水利部：总承包一级以上（含一级）、专业承包一级及水利部直属施工企业； 省级水行政主管部门：总承包（专业承包）二级以下（含二级）
内容	安全管理能力考核：文化程度、工作经历、业绩； 安全生产知识考试：法律法规、安全生产管理、安全生产技术知识
证书	有效期为 3 年；不低于 8 个学时的安全生产继续教育

实战演练

[2021 真题·单选] 根据《水利水电工程施工安全管理导则》(SL 721—2015)，下列安全教育内容中，属于二级教育的是（　　）。

A. 现场规章制度教育

B. 班组纪律教育

C. 安全基本知识教育

D. 工种岗位安全操作教育

[解析] 三级安全教育的内容是：

(1) 公司教育（一级教育）主要进行安全基本知识、法规、法制教育。

(2) 项目部（工段、区、队）教育（二级教育）主要进行现场规章制度和遵章守纪教育。

(3) 班组教育（三级教育）主要进行本工种岗位安全操作及班组安全制度、纪律教育。

[答案] A

考点 2　水利工程建设项目风险管理★★

扫码听课

根据《大中型水电工程建设风险管理规范》(GB/T 50927—2013) 的规定，水利工程建设项目风险分类、评估和处置方法如下。

一、风险分类

（1）人员伤亡风险。

（2）经济损失风险。

（3）工期延误风险。

（4）环境影响风险。

（5）社会影响风险。

二、风险评估

水利水电工程建设风险从风险发生可能性与损失严重性两个方面进行风险评估，见表4-4-11和表4-4-12。

表 4-4-11　风险发生可能性

等级	可能性
1	不可能
2	可能性极少
3	偶尔
4	有可能
5	经常

表 4-4-12　风险发生损失严重性

等级	严重程度
A	轻微
B	较大（3人以下）（1 000万元以下）
C	严重（3～10人）（1 000万～5 000万元）
D	很严重（10～30人）（5 000万～1亿元）
E	灾难性（30人以上）（1亿元以上）

三、风险处置方法

风险控制应采取经济、可行、积极的处置措施，具体风险处置方法有风险规避、风险缓解、风险转移、风险自留、风险利用等方法。不同风险应采取的处置办法见表4-4-13。（2022年、2021年、2017年、2016年选择题、案例题考点）

表 4-4-13　不同风险应采取的处置办法

风险		风险处置方法
损失	概率	
大	大	风险规避
小	大	风险缓解
大	小	风险转移
小	小	风险自留

注：①有利于工程项目目标的风险，宜采用风险利用。

第四章

②采用工程保险等方法转移剩余风险时，工程保险不应被作为唯一减轻或降低风险的应对措施。

实战演练

[**2022真题·单选**] 根据《大中型水电工程建设风险管理规范》（GB/T 50927—2013），对于损失小、概率小的风险应该进行（　　）。

A. 风险规避　　B. 风险缓解

C. 风险转移　　D. 风险自留

[**解析**] 损失小、概率小的风险处置方式为风险自留。

[**答案**] D

考点 3 水利工程隐患排查★★

扫码听课

根据《水利部关于印发〈水利工程生产安全重大事故隐患判定标准（试行）〉的通知》（水安监〔2017〕344号），水利工程隐患排查的内容如下。

一、隐患排查的主体

水利建设各参建单位是事故隐患判定工作的主体，对于判定出的重大事故隐患，有关单位要立即组织整改，不能立即整改的，要做到整改责任、资金、措施、时限和应急预案“五落实”。

二、隐患排查的方法（2022年案例题考点）

水利工程生产安全重大事故隐患判定分为直接判定法和综合判定法，应先采用直接判定法，不能用直接判定法的，采用综合判定法判定。

（一）直接判定法

（1）基础管理，如现场管理。

（2）临时工程，如营地及施工设施建设、围堰工程。

（3）专项工程，如施工用电、深基坑、降水等。

（二）综合判定法

基础条件+隐患内容。

实战演练

[**经典例题·案例节选**]

背景资料：

甲公司承担了某大型水利枢纽工程主坝的施工任务。主坝长1 206.56 m，坝顶高64.00 m，最大坝高81.55 m（厂房坝段），坝基最大挖深13.50 m。施工期间发生如下事件：

事件一：项目法人主持召开安全例会，要求甲公司按《水利水电工程施工安全管理导则》（SL 721—2015）及时填报事故信息等各类水利生产安全信息。安全例会通报中提到的甲公司施工现场存在的部分事故隐患见表4-4-14。

表 4-4-14　甲公司施工现场存在的部分事故隐患

序号	事故隐患内容描述
1	缺少 40 t 履带吊装安全操作规程
2	油库距离临时搭建的 A 休息室 45 m，且搭建材料的燃烧性能等级为 B2
3	未编制施工用电专项方案
4	未对进场的 6 名施工人员进行入场安全培训
5	围堰工程未经验收合格即投入使用
6	13 号开关箱漏电保护器失效
7	石方爆破工程未按专项施工方案施工
8	B 休息室西墙穿墙电线未做保护，有两处破损

［问题］

指出表中可用直接判定法判定为重大事故隐患的隐患（用序号表示）。

［答案］

可用直接判定法判定为重大事故隐患的隐患是 2、3、5、7。

考点 4　水利工程安全事故应急管理★★★

扫码听课

一、应急管理依据

按照不同的责任主体，国家突发公共事件应急预案体系设计为国家总体应急预案、专项应急预案、部门应急预案、地方应急预案、企事业单位应急预案五个层次。

《水利部生产安全事故应急预案（试行）》（水安监〔2016〕443 号）属于部门预案。

应急管理工作原则：

（1）以人为本，安全第一。

（2）属地为主，部门协调。

（3）分工负责，协同应对。

（4）专业指导，技术支撑。

（5）预防为主，平战结合。

➢ **记忆方法：**“预防成为工地搬砖人”。

二、事故分类

生产安全事故分为特别重大事故、重大事故、较大事故和一般事故四个等级，如图 4-4-1所示。

较大涉险事故，是指发生涉险 10 人以上，或者造成 3 人以上被困或下落不明，或者需要紧急疏散 500 人以上，或者危及重要场所和设施（电站、重要水利设施、危化品库、油气田和车站、码头、港口、机场及其他人员密集场所）的事故。（2020 年案例题考点）

第四章

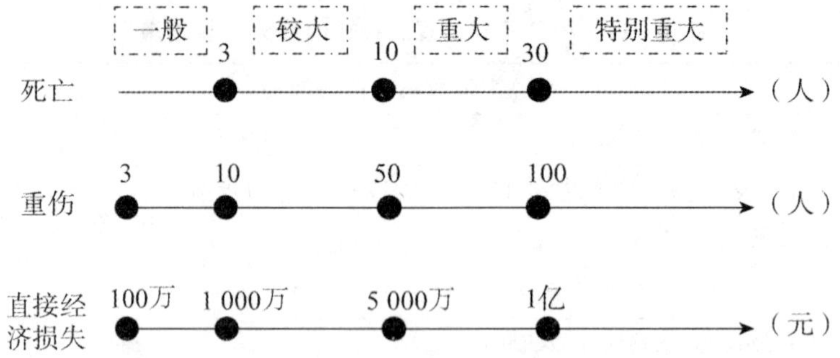

图 4-4-1　生产安全事故分类

三、事故报告

（一）事故信息报告与先期处置

事故报告方式分快报和书面报告。

其中，快报内容应包含事故发生单位名称、地址、负责人姓名和联系方式，发生时间、具体地点，已经造成的伤亡、失踪、失联人数和损失情况，可视情况附现场照片等信息资料。

（二）报告程序和时限

1. 报告

（1）重特大事故报告程序和时限如图 4-4-2 所示。

图 4-4-2　重特大事故报告程序和时限

（2）较大和有人员死亡的一般事故。一般事故报告程序和时限如图 4-4-3 所示。

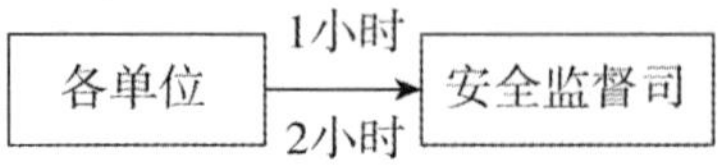

图 4-4-3　一般事故报告程序和时限

2. 反馈

反馈的程序和时限如图 4-4-4 所示。

图 4-4-4　反馈的程序和时限

四、应急响应

（一）应急响应分级

应急响应设定为一级（特别重大事故）、二级（重大事故）、三级（较大事故）三个等级。

（二）应急响应流程

（1）启动响应。

（2）成立应急指挥部。

(3) 会商研究部署。

(4) 派遣现场工作组。

(5) 跟踪事态进展。

(6) 调配应急资源（应急专家、专业救援队伍和有关物资、器材）。

(7) 及时发布信息。

(8) 配合政府或有关部门开展工作。

(9) 其他应急工作（配合有关单位或部门做好技术甄别工作等）。

(10) 响应终止。

五、保障措施

(一) 信息与通信保障

水利部水利信息中心和有关单位应为应急响应工作提供信息畅通相关支持。相关司局和单位的工作人员在水利生产安全事故应急响应期间应保持通信畅通。

(二) 人力资源保障

各地、各单位应建立地方应急救援协作机制，充分发挥中国人民解放军应急救援力量的作用，为本预案实施提供人力资源保障。

(三) 应急经费保障

财务司、安全监督司根据需求安排年度应急管理经费，用于水利部应对生产安全事故、应急培训、预案宣传演练等工作。

(四) 物资与装备保障

各地、各单位生产安全事故应急预案中应包含与地方公安、消防、卫生以及其他社会资源的调度协作方案，为第一时间开展应急救援提供物资与装备保障。

实战演练

[2020 真题·案例节选]

背景资料：

某施工单位承担江北取水口加压泵站工程施工，在进行屋面施工时，泵室四周土方已回填至 28.00 m 高程。某天夜间在进行屋面混凝土浇筑施工时，1 名工人不慎从脚手架顶部坠地死亡，发生高处坠落事故。

[问题]

根据《水利部生产安全事故应急预案（试行）》（水安监〔2016〕443 号），生产安全事故共分为哪几级？背景资料中的生产安全事故属于哪一级？

[答案]

(1) 生产安全事故分为特别重大事故、重大事故、较大事故和一般事故 4 个等级。

(2) 背景资料事件中 1 名工人死亡，属于一般事故。

考点 5　水利建设工程文明工地的创建★

根据水利部印发的《水利建设工程文明工地创建管理暂行办法》（水精〔2014〕1 号）

第四章

和《水利建设工程文明工地创建管理办法》(水精〔2014〕3号),水利建设工程文明工地的创建包括以下几个方面。

一、文明工地创建标准

(1) 体制机制健全。

(2) 质量管理到位。

(3) 安全施工到位。

(4) 环境和谐有序。

(5) 文明风尚良好。

(6) 创建措施有力。

二、文明工地创建与管理

文明工地创建在项目法人的统一领导下进行。获得“文明工地”可作为水利建设市场主体信用、中国水利工程优质(大禹)奖和水利安全生产标准化评审的重要参考。(2018年多选题考点)

三、文明工地申报

“文明工地”实行届期制,每两年通报一次。在上一届期已被命名为文明工地的,如符合条件,可继续申报下一届。

实战演练

[2018真题·多选] 根据《水利建设工程文明工地创建管理办法》(水精〔2014〕3号),获得“文明工地”可作为(　　)等工作的参考依据。

A. 建设市场主体信用评价

B. 大禹奖评审

C. 安全生产标准化评审

D. 工程质量评定

E. 工程质量监督

[解析] 获得“文明工地”可作为水利建设市场主体信用、中国水利工程优质(大禹)奖和水利安全生产标准化评审的重要参考。

[答案] ABC

考点6 水利安全生产标准化评审的要求★★

根据《水利安全生产标准化评审管理暂行办法》(水安监〔2013〕189号)的规定,水利安全生产标准化评审的要求从适用范围和评审标准两个方面来说明。

一、适用范围

水利生产经营单位是指水利工程项目法人(工期2年以上的大中型)、从事水利水电工程施工的企业和水利工程管理单位。(2016年多选题考点)

二、评审标准

水利安全生产标准化等级分为一级、二级和三级,评审满分为100分,见表4-4-15。

表 4-4-15　水利安全生产标准化评审标准

水利安全生产标准化等级	评审得分	各一级评审项目得分
一级	90 分（含）以上	不低于应得分的 70%
二级	80 分（含）以上	不低于应得分的 70%
三级	70 分（含）以上	不低于应得分的 60%

不达标：评审得分低于 70 分，或任何一项一级评审项目得分低于应得分的 60%。

➢ **注意：**安全生产标准化等级证书有效期为 3 年。有效期满需要延期的，应于期满前 3 个月，向水利部提出延期申请。

实战演练

[经典例题·单选] 根据《水利安全生产标准化评审管理暂行办法》（水安监〔2013〕189 号），某施工企业安全生产标准化评审得分为 85 分，且各一级评审项目得分不低于应得分的 70%，该企业安全生产标准化等级为（　　）。

A. 一级　　B. 二级

C. 三级　　D. 四级

[解析] 水利安全生产标准化等级划分为一级、二级和三级。其中二级的标准为：评审得分 80 分（含）以上，且各一级评审项目得分不低于应得分的 70%。

[答案] B

考点 7　水力发电工程安全管理的要求★

根据《电力建设工程施工安全监督管理办法》，水力发电工程安全管理的要求包括以下几个方面。

一、建设单位安全责任

建设单位对电力建设工程施工安全负全面管理责任，应在电力建设工程开工报告批准之日起 15 日内，将保证安全施工的措施向建设工程所在地国家能源局派出机构备案。

二、勘察设计单位安全责任

对于采用新技术、新工艺、新流程、新设备、新材料和特殊结构的电力建设工程，勘察设计单位应当在设计文件中提出保障施工作业人员安全和预防生产安全事故的措施建议。

三、施工单位安全责任

施工单位应当对因电力建设工程施工可能造成损害和影响的毗邻建筑物、构筑物、地下管线、架空线缆、设施及周边环境采取专项防护措施。对施工现场出入口、通道口、孔洞口、邻近带电区、易燃易爆及危险化学品存放处等危险区域和部位采取防护措施并设置明显的安全警示标志。

四、监理单位安全责任

对工程关键部位、关键工序、特殊作业和危险作业进行旁站监理；对复杂自然条件、复杂结构、技术难度大及危险性较大的分部分项工程专项施工方案的实施进行现场监理；监督交叉作业和工序交接中的安全施工措施的落实。

五、监督管理

国家能源局依法实施电力建设工程施工安全的监督管理。

实战演练

[经典例题·单选] 建设单位对电力建设工程施工安全负全面管理责任，应在（　　）内，将保证安全施工的措施向建设工程所在地国家能源局派出机构备案。

A. 电力建设工程开工之日起 15 天内

B. 电力建设工程开工报告批准之日起 15 天内

C. 电力建设工程开工之日起 7 天内

D. 电力建设工程开工报告批准之日起 7 天内

[解析] 建设单位对电力建设工程施工安全负全面管理责任，应在电力建设工程开工报告批准之日起 15 天内，将保证安全施工的措施向建设工程所在地国家能源局派出机构备案。

[答案] B

名师小结

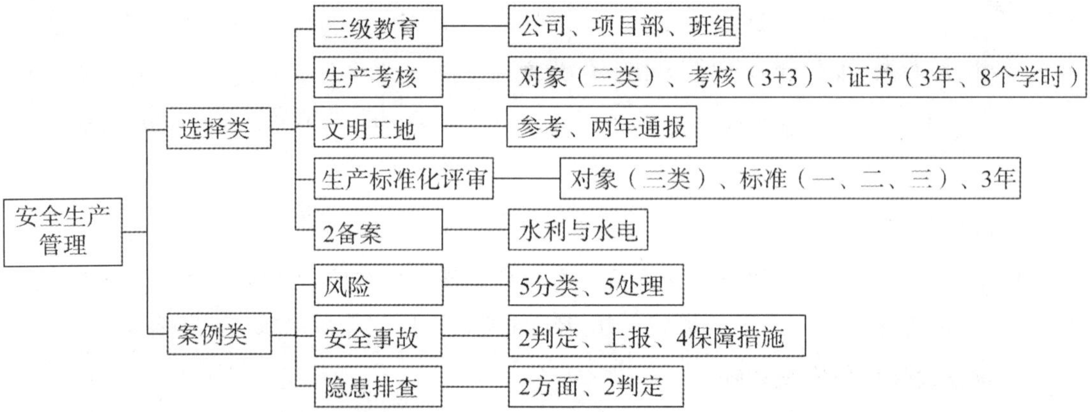

第五节　水利水电工程施工质量评定与验收专题

一、专题简介

该专题包括施工质量评定与验收两部分。

近几年考题中，“施工质量评定”部分平均分值在 6 分左右，主要涉及的案例类型有：分析改错题，主要针对质量评定程序中的“人”“事”等知识的考核；简答题，主要针对质量评定的考核；还涉及质量评定表的填表。鉴于质量评定内容中存在大量重复的知识，并且各知识之间有一定的关联性，其学习方法是：多总结、找异同。

“验收”部分平均分值在3分左右，主要涉及的案例类型有：分析改错题，主要针对验收过程中的“人”“事”“时间”等知识的考核；简答题，主要针对验收内容与条件的考核。鉴于验收内容中存在大量重复的知识，并且各知识之间有一定的关联性，其学习方法是：多总结、找异同。

鉴于两者的学习方法相同，因此把这两部分内容放在同一专题，便于考生学习。

二、案例引入

为了让考生更好地理解该专题的考试方向，选择“2018年真题案例四”作为典型案例进行引入。

[2018真题·案例分析]

背景资料：

某水利枢纽工程包括节制闸和船闸工程，工程所在地区每年5～9月为汛期。项目于2014年9月开工，计划2017年1月底完工。

本枢纽工程施工过程中发生如下事件：

事件一：船闸单位工程共有20个分部工程，分部工程质量全部合格，其中优良分部工程16个；主要分部工程10个，工程质量全部优良。施工过程中未发生质量事故，外观质量得分率为86.5%，质量检验评定资料齐全，工程观测分析结果符合国家和行业标准以及合同约定的标准。

事件二：项目如期完工，计划于2017年汛前进行竣工验收。

[问题]

1. 根据《水利水电工程施工质量检验与评定规程》(SL 176—2007)，单位工程施工质量优良标准中，对分部工程质量、主要分部工程质量及外观质量方面的要求分别是什么？根据事件一提供的资料，说明船闸单位工程的质量等级。

2. 根据《水利水电建设工程验收规程》(SL 223—2008)，指出并改正事件二中的不妥之处。

[答案]

1. (1) 单位工程施工质量优良标准中，所含分部工程质量全部合格，其中70%以上达到优良等级，主要分部工程质量全部优良，且施工中未发生过较大质量事故，外观质量得分率达到85%以上。

(2) 事件一中，共有20个分部工程，分部工程质量全部合格，其中优良分部工程16个，优良率为80%，大于70%；主要分部工程10个，工程质量全部优良。施工过程中未发生质量事故，外观质量得分率为86.5%，大于85%，质量检验评定资料齐全，工程观测分析结果符合国家和行业标准以及合同约定的标准。所以，船闸单位工程质量优良。

2. 不妥之处：项目如期完工，计划于2017年汛前进行竣工验收。

改正：项目如期完工，应在汛期(5～9月)过后1年内进行竣工验收。

模块一　水利水电工程施工质量评定

考点 1 项目划分的原则★

根据《水利水电工程施工质量检验与评定规程》(SL 176—2007)，水利水电工程施工项目划分的原则如下。

一、划分级别

水利水电工程质量检验与评定应当进行项目划分。项目按级划分为单位工程、分部工程(工程数目不宜少于 5 个)、单元(工序)工程等三级。

二、划分程序

由项目法人组织监理、设计及施工等单位进行工程项目划分，并确定主要单位工程、主要分部工程、重要隐蔽单元工程和关键部位单元工程，如图 4-5-1 所示。

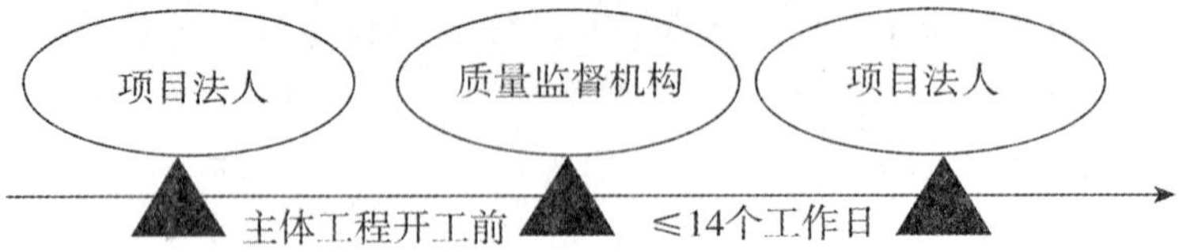

图 4-5-1　项目划分的程序

考点 2 施工质量检验的要求★★

根据《水利水电工程施工质量检验与评定规程》(SL 176—2007)，施工质量检验包括工程中检验不合格的项目处理规定和参建单位质量检验职责的主要规定两方面的内容。

一、工程中检验不合格的项目处理规定

(1) 原材料、中间产品一次抽样检验不合格时，应及时对同一取样批次另取两倍数量进行检验，如仍不合格，则该批次原材料或中间产品应当定为不合格，不得使用。

(2) 单元(工序)工程质量不合格时，应按合同要求进行处理或返工重做，并经重新检验且合格后方可进行后续工程施工。

(3) 混凝土(砂浆)试件抽样检验不合格时，应委托具有相应资质等级的质量检测机构对相应工程部位进行检验。如仍不合格，由项目法人组织有关单位进行研究，并提出处理意见。

(4) 工程完工后的质量抽检不合格，或其他检验不合格的工程，应按有关规定进行处理，合格后才能进行验收或后续工程施工。

二、参建单位质量检验职责的主要规定

(一) 参建单位的质量检验职责

参建单位的质量检验职责主要规定见表 4-5-1。

表 4-5-1　参建单位的质量检验职责

参建单位	质量检验职责
施工单位	(1) 填写“水利水电工程施工质量评定表”； (2) 制备见证取样资料
监理单位	复核工程质量
项目法人	督促检查、对工程质量等级进行认定
工程质量监督机构	监督检查

(二) 临时工程质量检验及评定标准

由项目法人组织监理、设计及施工等单位根据工程特点，参照“单元工程评定标准”和其他相关标准确定，并报相应的工程质量监督机构核备。

实战演练

[经典例题·案例节选]

背景资料：

某水库除险加固工程加固内容主要包括均质土坝坝体灌浆、护坡修整、溢洪道拆除重建等。工程建设过程中发生以下事件：

事件一：在施工质量检验中，钢筋、护坡单元工程以及溢洪道底板混凝土试件三个项目抽样检验均有不合格情况。针对上述情况，监理单位要求施工单位根据《水利水电工程施工质量检验与评定规程》(SL 176—2007)，分别进行处理并责令其进行整改。

[问题]

针对事件一中提到的钢筋、护坡单元工程以及混凝土试件抽样检验不合格的情况，分别说明具体处理措施。

[答案]

(1) 钢筋抽样检验不合格时，应及时对同一取样批次另取两倍数量进行检验，如仍不合格，则该批次钢筋应定为不合格，不得使用。

(2) 护坡单元工程质量不合格时，应按合同要求进行处理或返工重做，并经重新检验且合格后方可进行后续工程施工。

(3) 混凝土试件抽样检验不合格时，应委托具有相应资质等级的质量检测单位，对相应工程部位进行检验，如仍不合格，应由项目法人组织有关单位进行研究，并提出处理意见。

考点 3　施工质量评定的标准★★★

➢ **名师点拨：** 评定标准的考试题型是：给出多个数据与描述，判断其质量标准是“合格”还是“优良”。在做题时，一定要先判定是不是优良，只要有一个不符合要求，则不能判定为优良，即“一票否决制”。

一、质量评定标准

施工质量评定标准见表 4-5-2。(2019 年、2018 年、2017 年、2016 年、2015 年等案例

题考点）

表 4-5-2　施工质量评定标准

级别	工序		单元（工序A+…）		分部（单元A+…）					单位（分部A+…）				工程项目		
标准	主控项目	一般项目	所有	主要	所有	主要（隐蔽）	质量事故	中间产品、原材料、金属、机电	混凝土试件（≥30组）	所有	主要	质量事故	外观得分率	所有	主要	资料
合格	100%符合本标准要求	70%合格	全部合格		全部合格		已处理	全部合格		全部合格		已处理	70%	全部合格		符合要求
优良	100%符合本标准要求	90%合格	50%优良	100%优良	70%优良	90%优良	未发生	全部合格	优良等级	70%优良	100%优良	未发生较大质量事故	85%	70%优良	100%优良	符合要求

特殊：不划分工序单元工程的评定标准见表 4-5-3。

表 4-5-3　不划分工序单元工程的评定标准

级别	评定标准
合格	主控项目 100%符合本标准要求；一般项目 70%合格（河道疏浚 90%）
优良	主控项目 100%符合本标准要求；一般项目 90%合格（河道疏浚 95%）

根据《水利水电工程施工质量检验与评定规程》（SL 176—2007）的规定，单位工程施工质量优良标准为：

（1）所含分部工程质量全部合格，其中 70%以上达到优良等级，主要分部工程质量全部优良，且施工中未发生过较大质量事故。

（2）质量事故已按要求进行处理。

（3）外观质量得分率达到 85%以上。

（4）单位工程施工质量检验与评定资料齐全。

（5）工程施工期及试运行期，单位工程观测资料分析结果符合国家和行业技术标准以及合同约定的标准要求。

二、质量评定处理（单元工程）

《水利水电工程施工质量检验与评定规程》（SL 176—2007）规定，单元（工序）工程质量达不到合格标准时，应及时处理。处理后的质量等级按下列规定重新确定：

（1）全部返工重做的，可重新评定质量等级。

（2）经加固补强并经设计和监理单位鉴定能达到设计要求的，其质量评为合格。

（3）处理后的工程部分质量指标仍达不到设计要求时，经设计复核，项目法人及监理单位确认能满足安全和使用功能要求的，可不再进行处理；或经加固补强后，改变了外形尺寸或造成工程永久性缺陷，经项目法人、监理及设计单位确认能基本满足设计要求的，其质量可定为合格，但应按规定进行质量缺陷备案。

实战演练

［2017 真题 · 案例节选］

背景资料：

某混凝土分部工程有 50 个单元工程，单元工程质量全部经监理单位复核认可。50 个单元工程质量全部合格，其中优良单元工程 38 个；主要单元工程以及重要隐蔽单元工程共 20 个，优良 19 个；施工过程中检验水泥共 10 批，钢筋共 20 批，砂共 15 批，石子共 15 批，质量均合格。混凝土试件：C25 共 19 组、C20 共 10 组、C10 共 5 组，质量全部合格，施工中未发生过质量事故。

［问题］

根据《水利水电工程施工质量检验与评定规程》（SL 176—2007）和背景资料，评定此分部工程的质量等级，并说明理由。

［答案］

此分部工程的质量等级为优良。

理由：单元工程质量全部合格，其中优良率为 76%，大于 70%；主要单元工程以及重要隐蔽单元工程质量优良率为 95%，大于 90%，且未发生过质量事故；中间产品质量全部合格，混凝土试件（小于 30 组）合格。因此，该分部工程的质量等级为优良。

考点 4　施工质量评定工作组织要求★★

扫码听课

➤ **名师点拨：** 该考点主要考查方式为分析判定题，在学习过程中一定要注意“人”和“事”的对应关系。

根据《水利水电工程施工质量检验与评定规程》（SL 176—2007）的规定，施工质量评定工作组织要求如图 4-5-2 所示。（2017 年、2016 年、2015 年、2011 年题考点）

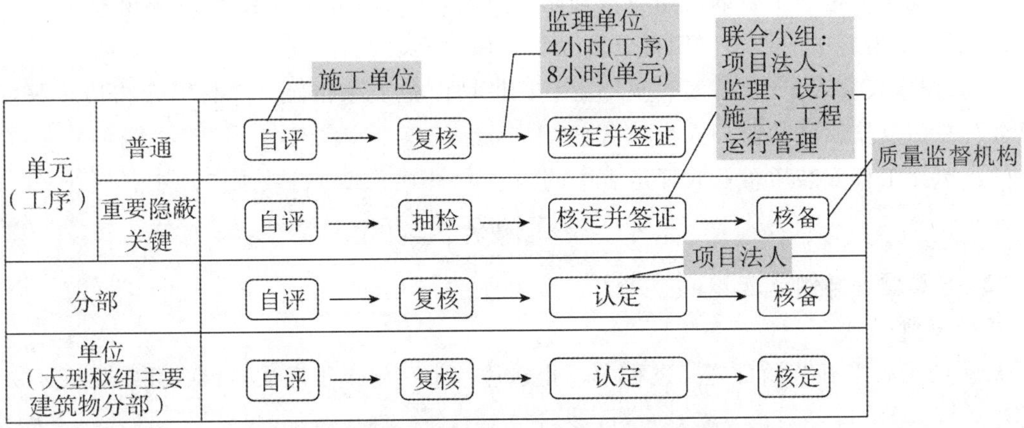

图 4-5-2　施工质量评定工作组织要求

注： ①工程外观质量评定由项目法人组织，参加人员具有工程师以上职称；评定组应不少于 5 人，大

型工程宜不少于7人。

②工程质量监督机构应按有关规定在工程竣工验收前提交工程质量监督报告，工程质量监督报告应当有工程质量是否合格的明确结论。

实战演练

[经典例题·案例节选]

背景资料：

某引调水枢纽工程，工程规模为中型，建设内容主要有泵站、节制闸、新建堤防、上下游河道疏浚等。

事件一：关于施工质量评定工作的组织要求如下：分部工程质量由施工单位自评，监理单位复核，项目法人认定。分部工程验收质量结论由项目法人报工程质量监督机构核备，其中主要建筑物节制闸和泵站的分部工程验收质量结论由项目法人报工程质量监督机构核定。单位工程质量在施工单位自评合格后，由监理单位抽检，项目法人核定。单位工程验收质量结论报工程质量监督机构核备。

[问题]

指出事件一中分部工程质量评定的不妥之处，说明理由，并改正单位工程质量评定中的错误。

[答案]

(1) 不妥之处：主要建筑物节制闸和泵站的分部工程验收质量结论由项目法人报工程质量监督机构核定。

(2) 理由：本枢纽工程为中型枢纽工程，应报工程质量监督机构核备。

(3) 改正：单位工程质量在施工单位自评合格后，由监理单位复核，项目法人认定。单位工程验收的质量结论由工程质量监督机构核定。

考点 5 施工质量评定表的使用★★

扫码听课

根据《水利水电工程施工质量评定表（试行）》（以下简称《评定表》）基本规定，施工质量评定表的使用应符合以下要求：（2016年、2015年案例题考点）

(1)《评定表》中的合格率用百分数表示，保留小数点后一位。

(2)《评定表》表1～7从表头至评定意见栏均由施工单位经“三检”合格后填写，“质量等级”栏由复核质量的监理人员填写。

(3) 单元工程安装质量验收评定表中的内容多一项：试运行效果。

实战演练

[2015真题·案例节选]

背景资料：

某穿堤涵洞第五节涵身施工进程中，止水片（带）施工工序质量验收评定见表4-5-4。

表 4-5-4　止水片（带）施工工序质量验收评定表

单位工程名称				—	工序编号	—	
分部工程名称				涵洞工程	施工单位	—	
单元工程名称、部位				第 5 单元	施工日期	—	
项次		检验项目		质量标准	检查（测）记录	合格数	合格率
A	1	片（带）外观		表面平整、无乳皮、锈污、油渍、砂眼、钉孔、裂纹等	所有外露的止水片均表面平整、无乳皮、锈污、油渍、砂眼、钉孔、裂纹等	—	—
	2	基座		符合设计要求（按基础要求验收合格）	6 个点均符合设计要求	6	100%
	3	片（带）插入深度		符合设计要求	2 个点均符合设计要求	2	100%
	4	沥青井柱		位置准确，牢固，上下层衔接好，电热元件及绝热材料埋设准确，沥青填塞密实	—	—	—
	5	接头		符合工艺要求	15 个接头均符合工艺要求	15	100%
B	1	片（带）偏差	宽	允许偏差±5mm	4.5、5.0、3.5、3.0、6.0	4	80%
			高	允许偏差±2 mm	1.0、2.0、1.5、−3.0、0.5	4	80%
			长	允许偏差±20 mm	15、17、10、30	3	75%
	2	搭接长度	金属止水片	≥20 mm，双面焊接	15、20、23、25	3	75%
			橡胶、PVC 止水带	≥100 mm	85、95、100、105、105、110、120、115	6	75%
			金属止水片与 PVC 止水带接头栓接长度	≥350 mm（螺栓栓接法）	—	—	—
	3	片（带）中心线与接缝中心线安装偏差		允许偏差±5 mm	3.0、3.5、4.0	3	100%
施工单位自评意见				A 检验结果 C 符合本标准的要求；B 逐项检验合格率 D，且不合格点不集中分布。工序质量等级评定为：E。 ××年××月××日			
监理单位复核意见				—			

［问题］

根据《水利水电工程单元工程施工质量验收评定标准——混凝土工程》（SL 632—2012）的规定，指出表中 A、B、C、D、E 所代表的名称或数据。

［答案］

A：主控项目。

B：一般项目。

C：100.0%。

D：最小为 75.0%，或者均大于 70.0%。

E：合格。

第四章

[经典例题·案例节选]

背景资料：

某水利施工单位承担工程土建施工及金属结构、机电设备安装任务，闸门槽采用留槽后浇二期混凝土的方法施工。闸门安装完毕后施工单位及时进行了检查、验收和质量评定工作，其中平板钢闸门单元工程安装质量验收评定见表 4-5-5。

表 4-5-5　平板钢闸门单元工程安装质量验收评定表

<table>
<tr><td colspan="2">单位工程名称</td><td>×××</td><td colspan="2">单元工程量</td><td colspan="2">×××</td></tr>
<tr><td colspan="2">A</td><td>×××</td><td colspan="2">安装单位</td><td colspan="2">×××</td></tr>
<tr><td colspan="2">单元工程名称、部位</td><td>×××</td><td colspan="2">评定日期</td><td colspan="2">×年×月×日</td></tr>
<tr><td rowspan="2">项次</td><td rowspan="2" colspan="2">项目</td><td colspan="2">主控项目/个</td><td colspan="2">一般项目/个</td></tr>
<tr><td>合格数</td><td>其中优良数</td><td>合格数</td><td>其中优良数</td></tr>
<tr><td>1</td><td colspan="2">反向滑块</td><td>12</td><td>9</td><td>—</td><td>—</td></tr>
<tr><td>2</td><td colspan="2">焊缝对口错边</td><td>17</td><td>14</td><td>—</td><td>—</td></tr>
<tr><td>3</td><td colspan="2">表面清除和凹坑焊补</td><td>—</td><td>—</td><td>24</td><td>18</td></tr>
<tr><td>4</td><td colspan="2">橡胶止水</td><td>20</td><td>16</td><td>28</td><td>22</td></tr>
<tr><td colspan="3">B</td><td colspan="4">质量标准合格</td></tr>
<tr><td>安装单位自评意见</td><td colspan="6">各项试验和单元工程试运行符合要求，各项报验资料符合规定，检验项目全部合格。检验项目优良率为C，其中主控项目优良率为79.6%，单元工程安装质量验收评定等级为合格。</td></tr>
</table>

[问题]

根据要求，写出表中 A、B、C 字母所代表的内容。（计算结果以百分数表示，并保留一位小数）

[答案]

A：分部工程名称。

B：试运行效果。

C：78.2%。

第四章

名师小结

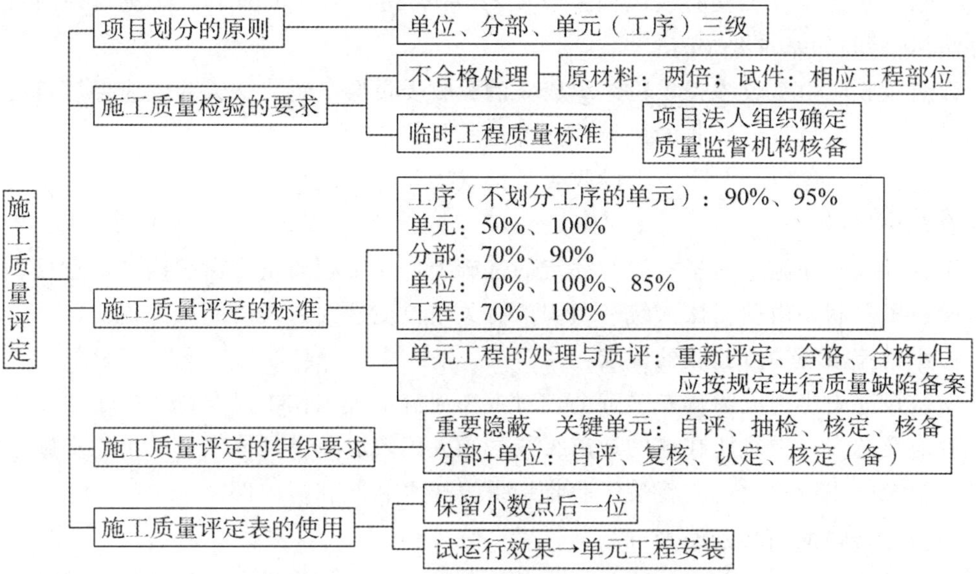

模块二 水利水电工程验收

考点 1 水利工程验收的分类及要求★★

一、验收的分类

根据《水利水电建设工程验收规程》（SL 223—2008）的规定，水利工程验收分类见表 4-5-6。（2016 年、2015 年、2014 年、2013 年选择题考点）

表 4-5-6 水利工程验收分类

验收分类	建设项目	小水电站（1.0～50 MW）	小型病险水库加固
法人验收	分部工程	分部工程	分部工程
	单位工程	单位工程	单位工程
	水电站（泵站）中间机组启动	中间机组启动验收	—
	合同工程完工	合同工程完工	—
政府验收	阶段	阶段验收（含首末台机组启动验收）	蓄水（或主体工程完工）
	专项	专项	—
	竣工	竣工	竣工

二、验收的基本要求

根据《水利水电建设工程验收规程》（SL 223—2008）和《全国中小河流治理项目和资金管理办法》，验收的基本要求有：

（1）政府验收应由验收主持单位组织成立的验收委员会负责；法人验收应由项目法人组织成立的验收工作组负责。验收的成果性文件是验收鉴定书。

（2）工程验收结论应经 2/3 以上验收委员会（工作组）成员同意。主任委员（组长）对争议问题有裁决权。

（3）工程验收应在施工质量检验与评定的基础上，对工程质量提出明确结论意见。

（4）验收资料制备由项目法人统一组织，有关单位应按要求及时完成并提交。

（5）中小河流治理项目验收的要求：

中央财政设立中小河流治理专项资金，对中小河流治理工作予以支持。中小河流治理由省级人民政府负总责，项目所在地的地市级或县级人民政府负责具体项目的组织实施。建设项目完工后要及时竣工验收，并将竣工验收结果报送水利部和财政部。

三、验收监督管理的基本要求

根据《水利水电建设工程验收规程》（SL 223—2008），验收监督管理的基本要求有：

（1）水利部负责全国水利工程建设项目验收的监督管理工作。

（2）法人验收监督管理机关应对工程的法人验收工作实施监督管理。

（3）工程验收监督管理的方式应包括现场检查、参加验收活动、对验收工作计划与验收成果性文件进行备案等。

（4）项目法人应在自工程开工之日起 60 个工作日内，制定法人验收工作计划，报法人验收监督管理机关和竣工验收主持单位备案。

实战演练

［**2016 真题·多选**］根据《关于加强小型病险水库除险加固项目验收管理的指导意见》（水建管〔2013〕178 号），小型病险水库除险加固项目法人验收包括（　　）。

A. 单位工程验收

B. 蓄水验收

C. 分部工程验收

D. 合同工程完工验收

E. 分项工程验收

［**解析**］小型病险水库除险加固项目验收分为法人验收和政府验收，其中法人验收包括分部工程验收和单位工程验收。

［**答案**］AC

考点 2 水利工程项目法人验收的要求★★

扫码听课

➤ **名师点拨：**法人验收主要涉及分部工程、单位工程和合同工程验收，三者在验收程序、组织、条件、内容上有很多相似之处。在学习过程中，可以先掌握其中一个工程的要求，再学习其不同点即可，并做到“举一反三”。

根据《水利水电建设工程验收规程》（SL 223—2008）的规定，水利工程项目法人验收的要求分为验收程序、验收组织、验收条件和验收内容四个方面。

一、验收程序（单位工程）

水利工程项目法人验收程序如图 4-5-3 所示。

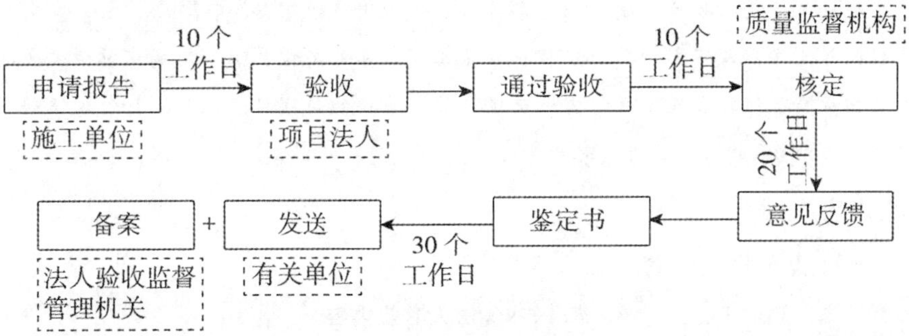

图 4-5-3 法人验收程序（单位工程）

注：①分部工程为核备，大型枢纽工程主要建筑物分部为核定。

②合同工程收到申请报告之日起 20 个工作日内决定是否同意验收。

二、验收组织

水利工程项目法人验收组织见表 4-5-7。（2021 年选择题、2017 年案例题考点）

表 4-5-7 法人验收组织

法人验收	分部工程	单位工程	合同工程
主持单位	项目法人 （委托监理单位）	项目法人	
验收工作组	项目法人、勘测、设计、监理、施工、主要设备制造（供应）商、运行管理单位		
代表人数	每个单位不宜超过 2 名	每个单位不宜超过 3 名	

注：①项目法人组织单位工程验收时，应提前 10 个工作日通知质量和安全监督机构。主要建筑物单位工程验收应通知法人验收监督管理机关，法人验收监督管理机关可视情况决定是否列席验收会议，质量和安全监督机构应派员列席验收会议。

②大型枢纽工程主要建筑物的分部工程质量监督机构应派代表列席验收会议。

三、验收条件

水利工程项目法人验收条件见表 4-5-8。

表 4-5-8　法人验收条件

分部工程	单位工程	合同工程
所有单元工程已完成	所有分部工程已完建并验收合格	工程项目按合同约定完成并进行有关验收
已完成单元工程施工质量经评定全部合格，有关质量缺陷已处理完毕或有监理机构批准的处理意见	分部工程验收遗留问题已处理完毕并通过验收，未处理的遗留问题不影响单位工程质量评定并有处理意见	测量、缺陷、结算、现场清理、档案资料
合同约定的其他条件	合同约定的其他条件	合同约定的其他条件

注：单位工程投入使用验收除应满足以上条件外，还应满足以下条件：

①工程投入使用后，不影响其他工程正常施工，且其他工程施工不影响该单位工程安全运行。

②已经初步具备运行管理条件，需移交运行管理单位的，项目法人与运行管理单位已签订提前使用协议书。

四、验收内容

水利工程项目法人验收内容见表 4-5-9。

表 4-5-9　法人验收内容

分部工程	单位工程	合同工程
检查工程是否达到设计标准或合同约定标准的要求	检查工程是否按批准的设计内容完成	检查合同范围内工程项目和工作完成情况
评定工程施工质量等级	评定工程施工质量等级	现场清理、运行情况、资料整理、施工质量、结算、完工日期、验收鉴定书
对验收中发现的问题提出处理意见	检查分部工程验收遗留问题处理情况及相关记录，对验收中发现的问题提出处理意见	验收遗留问题处理情况、对验收中发现的问题提出处理意见

注：单位工程投入使用验收除完成以上工作内容外，还应对工程是否具备安全运行条件进行检查。

实战演练

[经典例题·案例节选]

背景资料：

某水库除险加固工程加固内容主要包括均质土坝坝体灌浆、护坡修整、溢洪道拆除重建等，工程建设过程中发生下列事件：溢洪道单位工程完工后，项目法人主持单位工程验收，并成立了由项目法人、设计、施工、监理等单位组成的验收工作组。

[问题]

溢洪道单位工程验收工作中，除事件中所列单位外，还应包括哪些单位的代表？单位工程验收时，有哪些单位可以列席验收会议？

[答案]

（1）单位工程验收工作中，除事件中所列单位外，还应包括勘测、主要设备制造（供应）商、运行管理等单位的代表。

（2）单位工程验收时，质量和安全监督机构单位可以列席验收会议，法人验收监督管理机关根据情况决定是否列席验收会议。

考点 3 水利工程阶段验收的要求★

根据《水利水电建设工程验收规程》（SL 223—2008）的规定，水利工程阶段验收的要求如下。

一、分类

阶段验收应包括枢纽工程导（截）流验收、水库下闸蓄水验收、引（调）排水工程通水验收、水电站（泵站）首（末）台机组启动验收、部分工程投入使用验收以及竣工验收主持单位根据工程建设需要增加的其他验收。

二、验收程序

水利工程阶段验收的程序如图 4-5-4 所示。

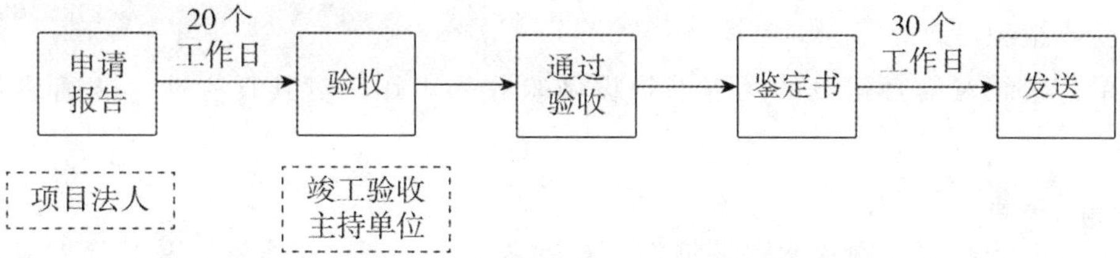

图 4-5-4　水利工程阶段验收的程序

三、验收组织

（一）主持单位

阶段验收应由竣工验收主持单位或其委托的单位主持。

（二）验收委员会（2012 年选择题考点）

阶段验收委员会应由验收主持单位、质量和安全监督机构、运行管理单位的代表以及有关专家组成；必要时，可邀请地方人民政府以及有关部门参加。

工程参建单位应派代表参加阶段验收，并作为被验收单位在验收鉴定书上签字。

实战演练

[经典例题·案例节选]

背景资料：

某大（2）型水库枢纽工程由混凝土面板堆石坝、电站、溢流坝和节制闸等建筑物组成。

［问题］

该水库在蓄水前应进行哪项阶段验收？该验收应由哪个单位主持？施工单位应以何种身份参与该验收？

［答案］

（1）该水库在蓄水前应进行水库下闸蓄水阶段验收。

（2）验收由竣工验收主持单位或其委托的单位主持。

（3）施工单位应以被验收身份参与该验收。

考点 4 水利工程专项验收的要求★★

一、分类

水利水电工程的专项验收主要有建设项目竣工环境保护验收、生产建设项目水土保持设施验收、移民安置验收以及建设项目档案等专项验收。

二、验收要求

（一）建设项目竣工环境保护验收

根据《建设项目竣工环境保护验收暂行办法》（国环规环评〔2017〕4 号）和《建设项目竣工环境保护验收技术规范　水利水电》（HJ 464—2009），建设项目竣工环境保护验收应符合以下要求。

1. 环境保护设施的验收

（1）验收组织者。

建设单位组织对配套建设的环境保护设施验收等工作，对其真实性、准确性和完整性负责。

（2）验收报告。

验收报告分为验收监测（调查）报告、验收意见（是否验收合格）和其他需要说明的事项等三项内容。

（3）公示信息。

验收报告编制完成后 5 个工作日内，公开验收报告，公示的期限不得少于 20 个工作日。

（4）验收期限。

验收期限指自建设项目环境保护设施竣工之日起至建设单位向社会公开验收报告之日止的时间。

除需要取得排污许可证的水和大气污染防治设施外，其他环境保护设施的验收期限一般不超过 3 个月；需要对该类环境保护设施进行调试或者整改的，验收期限可以适当延期，但最长不超过 12 个月。

2. 建设项目竣工环境保护的验收

水利水电建设项目竣工环境保护验收技术工作分为三个阶段：（2016 年选择题考点）

（1）准备阶段：达到 75％（运行生产能力、灌溉引水量）。

（2）验收调查阶段：包括工程前期、施工期、运行期三个时段。

(3) 现场验收阶段：包括环境保护设施检查、环境保护措施检查。

实战演练

[2016 真题·单选] 下列工作阶段中，不属于水利水电建设项目竣工环境保护验收技术工作的是（　　）。

A. 准备阶段　　B. 验收调查阶段

C. 现场验收阶段　　D. 技术评价阶段

[解析] 水利水电建设项目竣工环境保护验收技术工作分为三个阶段：准备阶段、验收调查阶段、现场验收阶段。

[答案] D

(二) 生产建设项目水土保持设施验收

根据《生产建设项目水土保持设施自主验收规程（试行）》（办水保〔2018〕133 号）和《水利部关于进一步深化"放管服"改革全面加强水土保持监管的意见》（水保〔2019〕160 号）的规定，生产建设项目水土保持设施验收的要求见表 4-5-10。

表 4-5-10　水土保持设施验收的要求

项目	要求
验收阶段	水土保持设施验收报告编制和竣工验收
验收依据	水土保持方案（含变更）及其批复、水土保持初步设计和施工图设计及其审批（审查、审定）意见
验收资料	制备由项目法人（或者生产建设单位）负责组织
质量评定	合格和优良
水土保持设施竣工验收	应由项目法人组织，一般包括现场查看、资料查阅、验收会议等环节
公示验收情况	自主验收材料由生产建设单位和接受报备的水行政主管部门双公开，生产建设单位公示 20 个工作日，水行政主管部门定期公告

实战演练

[2020 真题·多选] 根据《中华人民共和国水土保持法》和《生产建设项目水土保持设施自主验收规程（试行）》，下列关于水土保持的说法，正确的有（　　）。

A. 水土保持设施竣工验收由项目法人主持

B. 水土保持设施验收报告由项目法人编制

C. 水土保持分部工程质量等级分为合格和优良

D. 禁止在 15°以上陡坡地开垦种植农作物

E. 水土保持方案为"水土保持方案报告书"

[解析] 水土保持设施验收报告由第三方技术服务机构编制，选项 B 错误。禁止在 25°以上陡坡地开垦种植农作物，选项 D 错误。水土保持方案分为"水土保持方案报告书"和"水土保持方案报告表"，选项 E 错误。

[答案] AC

（三）移民安置验收

根据《水利水电工程移民安置验收规程》（SL 682—2014），移民安置验收的内容有：

（1）移民安置验收可分为工程阶段性移民安置验收和工程竣工移民安置验收。

（2）工程阶段性移民安置验收是指枢纽工程导（截）流、水库下闸蓄水（含分期蓄水）等阶段的移民安置验收。

移民安置验收应当自下而上，按照自验、初验、终验的顺序组织进行。

（四）水利工程建设项目档案的要求

根据《水利部关于印发水利工程建设项目档案管理规定的通知》（水办〔2021〕200号），水利工程建设项目档案的相关规定如下。

1. 项目档案的要求

（1）项目法人应保存1套完整的项目档案，并根据运行管理单位的需要提供必要的项目档案。

（2）项目档案保管期限分为永久、30年和10年，其中保管期限为10年的是指项目法人组织法律法规、标准规范、制度程序宣贯培训文件，信息化工作文件。

2. 项目竣工图编制要求

工程竣工时应编制竣工图，竣工图一般由施工单位负责编制。

（1）使用施工图编制竣工图。（2022年选择题考点）

①用施工图编制竣工图的，应使用新图纸，白图或蓝图均可，但不得使用复印的白图和拼接图编制竣工图。

②按施工图施工没有变更的，由竣工图编制单位在施工图上逐张加盖并签署竣工图章，竣工图章式样如图4-5-5所示。

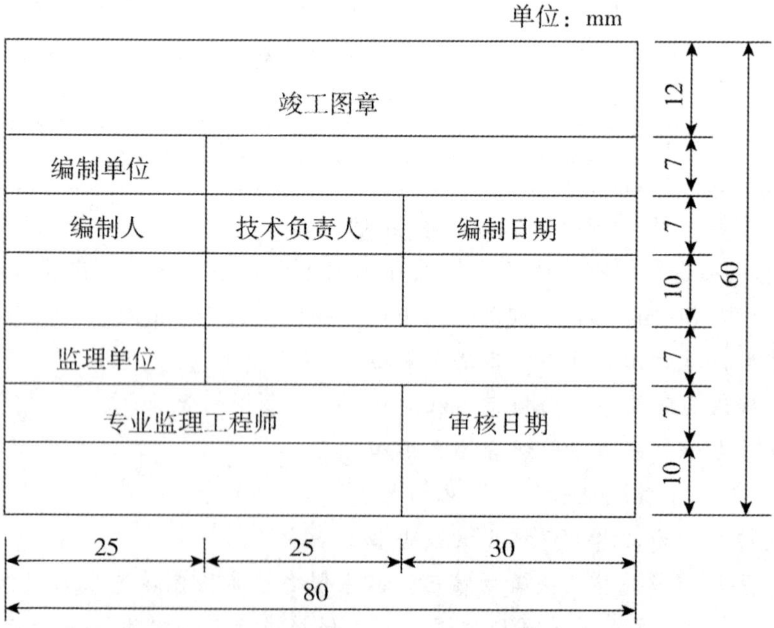

图4-5-5　竣工图章式样

③一般性图纸变更且能在原施工图上修改补充的，可直接在原图上修改，并加盖竣工图章。修改处应注明修改依据文件的名称、编号和条款号，无法用图形、数据表达或标注清楚的，应在标题栏上方或左边用文字简练说明。

（2）重新绘制竣工图。

①有下述情形之一的均应重新绘制竣工图：

涉及结构形式、工艺、平面布置、项目等重大改变；图面变更面积超过 20%；合同约定对所有变更均需重新绘制或变更面积超过合同约定比例。

②重新绘制竣工图按原图编号，图号末尾加注"竣"字，或在新图标题栏内注明"竣工阶段"。重新绘制竣工图图幅、比例和文字字号及字体应与原施工图一致。

③施工单位重新绘制的竣工图，标题栏应包含施工单位名称、图纸名称、编制人、审核人、图号、比例尺、编制日期等标识项，并逐张加盖监理单位相关责任人审核签字的竣工图审核章，竣工图审核章式样如图 4-5-6 所示。

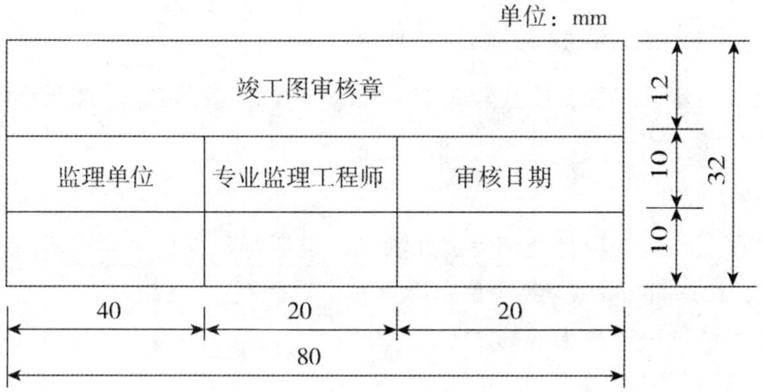

图 4-5-6　竣工图审核章式样

3. 档案验收方面的基本要求

（1）验收时间。

大中型水利工程在竣工验收前应进行档案专项验收。其他工程的档案验收应与工程竣工验收同步进行。

（2）抽查比例。

一般不得少于项目法人应保存档案数量的 8%，其中竣工图不得少于一套竣工图总张数的 10%，抽查档案总量应在 200 卷以上。

实战演练

[经典例题·案例节选]

背景资料：

某新建排涝泵站档案验收前，施工单位负责编制竣工图。其中，总平面布置图（A 处）图面变更了 45%；涵洞出口段挡土墙（B 处）由原重力式变更为扶臂式；堤防混凝土预制块护坡（C 处）碎石垫层厚度由原设计的 10 cm 变更为 15 cm。

[问题]

根据《水利部关于印发水利工程建设项目档案管理规定的通知》（水办〔2021〕200号），分别指出题目中A处、B处、C处三种情况下的竣工图编制要求。

[答案]

竣工图中，A处（变更超过20%）及B处（结构形式重大改变）应重新绘制竣工图。重新绘制竣工图按原图编号，图号末尾加注“竣”字，或在新图标题栏内注明“竣工阶段”。重新绘制竣工图图幅、比例和文字字号及字体应与原施工图一致。施工单位重新绘制的竣工图，标题栏应包含施工单位名称、图纸名称、编制人、审核人、图号、比例尺、编制日期等标识项，并逐张加盖监理单位相关责任人审核签字的竣工图审核章。

C处属于一般性图纸变更，一般性图纸变更且能在原施工图上修改补充的，可直接在原图上修改，并加盖竣工图章。修改处应注明修改依据文件的名称、编号和条款号，无法用图形、数据表达或标注清楚的，应在标题栏上方或左边用文字简要说明。

考点 5 水利工程竣工验收的要求★★★

根据《水利水电建设工程验收规程》（SL 223—2008）的规定，水利水电工程竣工验收的要求如下。

一、竣工验收时间

竣工验收应在工程建设项目全部完成并满足一定运行条件后1年内进行。一定运行条件是指：（2018年、2016年、2015年案例题考点）

（1）泵站工程经过一个排水或抽水期。

（2）河道疏浚工程完成后。

（3）其他工程经过6个月（经过一个汛期）至12个月后。

不能按期进行竣工验收的，经竣工验收主持单位同意，可适当延长期限，但最长不得超过6个月。

实战演练

[2015真题·案例节选]

背景资料：

某新建排涝泵站采用正向进水方式布置于红河堤后。红河流域汛期为每年6～9月，堤防级别为1级。本工程施工期为19个月，自2011年11月至2013年5月。施工中发生了如下事件：2013年4月，泵站全部工程完工。2013年5月底，该工程竣工验收委员会对该泵站工程进行了竣工验收。

[问题]

根据《水利水电建设工程验收规程》（SL 223—2008），指出事件中的不妥之处，并简要说明理由。

［答案］

不妥之处：2013 年 5 月底，该工程竣工验收委员会对该泵站工程进行了竣工验收。

理由：竣工验收应在工程建设项目全部完成并满足一定运行条件后 1 年内进行，泵站工程的一定运行条件是指：泵站工程经过一个排水或抽水期。本题中并未涉及一定运行条件，故不妥。

二、竣工验收组织（2016 年单选题考点）

（1）工程具备验收条件时，项目法人应向竣工验收主持单位（竣工验收主持单位应当在工程初步设计的批准文件中明确）提出竣工验收申请报告。竣工验收申请报告应经法人验收、监督管理机关审查后报竣工验收主持单位，竣工验收主持单位应自收到申请报告后 20 个工作日内决定是否同意进行竣工验收。

（2）工程未能按期进行竣工验收的，项目法人应提前 30 个工作日向竣工验收主持单位提出延期竣工验收专题申请报告。申请报告应包括延期竣工验收的主要原因及计划延长的时间等内容。

三、验收条件

（1）工程已按批准设计全部完成。

（2）工程重大设计变更已经经过有审批权的单位批准。

（3）各单位工程能正常运行。

（4）历次验收所发现的问题已基本处理完毕。

（5）各专项验收已通过。

（6）工程投资已全部到位。

（7）竣工财务决算已通过竣工审计，审计意见中提出的问题已整改并提交了整改报告。

（8）运行管理单位已明确，管理养护经费已基本落实。

（9）质量和安全监督工作报告已提交，工程质量达到合格标准。

（10）竣工验收资料已准备就绪。

四、验收程序

（1）竣工验收分为竣工技术预验收和竣工验收两个阶段。

（2）大型水利工程在竣工技术预验收前，应按照有关规定进行竣工验收技术鉴定。中型水利工程，竣工验收主持单位可以根据需要决定是否进行竣工验收技术鉴定。

（3）验收的程序如图 4-5-7 所示。

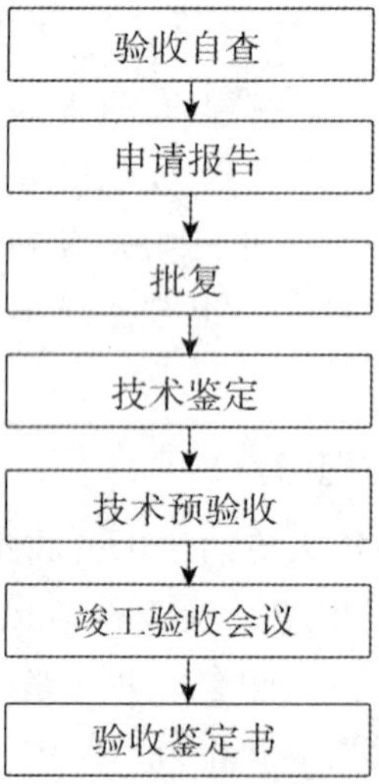

图 4-5-7 验收的程序

①竣工验收自查。

主持：项目法人。

组成：勘测、设计、监理、施工、主要设备制造（供应）商以及运行管理等单位的代表参加。质量和安全监督机构应派员列席自查工作会议。（项目法人组织工程竣工验收自查前，应提前 10 个工作日通知质量和安全监督机构，同时向法人验收监督管理机关报告）

成果性文件：竣工验收自查工作报告。

项目法人应自竣工验收自查工作报告通过之日起 30 个工作日内，将自查报告报法人验收监督管理机关。

②竣工技术预验收。

竣工技术预验收应由竣工验收主持单位组织的专家组负责。技术预验收专家组成员应具有高级技术职称或相应执业资格，2/3 以上成员应来自工程非参建单位。工程参建单位的代表应参加技术预验收，负责回答专家组提出的问题。

③竣工验收会议。

竣工验收委员会可设主任委员 1 名，副主任委员以及委员若干名，主任委员应由验收主持单位代表担任。竣工验收委员会应由竣工验收主持单位、有关地方人民政府和部门、有关水行政主管部门和流域管理机构、质量和安全监督机构、运行管理单位的代表以及有关专家组成。工程投资方代表可参加竣工验收委员会。

项目法人、勘测、设计、监理、施工和主要设备制造（供应）商等单位应派代表参加竣工验收，负责解答验收委员会提出的问题，并应作为被验收单位代表在验收鉴定书上签字。

五、工程移交及遗留问题处理

（1）工程交接与移交如图 4-5-8 所示。

30个工作日内颁发合同工程完工证书

手续	时间	对象
交接	合同完工验收或投入使用验收后30个工作日内	项目法人与施工单位
移交	竣工验收鉴定书印发后60个工作日内	项目法人与运营管理单位

工程质量保修书、完成施工现场清理以及提交相关竣工资料

保修书的内容：合同工程完工验收情况、质量保修的范围和内容、保修期、保修责任、保修费用和其他

工程实体、其他固定资产和工程档案资料

图 4-5-8　工程交接与移交

（2）验收遗留问题和尾工处理应由项目法人负责。

实战演练

[经典例题·案例节选]

背景资料：

某新建排涝泵站工程施工期为19个月，自2011年11月至2013年5月。

2013年3月6日，该泵站建筑工程通过了合同工程完工验收，项目法人计划于2013年3月26日前完成与运行管理单位的工程移交手续。

[问题]

根据《水利水电建设工程验收规程》（SL 223—2008）的规定，指出并改正项目法人计划完成内容的不妥之处。

[答案]

不妥之处：项目法人计划于2013年3月26日前完成与运行管理单位的工程移交手续。

改正：项目法人计划于2013年3月26日前完成与施工单位的工程交接手续。

考点 6　水力发电工程验收的要求★★

扫码听课

一、验收分类及制度

第四章

根据《水电工程验收规程》（NB/T 35048—2015）的规定，水力发电工程验收的分类及制度见表4-5-11。

表 4-5-11　水力发电工程验收的分类及制度

分类	阶段	工程截流、工程蓄水、水轮发电机组启动验收（截流、蓄水前要进行专项验收）
	竣工	—
分级和分类验收制度	省级人民政府能源主管部门	工程蓄水、枢纽工程专项和工程竣工验收
	项目法人会同工程所在地省级人民政府能源主管部门	工程截流验收
	项目法人会同电网经营管理单位	水轮发电机组启动验收

二、验收要求

根据《水电工程验收规程》（NB/T 35048—2015）的规定，水力发电工程验收的要求见表 4-5-12。（2017 年选择题考点）

表 4-5-12　水力发电工程验收的要求

验收类型	验收申请		验收组织		验收成果
	时间	部门	组织者	参加者	
工程蓄水验收	计划下闸蓄水前6个月	项目法人向工程所在地省级人民政府能源主管部门报送验收申请，并抄送验收主持单位	验收主持单位会同工程所在地省级人民政府能源主管部门	邀请相关部门、项目法人所属计划单列企业集团（或中央管理企业）、有关单位和专家参加	验收鉴定书报送省级人民政府能源主管部门
枢纽工程专项工程验收	验收计划前3个月				
工程竣工验收	工程基本完工或全部机组投产发电后的一年内				

实战演练

［经典例题·案例节选］

背景资料：

某水电站工程主要工程内容包括碾压混凝土坝、电站厂房、溢洪道等，工程规模为中型。2017 年 12 月，导流洞封堵完成，开始蓄水。施工中发生了如下事件：为保证蓄水验收工作的顺利进行，2017 年 9 月，施工单位根据工程进度安排，向当地水行政主管部门报送工程蓄水验收申请，并抄送项目审批部门。

［问题］

根据《水电工程验收管理办法》（国能新能〔2015〕426 号），指出并改正事件中在工程蓄水验收申请的组织方面存在的不妥之处。

［答案］

(1) 不妥之处一：2017 年 9 月报送工程蓄水验收申请。

改正：申请提出时间应在计划下闸蓄水前 6 个月，即 2017 年 6 月前。

(2) 不妥之处二：施工单位根据工程进度安排，报送工程蓄水验收申请。

改正：项目法人根据工程进度安排，报送工程蓄水验收申请。

(3) 不妥之处三：向当地水行政主管部门报送工程蓄水验收申请。

改正：应向工程所在地省级人民政府能源主管部门报送工程蓄水验收申请。

(4) 不妥之处四：抄送项目审批部门。

改正：抄送验收主持单位。

名师小结

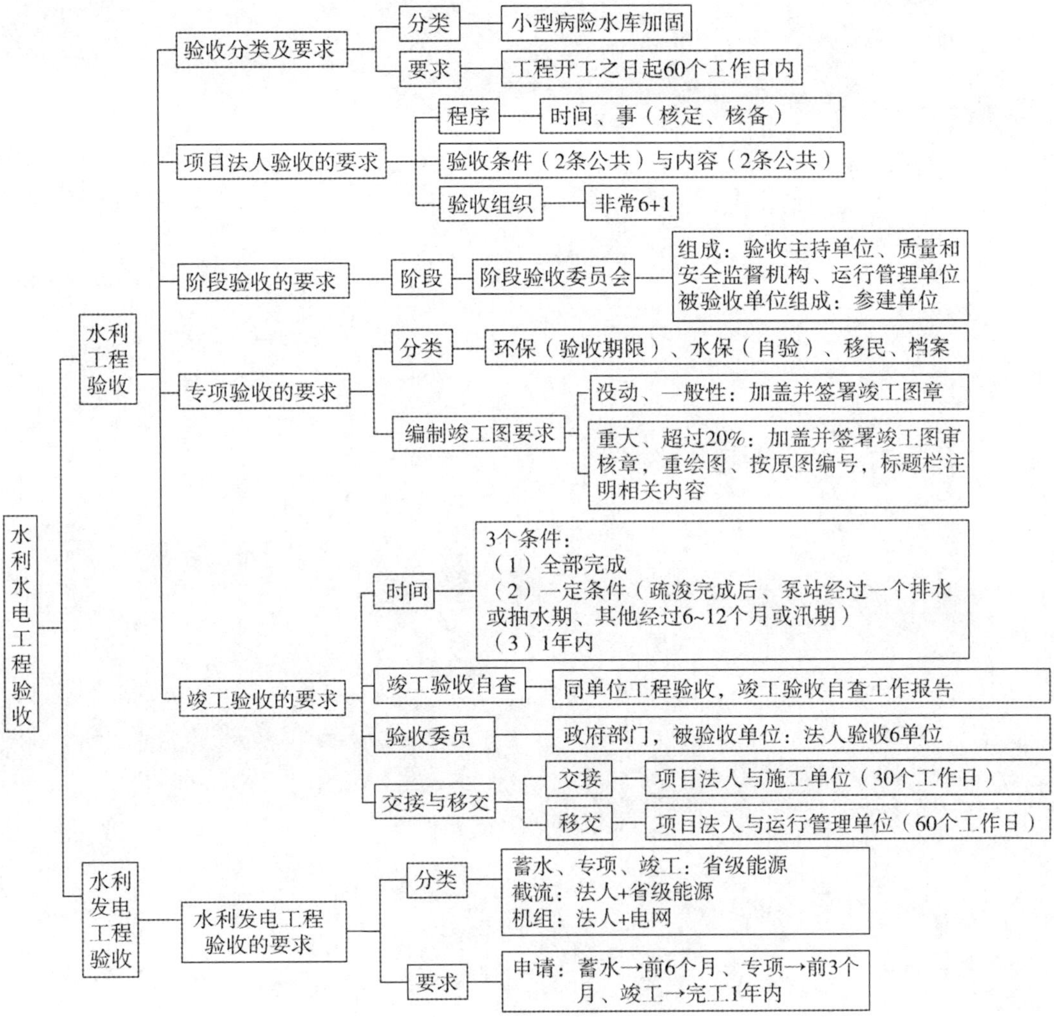
水利水电工程验收
水利工程验收
验收分类及要求
分类
小型病险水库加固
要求
工程开工之日起60个工作日内
项目法人验收的要求
程序
时间、事（核定、核备）
验收条件（2条公共）与内容（2条公共）
验收组织
非常6+1
阶段验收的要求
阶段
阶段验收委员会
组成：验收主持单位、质量和安全监督机构、运行管理单位被验收单位组成：参建单位
专项验收的要求
分类
环保（验收期限）、水保（自验）、移民、档案
编制竣工图要求
没动、一般性：加盖并签署竣工图章
重大、超过20%：加盖并签署竣工图审核章，重绘图、按原图编号，标题栏注明相关内容
竣工验收的要求
时间
3个条件：
（1）全部完成
（2）一定条件（疏浚完成后、泵站经过一个排水或抽水期、其他经过6~12个月或汛期）
（3）1年内
竣工验收自查
同单位工程验收，竣工验收自查工作报告
验收委员
政府部门，被验收单位：法人验收6单位
交接与移交
交接
项目法人与施工单位（30个工作日）
移交
项目法人与运行管理单位（60个工作日）
水利发电工程验收
水利发电工程验收的要求
分类
蓄水、专项、竣工：省级能源
截流：法人+省级能源
机组：法人+电网
要求
申请：蓄水→前6个月、专项→前3个月、竣工→完工1年内

第四章

第三篇

水利水电工程项目施工相关法规与标准

一、水利水电工程项目施工相关法规与标准

“水利水电工程项目施工相关法规与标准”主要内容包括：水利水电工程项目施工相关法律规定、水利水电工程建设强制性标准、二级建造师（水利水电工程）注册执业管理规定及相关要求。

二、备考建议

该部分内容在考试中所占分值较低，不是备考复习中的重点。建议考生主要学习本篇提炼的内容，切勿从头开始背，因为此部分很多内容与施工技术有关联性，已经融入前面施工技术相关考点，多练习一些题目即可。

第五章

水利水电工程项目施工相关法规与标准

名师导学

本章由三节构成，第一节水利水电工程项目施工相关法律规定，建议考生学习其中提炼内容；第二节水利水电工程建设强制性标准，很多内容与技术部分知识有关联性，已经融入具体施工技术中，其他核心考点将以“以题带点”的模式进行讲解；第三节二级建造师（水利水电工程）注册执业管理规定及相关要求，内容少，建议掌握一些常识即可。

在学习该章过程中，一定要注意学习方法。为了让考生更高效地学习，本章在考试大纲的基础上做了内容提炼以及知识呈现形式的改变。

考情分析

近四年考试真题分值统计表（单位：分）

节序	节名	2022 年			2021 年			2020 年			2019 年		
		单选	多选	案例	单选	多选	案例	单选	多选	案例	单选	多选	案例
第一节	水利水电工程项目施工相关法律规定	0	2	0	2	0	0	1	2	0	1	4	0
第二节	水利水电工程建设强制性标准	1	0	0	1	4	0	2	0	0	0	2	0
第三节	二级建造师（水利水电工程）注册执业管理规定及相关要求	0	2	0	0	0	0	1	0	0	1	0	4
合计		1	4	0	3	4	0	4	2	0	2	6	4

第一节　水利水电工程项目施工相关法律规定

考点 1 水工程实施保护和建设许可的相关规定★★

《中华人民共和国水法》对水工程实施保护和建设许可的相关规定见表 5-1-1。（2022 年、2019 年、2016 年、2013 年选择题考点）

表 5-1-1　水工程实施保护和建设许可的相关规定

要点		具体内容
规定	禁止性	在江河、湖泊、水库、运河、渠道内弃置、堆放阻碍行洪的物体和种植阻碍行洪的林木及高秆作物
	限制性	在河道管理范围内建设桥梁、码头和其他拦河、跨河、临河建筑物、构筑物应当符合国家规定的防洪标准和其他有关的技术要求，工程建设方案应当依照防洪法的有关规定报经有关水行政主管部门审查同意
河长制	分级	省、市、县、乡四级河长体系
	职责	水资源保护、水域岸线管理、水污染防治、水环境治理等
范围	管理	保证工程设施正常运行管理的需要而划分的范围，如堤防的护堤地
	保护	在水工程保护范围内，禁止从事影响水工程运行和危害水工程安全的爆破、打井、采石、取土等活动
水资源规划	全国战略	—
	流域	流域综合规划和流域专业规划
	区域	区域综合规划和区域专业规划

实战演练

[2020 真题·多选] 根据《中华人民共和国水法》，下列关于水工程保护与建设许可的说法，正确的有（　　）。

A. 对生产建设活动有禁止性规定

B. 对生产建设项目有限制性规定

C. 水工程是指水利部门管理建设的工程

D. 水工程的保护范围为水工程设施的组成部分

E. 流域范围内的区域规划应当服从流域规划

[解析]《中华人民共和国水法》从保持河道、运河、渠道畅通以及保证湖泊、水库正常发挥效益出发，针对各类生产建设活动的特点以及可能产生的危害，分别做出了禁止性规定和限制性规定，选项 A 正确、选项 B 错误。水工程是指在江河、湖泊和地下水源上开发、利用、控制、调配和保护水资源的各类工程，选项 C 错误。水工程的管理范围通常视为水工程设施的组成部分，选项 D 错误。《中华人民共和国水法》规定，流域范围内的区域规划应当服从流域规划，专业规划应当服从综合规划，选项 E 正确。

［答案］AE

［2019 真题·多选］水资源规划按层次划分为（ ）。

A. 全国战略规划　　B. 供水规划

C. 流域规划　　D. 区域规划

E. 调水规划

［解析］本题考查的是水工程建设许可要求。水资源规划按层次分为全国战略规划、流域规划和区域规划。

［答案］ACD

考点 2 防洪的相关规定★★

扫码听课

《中华人民共和国防洪法》对防洪的相关规定见表 5-1-2。（2021 年、2020 年、2019 年、2015 年、2014 年选择题考点）

表 5-1-2 防洪的相关规定

要点	具体内容
防洪规划	防洪规划应当服从所在流域、区域的综合规划；区域防洪规划应当服从所在流域的流域防洪规划
防洪区	洪水泛滥可能淹及的地区，分为洪泛区、蓄滞洪区（平顶式结构房屋）和防洪保护区
负责制	各级人民政府行政首长负责制，统一指挥、分级分部门负责
汛期水位	保证水位（上限水位、安全流量）、警戒水位、设计洪水位
紧急防汛期	江河、湖泊的水情接近保证水位或者安全流量；水库水位接近设计洪水位；防洪工程设施发生重大险情

实战演练

［2021 真题·单选］蓄洪区属于（ ）。

A. 洪泛区　　B. 防洪保护区

C. 滞洪区　　D. 防洪区

［解析］防洪区是指洪水泛滥可能淹及的地区，分为洪泛区、蓄滞洪区和防洪保护区。

［答案］D

［2019 真题·单选］河道在汛期安全运用的上限水位是指（ ）。

A. 保证水位　　B. 最高洪水位

C. 设计水位　　D. 校核水位

［解析］本题考查的是防汛抗洪的组织要求。河道在汛期安全运用的上限水位是指保证水位。

［答案］A

考点 3 与工程建设有关的水土保持规定★★

根据《中华人民共和国水土保持法》和《生产建设项目水土流失防治标准》（GB/T 50434—2018），水土流失防治指标有扰动土地整治率、水土流失总治理度、土壤流失控制比、拦渣率、林草植被恢复率、林草覆盖率六项。与工程建设有关的水土保持规定见表 5-1-3。（2021 年、2019 年、2018 年、2017 年选择题考点）

表 5-1-3　与工程建设有关的水土保持规定

要点	具体内容
方针	预防为主，保护优先，全面规划，综合治理，因地制宜，突出重点，科学管理，注重效益
标准	一级标准（国家级、省级）、二级标准（省级）、三级标准（其他）
其他	（1）禁止在二十五度以上陡坡地开垦种植农作物； （2）在五度以上坡地植树造林、抚育幼林、种植中药材等，应当采取水土保持措施

实战演练

［2021 真题·单选］水土流失防治标准分为（　　）级。

A. 二　　B. 三

C. 四　　D. 五

［解析］根据开发建设项目所处的地理位置可将水土流失防治标准分为一级标准、二级标准、三级标准。

［答案］B

［2019 真题·多选］开发建设项目水土流失防治指标包括（　　）。

A. 土地侵蚀模数

B. 扰动土地整治率

C. 水土流失总治理度

D. 土壤流失控制比

E. 拦渣率

［解析］开发建设项目水土流失防治指标应包括扰动土地整治率、水土流失总治理度、土壤流失控制比、拦渣率、林草植被恢复率、林草覆盖率六项。

［答案］BCDE

第二节　水利水电工程建设强制性标准

该节内容以题目方式阐述。

实战演练

[2022 真题·单选] 根据《水利标准化工作管理办法》，水利技术标准按层次共分为（　　）级。

A. 三　　B. 四

C. 五　　D. 六

[解析] 水利技术标准包括国家标准、行业标准、地方标准、团体标准和企业标准。

[答案] C

[2021 真题·单选] 根据《水工建筑物滑动模板施工技术规范》（SL 32—2014），操作平台防护栏杆高度应不小于（　　）。

A. 100 cm　　B. 110 cm

C. 120 cm　　D. 130 cm

[解析] 操作平台及悬挂脚手架边缘应设防护栏杆，其高度应不小于 120 cm，横挡间距应不大于 35 cm，底部应设高度不小于 30 cm 的挡板且应封闭密实。在防护栏杆外侧应挂安全网封闭。

[答案] C

[2020 真题·单选] 根据《水利水电工程施工通用安全技术规程》（SL 398—2007），人力搬运爆破器材时，搬运者之间的距离应不小于（　　）。

A. 2 m　　B. 3 m

C. 4 m　　D. 5 m

[解析] 人力装卸和搬运爆破器材，每人一次以 25～30 kg 为限，搬运者相距不得少于 3 m。

[答案] B

[2020 真题·单选] 施工现场设置开敞式高压配电装置的独立开关站，其场地四周设置的围墙高度应不低于（　　）。

A. 1.2 m　　B. 1.5 m

C. 2.0 m　　D. 2.2 m

[解析] 采用开敞式高压配电装置的独立开关站，其场地四周应设置高度不低于 2.2 m 的围墙。

[答案] D

[2017 真题·单选] 根据《水工建筑物滑动模板施工技术规范》（DL/T 5400—2016），施工的建筑物周围应划出危险警戒区，警戒线距建筑物外边线的距离应不小于（　　）。

A. 3 m　　B. 5 m

C. 7 m　　D. 10 m

[解析] 在施工的建（构）筑物周围应划出施工危险警戒区，警戒线至建（构）筑物外边线的距离不应小于施工对象高度的 1/10，且不小于 10 m。

[答案] D

［**2015 真题·单选**］根据《水工建筑物地下开挖工程施工技术规范》（DL/T 5099—2011），竖井单向自下而上开挖，距贯通面（　　）时，应自上而下贯通。

A. 3 m　　　　B. 5 m

C. 8 m　　　　D. 10 m

［**解析**］根据《水工建筑物地下开挖工程施工技术规范》，竖井或斜井单向自下而上开挖，距贯通面 5 m 时，应自上而下贯通。

［**答案**］B

［**2013 真题·单选**］水工建筑物岩石基础部位开挖不应采用（　　）进行爆破。

A. 集中药包法　　　　B. 光面爆破法

C. 洞室爆破法　　　　D. 预裂爆破法

［**解析**］《水工建筑物岩石基础开挖工程施工技术规范》（DL/T 7389—2007）规定，严禁在设计建基面、设计边坡附近采用洞室爆破法或药壶爆破法施工。

［**答案**］C

［**经典例题·单选**］夜间施工时，施工作业噪声传至以居住为主的区域的等效声级限值不允许超过（　　）dB（A）。

A. 45　　　　B. 50

C. 55　　　　D. 60

［**解析**］居住区夜间的等效声级应低于 45 dB（A）。

［**答案**］A

［**经典例题·单选**］下列船舶类型中，不适合在沿海施工的是（　　）。

A. 750 m^3/h 的链斗式挖泥船

B. 500 m^3/h 的绞吸式挖泥船

C. 4 m^3 的铲斗式挖泥船

D. 294 kW 的拖轮拖带泥驳

［**解析**］不适合用于沿海的挖泥船是小于 200 m^3/h 的绞吸式挖泥船、小于 750 m^3/h 的链斗式挖泥船、小于等于 294 kW 的拖轮拖带泥驳。

［**答案**］D

［**经典例题·单选**］根据《水利水电工程施工通用安全技术规程》（SL 398—2007）的规定，对从事尘、毒、噪声等职业危害的人员应进行（　　）的职业体检。

A. 每季一次　　　　B. 每半年一次

C. 每年一次　　　　D. 每两年一次

［**解析**］工程建设各单位应建立职业卫生管理规章制度和施工人员职业健康档案，对从事尘、毒、噪声等职业危害的人员应每年进行一次职业体检，对确认职业病的职工应及时给予治疗，并调离原工作岗位。

［**答案**］C

[经典例题·单选] 地下井挖，洞内空气含沼气或二氧化碳浓度超过（　　）时，禁止进行爆破作业。

A. 1%　　B. 2%

C. 5%　　D. 10%

[解析] 地下井挖，洞内空气含沼气或二氧化碳浓度超过1%时，禁止进行爆破作业。

[答案] A

[经典例题·单选] 根据《水工建筑物地下开挖工程施工技术规范》（DL/T 5099—2011），单向开挖隧洞，安全地点至爆破工作面的距离应不少于（　　）m。

A. 50　　B. 100

C. 150　　D. 200

[解析] 根据《水工建筑物地下开挖工程施工技术规范》（DL/T 5099—2011），单向开挖隧洞，安全地点至爆破工作面的距离应不少于200 m。

[答案] D

[2021真题·多选] 根据《水利水电工程劳动安全与工业卫生设计规范》（GB 50706—2011），地网分期建成的工程，应校核分期投产接地装置的（　　）。

A. 接触电位差

B. 跨步电位差

C. 耦合电位差

D. 最高耐压

E. 最大电流

[解析] 地网分期建成的工程，应校核分期投产接地装置的接触电位差和跨步电位差，其数值应满足人身安全的要求。

[答案] AB

[2021真题·多选] 根据《水利工程建设标准强制性条文》（2020年版），关于劳动安全的说法，正确的有（　　）。

A. 泵站基坑深井降水水泵应设置不少于2个独立的电源供电

B. 人货两用的施工升降机可以人货同时运送

C. 地下洞室开挖施工过程中，洞内氧气体积不应少于20%

D. 过水土石围堰的堰顶安全加高值不低于0.5 m

E. 核子水分-密度仪放射源泄露检查的周期为6个月

[解析] 防洪防淹设施应设置不少于2个的独立电源供电，且任意一电源均应能满足工作负荷的要求，选项A正确。人货两用的施工升降机在使用时，严禁人货混装，选项B错误。地下洞室开挖施工过程中，洞内氧气体积不应少于20%，选项C正确。围堰的安全超高（m），一般对于不过水围堰可按规定选择，对于过水围堰可不予考虑，选项D错误。核子水分-密度仪放射源泄露检查的周期为6个月，选项E正确。

[答案] ACE

[**2019 真题 · 多选**] 根据《水工建筑物岩石基础开挖工程施工技术规范》（DL/T 7389—2007），水工建筑物岩石基础开挖临近建基面不应采用（　　）施工。

A. 洞室爆破

B. 梯段爆破

C. 预留保护层人工撬挖

D. 药壶爆破

E. 深孔爆破

[**解析**] 本题考查的是水利工程土石方施工的有关要求。严禁在设计建基面、设计边坡附近采用洞室爆破法或药壶爆破法施工。

[**答案**] AD

[**经典例题 · 多选**] 根据《水利水电工程施工安全防护设施技术规范》（SL 714—2015），载人提升机械应设计的安全装置包括（　　）。

A. 超载保护装置

B. 断绳保护装置

C. 防爆保护装置

D. 限速保护装置

E. 防雨保护装置

[**解析**] 载人提升机械应设置下列安全装置，并保持灵敏可靠：①上限位装置（上限位开关）；②上极限限位装置（越程开关）；③下限位装置（下限位开关）；④断绳保护装置；⑤限速保护装置；⑥超载保护装置。

[**答案**] ABD

第三节　二级建造师（水利水电工程）注册执业管理规定及相关要求

一、注册建造师执业工程规模标准

根据《注册建造师执业管理办法》（试行），注册建造师执业工程规模标准是：

（1）一级注册建造师可担任大、中、小型工程施工项目负责人，二级注册建造师承担中、小型工程施工项目负责人。

（2）农村饮水工程、河湖整治工程、水土保持工程、环境保护工程及其他 5 类工程规模标准以投资额划分，200 万～3 000 万元的属于中型，小于 200 万元的为小型，大于 3 000 万元的为大型。（2016 年、2015 年选择题考点）

二、工程规模与执业工程规模的关系

工程规模与执业工程规模的关系见表 5-3-1。（2020 年、2019 年、2018 年、2013 年选择题考点）

表 5-3-1 工程规模与执业工程规模的关系

序号	工程类别	分等指标中的工程规模	执业工程规模
1	水库工程（蓄水枢纽工程）	大（1）型 1	大型
		大（2）型 2	
		中型 3	中型
		小（1）型 4	
		小（2）型 5	
		小（2）型以下	小型
2	防洪工程（堤防）	大（1）型 1	大型
		大（2）型 2	
		中型 3	中型
		小（1）型 4	
		小（2）型 5	小型

三、水利水电工程注册建造师执业工程范围

根据《注册建造师执业管理办法》（试行），水利水电工程注册建造师执业工程范围见表 5-3-2。（2014 年选择题考点）

表 5-3-2 水利水电工程注册建造师执业工程范围

注册专业	工程范围
水利水电工程	水利水电、土石方、地基与基础、预拌商品混凝土、混凝土预制构件、钢结构、建筑防水、消防设施、起重设备安装、爆破与拆除、水工建筑物基础处理、水利水电金属结构制作与安装、水利水电机电设备安装、河湖整治、堤防、水工大坝、水工隧洞、送变电、管道、无损检测、特种专业

四、水利水电工程注册建造师施工管理签章文件

根据《注册建造师施工管理签章文件目录》（水利水电工程），水利水电工程注册建造师施工管理签章文件的类别和名称见表 5-3-3。（2022 年、2020 年、2019 年、2017 年选择题考点）

表 5-3-3 水利水电工程注册建造师施工管理签章文件

文件类别	文件名称
施工组织文件	施工组织设计报审表、现场组织机构及主要人员报审表
进度管理文件	施工进度计划报审表、暂停施工申请表、复工申请表、施工进度计划调整报审表、延长工期报审表
合同管理文件	合同项目开工申请表、合同项目开工令、变更申请表、变更项目价格签认单、费用索赔签认单、报告单、回复单、施工月报、整改通知单、施工分包报审表、索赔意向通知单、索赔通知单

续表

文件类别	文件名称
质量管理文件	施工技术方案报审表、联合测量通知单、施工质量缺陷处理措施报审表、质量缺陷备案表、单位工程施工质量评定表
安全及环保管理文件	施工安全措施文件报审表、事故报告单、施工环境保护措施文件报审表
成本费用管理	工程预付款申请表、工程材料预付款申请表、工程价款月支付申请表、完工/最终付款申请表
验收管理文件	验收申请报告、法人验收质量结论、施工管理工作报告、代表施工单位参加工程验收人员名单确认表

实战演练

[2019 真题·单选] 某大坝工程级别为 5 级，对应注册建造师执业工程规模标准为（　　）。

A. 大型　　B. 中型

C. 小（1）型　　D. 小（2）型

[解析] 本题考查的是二级建造师（水利水电工程）注册执业工程规模标准。水库大坝工程 3、4、5 级对应的执业工程规模标准为中型。

[答案] B

[2016 真题·单选] 根据《注册建造师执业工程规模标准》（水利水电工程），单项合同额为 2 980 万元的河道疏浚工程，其注册建造师执业工程规模标准为（　　）型。

A. 大（1）　　B. 大（2）

C. 中　　D. 小

[解析] 河湖整治工程（含疏浚、吹填工程等）的单项合同额在 200 万～3 000 万元的工程规模标准为中型。

[答案] C

[2022 真题·多选] 水库工程建设实施过程中，水利水电工程注册建造师施工管理签章文件中的合同管理文件有（　　）。

A. 复工申请表

B. 延长工期报审表

C. 变更申请表

D. 施工月报

E. 合同项目开工令

[解析] 合同管理文件包括合同项目开工申请表、合同项目开工令、变更申请表、变更项目价格签认单、费用索赔签认单、报告单、回复单、施工月报、整改通知单、施工分包报审表、索赔意向通知单、索赔通知单。复工申请表、延长工期报审表属于施工进度管理文件。

[答案] CDE

名师小结

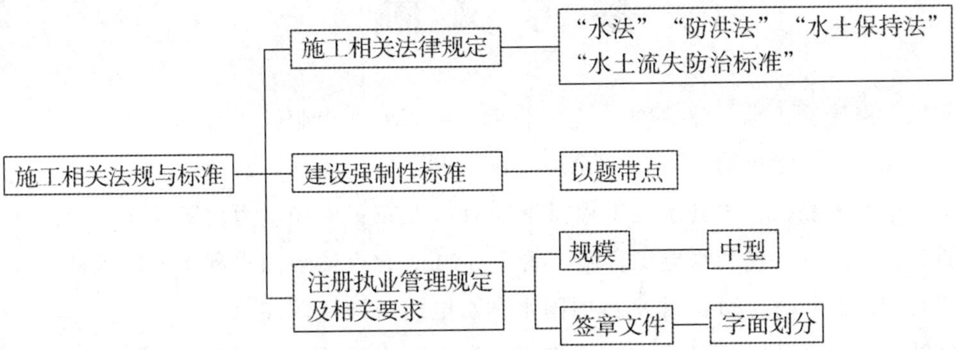
施工相关法规与标准
施工相关法律规定
"水法" "防洪法" "水土保持法"
"水土流失防治标准"
建设强制性标准
以题带点
注册执业管理规定及相关要求
规模
中型
签章文件
字面划分

参考文献

［1］文恒，颜宏亮. 水工建筑物［M］. 北京：中国农业出版社，2008.

［2］陈德亮. 水工建筑物［M］. 北京：中国水利水电出版社，2011.

［3］田士豪，陈新元. 水利水电工程概论［M］. 北京：中国电力出版社，2004.

［4］浙江省水利厅. 水利水电工程施工管理［M］. 北京：中国水利水电出版社，2014.

［5］刘启钊. 水电站［M］. 北京：中国水利水电出版社，1998.

［6］金钟元. 水力机械［M］. 北京：中国水利水电出版社，1992.

［7］徐存东. 水利水电工程施工管理［M］. 北京：中国水利水电出版社，2014.

［8］中华人民共和国水利部. 水利水电工程等级划分及洪水标准：SL 252—2017［S］. 北京：中国水利水电出版社，2017.

［9］水电水利规划设计总院. 水利水电工程动能设计规范：NB/T 35061—2015［S］. 北京：中国电力出版社，2017.

［10］中华人民共和国水利部. 水利水电工程合理使用年限及耐久性设计规范：SL 654—2014［S］. 北京：中国水利水电出版社，2016.

［11］杨连生. 水利水电工程地质［M］. 武汉：武汉大学出版社，2004.

［12］岳建平，邓念武. 水利工程测量［M］. 2 版. 北京：中国水利水电出版社，2008.

［13］董事尔，段翔. 土木工程材料［M］. 北京：中国水利水电出版社，2011.

［14］李亚杰，方申科. 建筑材料［M］. 6 版. 北京：中国水利水电出版社，2009.

［15］中国建筑科学研究院. 混凝土结构设计规范：GB 50010—2010（2015 年版）［S］. 北京：中国建筑工业出版社，2016.

［16］国家能源局. 水工混凝土钢筋施工规范：DL/T 5169—2013［S］. 北京：中国电力出版社，2013.

［17］全国钢标准化技术委员会. 钢筋混凝土用钢　第二部分：热轧带肋钢筋：GB/T 1499. 2—2018［S］. 北京：中国质检出版社，2018.

［18］全国钢标准化技术委员会. 钢筋混凝土用钢　第二部分：热轧带肋钢筋：GB/T 1499. 2—2017［S］. 北京：中国质检出版社，2017.

［19］全国钢标准化技术委员会. 钢筋混凝土用余热处理钢筋：GB/T 13014—2013［S］. 北京：中国标准出版社，2014.

［20］范崇仁. 水工钢结构［M］. 4 版. 北京：中国水利水电出版社，2008.

［21］中华人民共和国水利部. 水利水电工程土工合成材料应用技术规范：SL/T 225—98［S］. 北京：中国水利水电出版社，1998.

［22］中华人民共和国水利部. 土工合成材料应用技术规范：GB/T 50290—2014［S］.

北京：中国计划出版社，2015.

[23] 袁光裕，胡志根. 水利工程施工. [M]. 5 版. 北京：中国水利水电出版社，2009.

[24] 袁光裕，胡志根. 水利工程施工. [M]. 6 版. 北京：中国水利水电出版社，2016.

[25] 中华人民共和国水利部. 水利水电工程施工导流设计规范：SL 623—2013 [S]. 北京：中国水利水电出版社，2014.

[26] 电力行业水电施工标准化技术委员会. 水电水利工程施工基坑排水技术规范：DL/T 5719—2015 [S]. 北京：中国电力出版社，2015.

[27] 江西省九江市应急管理局. 堤防防汛抢险手册 [EB/OL]. (2019-07-17) [2021-11-29]. https：//m. thepaper. cn/baijiahao _ 8239791.

[28] 水利部建设与管理司. 水工建筑物地下开挖工程施工规范：SL 378—2007 [S]. 北京：中国水利水电出版社，2008.

[29] 李忠富. 现代土木工程施工新技术 [M]. 北京：中国建筑工业出版社，2014.

[30] 李娜，马国俊. 常见软土地基处理措施 [J]. 技术与市场，2011，18 (11)：1.

[31] 周景星，李广信，张建红，等. 基础工程 [M]. 3 版. 北京：清华大学出版社，2015.

[32] 水利部建设与管理司. 水利水电工程混凝土防渗墙施工技术规范：SL 174—2014 [S]. 北京：中国水利水电出版社，2015.

[33] 电力行业水电施工标准化技术委员会. 水电水利工程砾石土心墙堆石坝施工规范：DL/T 5269—2012 [S]. 北京：中国电力出版社，2012.

[34] 水利部建设与管理司. 水工混凝土施工规范：SL 677—2014 [S]. 北京：中国水利水电出版社，2015.

[35] 中华人民共和国住房和城乡建设部. 混凝土结构工程施工规范：GB 50666—2011 [S]. 北京：中国建筑工业出版社，2012.

[36] 中华人民共和国住房和城乡建设部. 建筑结构制图标准：GB/T 50105—2010 [S]. 北京：中国建筑工业出版社，2011.

[37] 中国建筑科学研究院. 混凝土结构设计规范：GB 50010—2010 [S]. 北京：中国建筑工业出版社，2011.

[38] 中华人民共和国住房和城乡建设部. 建筑抗震设计规范：GB 50011—2010 [S]. 北京：中国建筑工业出版社，2010.

[39] 水利部建设与管理司. 水闸施工规范：SL 27—2014 [S]. 北京：中国水利水电出版社，2015.

[40] 能源行业水电工程勘测设计标准化技术委员会. 水电工程混凝土生产系统设计规范：NB/T 35005—2013 [S]. 北京：中国电力出版社，2013.

[41] 水利部建设司. 水工碾压混凝土施工规范：SL 53—94 [S]. 北京：水利电力出版社，1994.

［42］水电水利规划设计总院．混凝土坝温度控制设计规范：NB/T 35092—2017［S］．北京：中国电力出版社，2017.

［43］水利部综合事业局．水利水电工程钢闸门制造、安装及验收规范：GB/T 14173—2008［S］．北京：中国标准出版社，2009.

［44］电力行业水电施工标准化技术委员会．水电水利工程施工通用安全技术规程：DL/T 5370—2017［S］．北京：中国电力出版社，2018.

［45］全国安全生产标准化技术委员会．高处作业分级：GB/T 3608—2008［S］．北京：中国标准出版社，2008.

［46］全国安全生产标准化技术委员会非煤矿山安全分技术委员会．爆破安全规程：GB 6722—2014［S］．北京：中国质检出版社，2015.

［47］中华人民共和国水利部．水工建筑物岩石基础开挖工程施工技术规范：DL/T 7389—2007［S］．北京：水利电力出版社，1994.

［48］中华人民共和国水利部．水利工程建设程序管理暂行规定［EB/OL］．(2017-12-22)［2021-11-29］．https：//www. safehoo. com/item/1572273. aspx.

［49］中华人民共和国水利部．水利工程建设项目管理规定（试行）［EB/OL］．(2016-08-01)［2021-11-29］．http：//www. anhua. gov. cn/257/334/336/content _ 1316441. html.

［50］中华人民共和国水利部．水利建设项目后评价管理办法（试行）［EB/OL］．(2011-06-14)［2021-11-29］．https：//wenku. so. com/d/a54fc1fe4097ffab9694ed4518b5d0a7.

［51］中华人民共和国水利部．水利部关于调整水利工程建设项目施工准备开工条件的通知［EB/OL］．(2017-04-28)［2021-11-29］．http：//slgcjs. mwr. gov. cn/flgz/201905/t20190524 _ 1209136. html.

［52］中华人民共和国水利部．水利工程设计变更管理暂行办法［EB/OL］．(2020-12-23)［2021-11-29］．http：//www. mwr. gov. cn/zwgk/gknr/202012/t20201225 _ 1487541. html.

［53］国家发展改革委员会，中华人民共和国水利部．政府和社会资本合作建设重大水利工程操作指南（试行）［EB/OL］．(2017-12-07)［2021-11-29］．https：//www. pppshaanxi. cn/uploadfiles/files/201909/countries/PPP2019091711362535. pdf.

［54］中华人民共和国水利部．水利工程建设项目代建制管理指导意见［EB/OL］．(2015-02-16)［2021-11-29］．http：//www. mwr. gov. cn/zwgk/gknr/202010/t20201030 _ 1460836. html.

［55］中华人民共和国水利部．水利工程建设监理规定［EB/OL］．(2017-12-22)［2021-11-29］．http：//www. cjw. gov. cn/zwzc/zcfg/bmgzjgfxwj/40702. html.

［56］中华人民共和国水利部．水库大坝安全鉴定办法［EB/OL］．(2003-08-01)［2021-12-16］．http：//www. mwr. gov. cn/zwgk/gknr/201212/t20121214 _ 1442815. html.

［57］中华人民共和国水利部．水闸安全鉴定管理办法［EB/OL］．(2008-06-18)［2021-12-16］．http：//www. mwr. gov. cn/zwgk/gknr/202010/t20201030 _ 1461419. html.

［58］中华人民共和国水利部．水利建设项目稽察办法［EB/OL］．(2017-10-26)［2021-12-

16]. http://www. mwr. gov. cn/zw/tzgg/tzgs/201711/t20171102 _ 1005987. html.

[59] 水利部财务司. 水利基本建设项目竣工财务决算编制规程：SL 19—2014 [S]. 北京：中国水利水电出版社，2014.

[60] 水利部审计室. 水利基本建设项目竣工决算审计规程：SL 557—2012 [S]. 北京：中国水利水电出版社，2012.

[61] 水利部水利水电规划设计总院. 水利水电工程施工组织设计规范：SL 303—2017 [S]. 北京：中国水利水电出版社，2017.

[62] 水利部安全监督司. 水利水电工程施工安全管理导则：SL 721—2015 [S]. 北京：中国水利水电出版社，2015.

[63] 中华人民共和国水利部. 水利水电工程标准施工招标文件（2009 年版） [EB/OL]. (2010-02-01) [2021-12-16]. https://www. doc88. com/p－90287058158346. html.

[64] 中华人民共和国住房和城乡建设部. 建设工程工程量清单计价规范：GB 50500—2013 [S]. 北京：中国计划出版社，2013.

[65] 中华人民共和国水利部. 水利建设工程施工分包管理规定 [EB/OL]. (2005-07-22) [2021-12-16]. http://www. mwr. gov. cn/zwgk/gknr/201212/t20121214 _ 1443811. html.

[66] 中华人民共和国水利部. 水利工程施工转包违法分包等违法行为认定查处管理暂行办法 [EB/OL]. (2016-12-02) [2021-12-16]. http://www. mwr. gov. cn/zw/tzgg/tzgs/201702/t20170213 _ 858919. html.

[67] 中华人民共和国水利部. 水利工程合同监督检查办法（试行）[EB/OL]. (2019-05-09) [2021-12-16]. http://www. mwr. gov. cn/zwgk/gknr/202010/t20201030 _ 1456247. html.

[68] 中华人民共和国国家发展和改革委员会. 必须招标的工程项目规定 [EB/OL]. (2018-06-01) [2021-12-18]. http://www. gov. cn/gongbao/content/2018/content _ 5296544. htm.

[69] 中华人民共和国水利部. 水利工程建设项目招标投标管理规定 [EB/OL]. (2002-01-01) [2021-12-18]. http://zfs. mwr. gov. cn/fgk/zgslcyfgk/gz/201506/t20150608 _ 684114. html.

[70] 中华人民共和国国家发展和改革委员会. 招标公告和公示信息发布管理办法 [EB/OL]. (2018-01-01) [2021-12-18]. http://ggzyjy. ezhou. gov. cn/zcfg/202010/t20201023 _ 359061. html.

[71] 中华人民共和国交通运输部. 水运工程建设项目招标投标管理办法 [EB/OL]. (2013-02-01) [2021-12-18]. http://www. gov. cn/gongbao/content/2013/content _ 2361573. htm.

[72] 中华人民共和国水利部. 水利部关于印发水利建设市场主体信用评价管理办法的通知 [EB/OL]. (2019-11-25) [2021-12-18]. http://www. mwr. gov. cn/zw/tzgg/tzgs/201912/t20191209 _ 1374232. html.

[73] 中华人民共和国国务院. 中华人民共和国招标投标法实施条例 [EB/OL]. (2019-03-02) [2021-12-18]. http://www. gov. cn/gongbao/content/2019/content _ 5468831. htm.

[74] 国家发展改革委等九部委. 工程建设项目施工招标投标办法 [EB/OL]. (2013-05-01) [2021-12-18]. https://www. safehoo. com/Laws/Trade/sl/201907/1572307. shtml.

［75］中华人民共和国水利部. 水利工程设计概（估）算编制规定（工程部分）［EB/OL］.（2015-01-20）［2021-12-22］. https：//ishare. iask. sina. com. cn/f/E0ooDhMwbq. html.

［76］中华人民共和国水利部办公厅. 关于调整水利工程计价依据增值税计算标准的通知［EB/OL］.（2019-04-04）［2021-12-22］. https：//www. waizi. org. cn/tax/62361. html.

［77］中华人民共和国水利部办公厅. 水利工程营业税改征增值税计价依据调整办法［EB/OL］.（2016-07-05）［2021-12-22］. https：//www. renrendoc. com/paper/129668480. html.

［78］徐学东，姬宝霖. 高等学校精品规划教材：水利水电工程概预算［M］. 北京：中国水利水电出版社，2005.

［79］中华人民共和国水利部. 水利工程工程量清单计价规范：GB 50501—2007［S］. 北京：中国水利水电出版社，2007.

［80］中华人民共和国水利部. 水利建设质量工作考核办法［EB/OL］.（2018-05-24）［2021-12-22］. http：//www. gov. cn/gongbao/content/2018/content_5323099. htm.

［81］中华人民共和国水利部. 水利工程质量事故处理暂行规定［EB/OL］.（1999-03-04）［2021-12-22］. http：//www. mwr. gov. cn/zwgk/gknr/201212/t20121214_1444323. html.

［82］中华人民共和国国家计划委员会，中华人民共和国财政部，中华人民共和国水利部，等. 关于加强公益性水利工程建设管理若干意见［EB/OL］.（2000-07-15）［2021-12-22］. http：//www. gov. cn/zhengce/content/2016-09/18/content_5109009. htm.

［83］中华人民共和国水利部. 水利工程质量检测管理规定［EB/OL］.（2019-05-10）［2021-12-22］. https：//www. waizi. org. cn/doc/63519. html.

［84］中华人民共和国电力工业部. 水电建设工程质量管理暂行办法［EB/OL］.（1997-04-22）［2021-12-22］. http：//www. nea. gov. cn/2011-08/17/c_131053983. htm.

［85］中华人民共和国水利部. 水利工程建设安全生产管理规定［EB/OL］.（2019-05-10）［2021-12-28］. http：//rsj. tieling. gov. cn/tlslj/zfxxgk97/fdzdgknr47/lzyj80/bmgfxwj44/1390703/index. html.

［86］电力行业水电水利施工标准化技术委员会. 水电水利工程施工重大危险源辨识及评价导则：DL/T 5274—2012［S］. 北京：中国电力出版社，2012.

［87］水利部安全监督司. 水利水电工程施工安全管理导则：SL 721—2015［S］. 北京：中国水利水电出版社，2015.

［88］中华人民共和国水利部. 水利水电工程施工企业主要负责人、项目负责人和专职安全生产管理人员安全生产考核管理办法［EB/OL］.（2011-07-15）［2021-12-28］. http：//sljd. mwr. gov. cn/fgzd/201911/t20191127_1368801. html.

［89］中国电力企业联合会. 大中型水电工程建设风险管理规范：GB/T 50927—2013［S］. 北京：中国计划出版社，2014.

［90］中华人民共和国水利部．水利部关于印发《水利工程生产安全重大事故隐患判定标准（试行）》的通知［EB/OL］．（2017-11-01）［2021-12-28］．http：//www．mwr．gov．cn/zwgk/gknr/201711/t20171107_1442715．html．

［91］中华人民共和国水利部．水利部生产安全事故应急预案（试行）［EB/OL］．（2016-12-22）［2021-12-28］．https：//max．book118．com/html/2021/1026/8022077032004025．shtm．

［92］中华人民共和国水利部．水利部关于印发《水利建设工程文明工地创建管理暂行办法》的通知［EB/OL］．（2012-01-01）［2021-12-28］．https：//www．66law．cn/tiaoli/62582．aspx．

［93］中华人民共和国水利部．水利部关于印发《水利安全生产标准化评审管理暂行办法》的通知［EB/OL］．（2013-04-07）［2021-12-28］．https：//www．waizi．org．cn/law/9019．html．

［94］中华人民共和国国家发展和改革委员会．电力建设工程施工安全监督管理办法［EB/OL］．（2015-10-01）［2021-12-28］．http：//www．gov．cn/gongbao/content/2015/content_2975889．htm．

［95］水利部建设与管理司．水利水电工程施工质量检验与评定规程：SL 176—2007［S］．北京：中国水利水电出版社，2007．

［96］水利部建设与管理司．水利水电建设工程验收规程：SL 223—2008［S］．北京：中国水利水电出版社，2008．

［97］中华人民共和国环境保护部．建设项目竣工环境保护验收暂行办法［EB/OL］．（2017-11-20）［2021-12-28］．http：//www．gov．cn/gongbao/content/2018/content_5277709．htm．

［98］中华人民共和国水利部办公厅．生产建设项目水土保持设施自主验收规程（试行）［EB/OL］．（2018-07-10）［2021-12-28］．http：//www．mwr．gov．cn/zwgk/gknr/201807/t20180730_1442803．html．

［99］中华人民共和国水利部．水利部关于进一步深化“放管服”改革全面加强水土保持监管的意见［EB/OL］．（2019-06-05）［2021-12-28］．http：//www．mwr．gov．cn/zwgk/gknr/201906/t20190605_1440941．html．

［100］中华人民共和国水利部．水利水电工程移民安置验收规程：SL 682—2014［S］．北京：中国水利水电出版社，2015．

［101］国家能源局．水电工程验收规程：NB/T 35048—2015［S］．北京：中国电力出版社，2015．

［102］全国人民代表大会常务委员会．中华人民共和国水法［M］．北京：中国法制出版社，2016．

［103］全国人民代表大会常务委员会．中华人民共和国防洪法［M］．北京：中国法制出版社，2016．

［104］全国人民代表大会常务委员会．中华人民共和国水土保持法［M］．北京：中国法

制出版社，2011.

［105］中华人民共和国水利部. 生产建设项目水土流失防治标准：GB/T 50434—2018［S］. 北京：中国计划出版社，2019.

［106］中华人民共和国建设部. 注册建造师执业管理办法（试行）［EB/OL］.（2008-02-26）［2021-12-28］. https：//wenku. so. com/d/29efa5f8f3e8529fe97a55fc170b33d5.

［107］中华人民共和国住房和城乡建设部. 注册建造师施工管理签章文件目录（水利水电工程）［EB/OL］.（2008-02-21）［2021-12-28］. http：//www. doc88. com/p－5837177039525. html.

亲爱的读者：

如果您对本书有任何**感受、建议、纠错**，都可以告诉我们。我们会精益求精，为您提供更好的产品和服务。

祝您顺利通过考试！

扫码参与调查

建造师考试研究中心